大数据技术与应用丛书

R语言数据分析与可视化

杨剑锋 主编
张 豹 尹少齐 伍仕屹 副主编

U0197862

清華大學出版社
北 京

内 容 简 介

本书涵盖了 R 语言介绍、创建数据集、基本绘图、高级绘图、基本数据管理、高级数据管理、基本统计分析、高级统计分析、创建动态报告、R 语言与 Hadoop、R 语言图形用户界面、综合案例分析。

本书可以作为数据科学与大数据技术、统计学及相关专业本科生的教材使用，也可以作为高职高专数据分析与可视化专业的教材使用，同时可以供数据分析技术人员和 R 语言用户使用。

本书封面贴有清华大学出版社防伪标签，无标签者不得销售。
版权所有，侵权必究。举报：010-62782989，beiqinquan@tup.tsinghua.edu.cn。

图书在版编目（CIP）数据

R 语言数据分析与可视化/杨剑锋主编. —北京：清华大学出版社，2022.1（2024.2重印）
（大数据技术与应用丛书）
ISBN 978-7-302-59106-1

Ⅰ. ①R… Ⅱ. ①杨… Ⅲ. ①程序语言—程序设计 Ⅳ. ①TP312

中国版本图书馆 CIP 数据核字（2021）第 182116 号

责任编辑：袁勤勇　杨　枫
封面设计：杨玉兰
责任校对：胡伟民
责任印制：杨　艳

出版发行：清华大学出版社
网　　址：https：//www. tup. com. cn，https：//www. wqxuetang. com
地　　址：北京清华大学学研大厦 A 座　　**邮　　编**：100084
社 总 机：010-83470000　　**邮　　购**：010-62786544
投稿与读者服务：010-62776969，c-service@tup.tsinghua.edu.cn
质量反馈：010-62772015，zhiliang@tup.tsinghua.edu.cn
课件下载：https：//www. tup. com. cn，010-83470236
印 装 者：三河市龙大印装有限公司
经　　销：全国新华书店
开　　本：185mm×260mm　　**印　　张**：18.25　　**字　　数**：455 千字
版　　次：2022 年 1 月第 1 版　　**印　　次**：2024 年 2 月第 3 次印刷
定　　价：58.00 元

产品编号：083941-01

前　言

贯彻党的二十大精神，筑牢政治思想之魂。编者在对本书进行修订时牢牢把握这个根本原则。党的二十大报告提出，要坚持教育优先发展、科技自立自强、人才引领驱动，加快建设教育强国、科技强国、人才强国，坚持为党育人、为国育才，全面提高人才自主培养质量，着力造就拔尖创新人才，聚天下英才而用之。而大数据相关课程是落实立德树人根本任务，培养德智体美劳全面发展的社会主义建设者和接班人不可或缺的环节，对提高人才培养质量具有较大的作用。

随着大数据时代的到来，各领域的数据呈爆炸性增长，这加速了统计学与计算机科学的交叉融合。R 软件是一款集成了数据操作、统计和可视化功能的、优秀的开源软件，R 软件具备高效的数据处理和可视化功能，提供了大量的数据分析工具。统计分析的数据规模和处理复杂度不断增加，传统意义上的数据处理工具已经难以满足人们的要求。本书在传统统计分析的基础上，进一步融合了大数据相关技术，具有更强的实用性。

本书的主要特色如下。

(1) 内容全面而完整，结构安排合理，图文并茂，通俗易懂，能够很好地帮助读者学习和理解 R 语言的基本操作、R 语言数据管理、R 语言统计分析、创建动态报告、R 语言与 Hadoop、R 语言图形用户界面等数据分析与可视化内容。

(2) 注重理论与实践相结合。本书由浅入深，利用大量典型实例，详细讲解了 R 语言数据分析与可视化的主要内容，并结合实际利用 R 语言来完成一个综合项目实例。

(3) 统计学与计算机科学的高度融合。本书不仅介绍了传统的 R 语言统计分析方法，还介绍了 R 语言与大数据融合的相关技术，例如 RHadoop 等工具的使用。

(4) 本书作者都是长期从事本科教育的专职教师，从事云计算与大数据专业课教学多年，具有丰富的教学经验和实践经验，本书为他们教学经验和实践经验的结晶。

读者可扫描插图右侧的二维码获取彩色插图。

本书由杨剑锋任主编，张豹、尹少齐、伍仕屹任副主编。伍仕屹编写第 1～3 章，尹少齐编写第 4、6、8 章，张豹编写第 5、7、9 章，杨剑锋编写第 10～12 章。贵州理工学院信息网络中心副主任杨云江教授任主审，负责全书架构设计和内容设计，并负责书稿内容的主审工作。

感谢贺孟兰、丁铭、任梦欣、熊天骏、郑周桃、黄嘉悦、仇正霞、王震等对本书修订所做的工作。

因作者知识和水平有限，加上时间仓促，书中难免有不完善、疏漏和错误之处，恳请广大读者多多指教和批评指正，在此表示衷心感谢。

编　者

2023 年 7 月

目录

第 1 章 R语言介绍

思政案例

随着大数据时代的到来，各领域数据呈爆炸性增长，统计分析的数据规模和处理复杂度不断增加，传统意义上的数据处理工具已经难以满足人们的要求。而 R 软件是一款集成了数据操作、统计和可视化功能的、优秀的开源软件，R 软件具备高效的数据处理和存储功能，提供了大量的数据分析工具。

R 语言可以通过安装包增强新的功能，迄今为止，在 R 语言官网上的程序包有 10 000 多个，广泛覆盖了各个行业和领域的数据分析应用，包括基础统计学、社会学、经济学、生态学、地理学、医学统计学、生物信息学等诸多方面。

1.1 R 语言概述

1.1.1 R 语言简介

R 语言是属于 GNU 系统的一个自由、免费、源代码开放的软件，它是用于数据分析和可视化的软件功能的集成套件，是一个用于统计计算和统计制图的优秀工具。它可以在 UNIX、Windows 和 MacOS 平台上编译并运行。

R 语言是统计领域广泛使用的诞生于 1980 年左右的 S 语言的一个分支，R 语言是一个类似于 S 语言的 GNU 项目，可以将 R 语言视为 S 语言的不同实现，该项目是由约翰·钱伯斯及其同事在 AT&T 贝尔实验室开发的。R 语言与 S 语言一样，都是围绕一种真正的计算机语言设计的，它允许用户通过定义新功能来添加其他功能。系统的大部分本身是用 S 语言编写的，这使用户可以轻松地遵循所选择的算法。对于计算量大的任务，可以在运行时连接和调用 C、C++ 和 FORTRAN 代码。高级用户可以编写 C 代码来直接操纵 R 对象。R 语言和 S 语言存在一些区别，但是用 S 语言编写的许多代码在 R 语言的环境下都不会改变。S 语言通常是统计方法论研究的首选工具，R 语言提供了一种开放源代码的途径来参与该活动。

R 语言可以轻松制作出精心设计的具有出版质量的图表，其中包括需要的数学符号和公式。R 语言提供了各种各样的统计信息(线性和非线性建模，经典统计检验，时间序列分析、分类、聚类等)和图形技术，并且具有高度的可扩展性。许多用户将其视为统计软件，其实可以将其视为实现统计技术的环境。R 语言可以通过包轻松扩展。R 语言发行版提供了约 8 种软件包，CRAN 系列在 Internet 上还提供了更多软件包，涵盖了非常广泛的现代统计数据。R 语言有自己的类似 LaTex 的文档格式，可用于提供全面的文档，既可以在线使用多种格式，也可以使用硬拷贝。

1.1.2 R语言的特点与优势

现今,市面上有许多流行的统计和制图软件,如Microsoft Excel、SAS、SPSS、Statistica以及Minitab。为何越来越多的人要选择R语言?因为R语言有着许多独特的优势,主要表现如下。

(1) R软件是一个自由的、免费的、开源的软件。

(2) R语言可以轻松地从各种类型的数据源导入数据库,包括文本文件、数据库管理系统、统计软件,乃至专门的数据仓库。它同样可以将数据输出并写入这些系统中。

(3) R语言可以在Windows、UNIX、MacOS X和Linux等多种平台上运行。

(4) R语言拥有强大的制图功能,提供了丰富的2D和3D图形库,能够生成从简单到复杂的各种图形。

(5) R语言更新迅速,囊括了许多先进的统计计算和前沿的统计方法。事实上,新方法的更新速度是以周来计算的,这是大多数统计软件达不到的。

(6) R语言可以连接其他的高性能编程语言,如C++、Python、SAS和SPSS等。这样就可以在熟悉的语言编程环境中加入R语言的功能。

1.1.3 R语言的下载和安装

R语言可以从CRAN社区(Comprehensive R Archive Network,http://cran.r-project.org)免费下载最新的安装程序到本地计算机,Linux、MacOS X和Windows都有相应编译好的二进制版本。根据各平台的安装说明进行安装即可。

本书以Windows操作系统为例,具体安装步骤如下。

第1步:访问CRAN社区(http://cran.r-project.org)。

第2步:单击Download R for Windows,进入base,下载Download R x.x.x for Windows(如Download R 3.5.3 for Windows)。

第3步:运行下载好的安装文件,然后按提示进行安装即可。安装时可以选择中文作为基本语言,这样RGui窗口的菜单都显示中文。通常默认的安装目录为C:\Program Files\R\R-x.x.x(x.x.x为版本号),安装时可以改变目录。

1.1.4 R语言的应用前景

R语言的软件包涉及领域非常广,包括社会网络分析、自然语言处理、绘图、统计计算、机器学习、生物统计等。R语言在数据科学领域应用非常广泛,数据科学家利用R语言实时收集数据,执行统计和预测分析,进行可视化和科学决策。R语言已经在预测分析和机器学习中发现了很多用途。它具有用于常见机器学习任务的各种包,如线性和非线性回归、决策树、线性和非线性分类等。从机器学习爱好者到金融、遗传学研究、零售、营销和医疗保健等领域的每个人都可以使用R语言来实现机器学习算法。

在如今的大数据时代,R语言的一些优秀的扩展包解决了单线程、纯内存计算和速度性能方面的一些问题,例如:mulTIcore适合大规模计算环境,主要解决单线程问题;snow支持MPI、PVM、nws、Socket通信,解决单线程和内存限制;parallel R 2.14.0版本增加的标准包,整合了snow和multicore功能;RHadoop在Hadoop集群上运行R代码,RHIPE提供了更友好的 R 代码运行环境，解决单线程和内存限制。这些优秀的扩展包使得 R 语言成为大数据领域的一款重要工具。

1.2　R 语言的基本使用

R 语言是一种解释型语言，而不是编译语言，也就是说，输入的命令能被直接执行。R 软件的基本界面是一个交互式命令窗口，命令提示是一个大于符号，即"＞"。在"＞"后输入命令，按回车键后便会输出结果，然后再输入新的命令，如此反复进行操作。多数情况下会使用交互模式的 R 语言，偶尔可能想要重复地运行某个 R 程序，如每周生成一次相同的报告，这时就可以在 R 环境下编写程序脚本，然后在批处理模式下运行它即可。

R 语言中有多种数据结构，包括向量、矩阵、数组、数据框和列表，第 2 章会介绍这些数据结构。

1.2.1　R 语言的入门

如果是 Windows 用户，双击桌面上的 R 图标或者单击"开始"→"程序"→R，就可以启动 R 软件。在 MacOS 系统下，需要双击应用程序文件中的 R 图标。在 Linux 系统下，只需在终端窗口的命令提示符下输入 R 并按回车键。启动后的 R 界面，如图 1-1 所示。

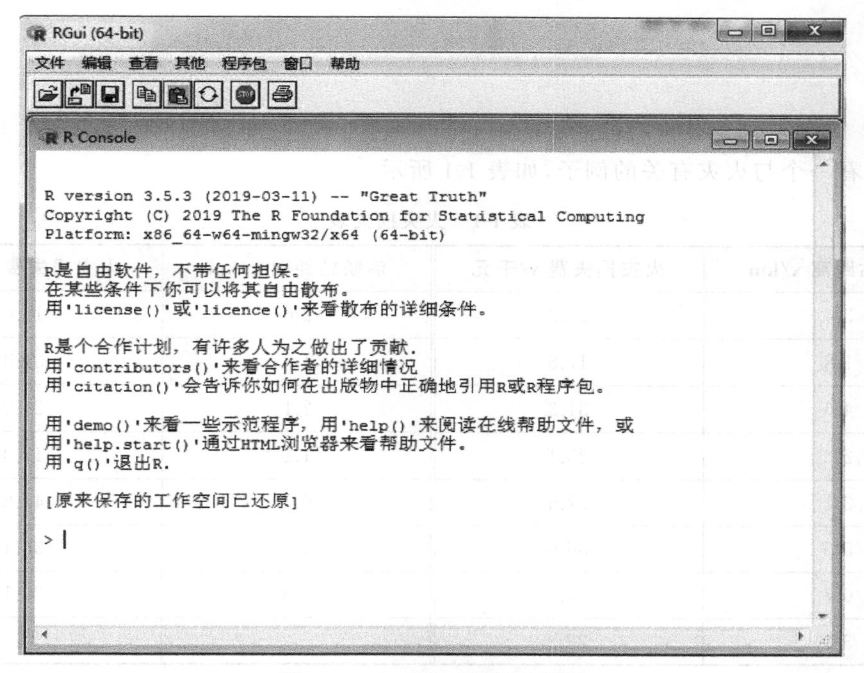

图 1-1　Windows 中的 R 界面

下面使用这个界面进行一些简单的练习。

在 R 语言中，标准赋值运算符是＜－，并非传统的＝。R 语言也允许使用＝为对象赋值，不过并不建议使用它。例如：

```
>x<-0:10          # 创建一个等差数列向量
>x
[1]  0  1  2  3  4  5  6  7  8  9  10
```

将0～10的等差数列向量赋值给x。符号＃后面的语句表示这行语句的注释，它们会被R自动忽略掉。

R语言对大小写很敏感，即X和x的含义是不同的，同一字母的大小写代表不同的变量对象，如下例所示。

```
>x<-1:10
>X
```

错误：找不到对象'X'。

```
>x
[1]  1  2  3  4  5  6  7  8  9  10
```

当输入命令没有完整前，R语言会以＋作为提示符，提醒用户该命令还未结束。这时，将命令输入完整，则提示符会变成>。示例如下。

```
>x<-1+
+
+
+2
>x
[1] 3
```

下面看一个与火灾有关的例子，如表1-1所示。

表1-1　火灾损失表

消防站距离 x/km	火灾损失费 y/千元	消防站距离 x/km	火灾损失费 y/千元
3.4	26.2	2.6	19.6
1.8	17.8	4.3	31.3
4.6	31.3	2.1	24.0
2.3	23.1	1.1	17.3
3.1	27.5	6.1	43.2
5.5	36.0	4.8	36.4
0.7	14.1	3.8	26.1
3.0	22.3		

注：消防站距离以火灾发生地为参考标准。

针对表1-1，大家感兴趣的是火灾损失费的均值和方差，以及消防站距离和火灾损失费的相关度，代码清单1-1给出了具体的分析过程。首先使用函数c()以向量的形式输入x和y的数据，此函数可以将其参数组合成一个向量或列表。然后使用函数mean()、sd()和cor()分别计算y的均值和方差，以及x和y的相关度。最后使用函数plot()来展示x和y

的关系图。函数 q()结束会话并允许退出 R 语言。实例代码清单 1-1 如下。

代码清单 1-1　表 1-1 的具体分析

```
>x<-c(3.4,1.8,4.6,2.3,3.1,5.5,0.7,3.0,2.6,4.3,2.1,1.1,6.1,4.8,3.8)
>y<-c(26.2,17.8,31.3,23.1,27.5,36.0,14.1,22.3,
+19.6,31.3,24.0,17.3,43.2,36.4,26.1)
>mean(y)
[1] 26.41333
>sd(y)
[1] 8.068976
>cor(x,y)
[1] 0.9609777
>plot(x,y)
>q()
```

从代码中可以看到，火灾损失的平均费用为 26.413 元，标准差为 8.069 元，火灾发生地离消防站距离与火灾损失之间存在较强的线性关系(相关度为 0.96)。这种关系也可以通过散点图看出来，即火灾地离消防站越远，所造成的火灾损失费用就会越高，如图 1-2 所示。

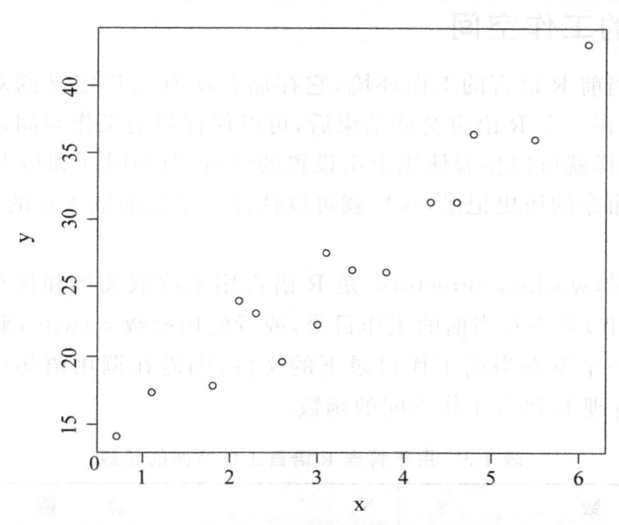

图 1-2　火灾损失费 y 和消防站距离 x 的散点图

1.2.2　R 语言的帮助功能

R 软件提供了大量的帮助功能，学会如何使用这些帮助文档可以在很大程度上帮助我们的编程工作，如表 1-2 所示。表中列出的函数可以查看帮助文档。

表 1-2　R 语言中的帮助函数

函　　数	功　　能
help.start()	打开帮助文档首页
help("foo")或?foo	查看函数 foo 的帮助(引号可以省略)

续表

函　　数	功　　能
help.search("foo")或??foo	以 foo 为关键词搜索本地帮助文档
example("foo")	函数 foo 的使用示例(引号可以省略)
RSiteSearch("foo")	以 foo 为关键词搜索在线文档和邮件列表存档
apropos("foo",mode="function")	列出名称中含有 foo 的所有可用函数
data()	列出当前已加载包中所含的所有可用示例数据集
vignette()	列出当前已安装包中所有可用的 vignette 文档
vignette("foo")	为主题 foo 显示指定的 vignette 文档

如果知道某个函数名,但是忘记了具体用法,使用函数 help()或?,就可以查看到该函数的描述、用法、细节、例子等。每个帮助函数都附带有例子,可以使用 example()函数运行例子代码。如果忘记某个函数的拼写,只记得部分拼写,就无法使用函数 help()来查询帮助,这时可以使用函数 apropos(),它可以查出所有类似的函数。

1.2.3 R语言的工作空间

工作空间就是当前 R 语言的工作环境,它存储着所有用户定义的对象(向量、矩阵、函数、数据框、列表)。在一个 R 语言会话结束后,可以保存当前工作空间,并在下次启动 R 语言时自动载入它,这样就可以接着使用上次设置的变量,节约时间和精力。还可以使用上下方向键查看已输入命令的历史记录,这样就可以选择一个之前输入过的命令并适当修改,按回车键重新执行它。

当前的工作目录(working directory)是 R 语言用来读取文件和保存结果的默认目录。可以使用函数 getwd()来查看当前的工作目录,或者使用函数 setwd()来设定当前的工作目录。如果需要读入一个不在当前工作目录下的文件,则需在调用语句中写明完整的路径。表 1-3 列出了用于管理 R 语言工作空间的函数。

表 1-3　用于管理 R 语言工作空间的函数

函　　数	功　　能
getwd()	显示当前的工作目录
setwd("mydirectory")	修改当前的工作目录为 mydirectory
ls()	列出当前工作空间中的对象
rm(objectlist)	移除(删除)一个或多个对象
help(options)	显示可用选项的说明
options()	显示或设置当前选项
history(#)	显示最近使用过的#个命令(默认值为 25)
savehistory("myfile")	保存命令历史到文件 myfile 中(默认值为.Rhistory)
loadhistory("mylife")	载入一个命令历史文件(默认值为.Rhistory)

续表

函　　数	功　　能
save.image("mylife")	保存工作空间到文件 myfile 中(默认值为.RData)
save(objectlist,file="myfile")	保存指定对象到一个文件中
load("myfile")	读取一个工作空间到当前会话中(默认值为.RData)
q()	退出R,会询问是否保存工作空间

1.2.4 R语言的输入与输出

启动R软件后将默认开始一个交互式的会话,从键盘接受输入并从屏幕进行输出。也可以处理写在一个脚本文件(一个包含了R语句的文件)中的命令集并直接将结果输出到多类目标中。

1. 输入

函数 source("filename")可在当前会话中执行一个脚本。如果文件名中不包含路径,R语言将假设此脚本在当前工作目录中。举例来说,source("myscript.R")将执行包含在文件 myscript.R 中的R语句集合。

2. 文本输出

函数 sink("filename")将输出重定向到文件 filename 中。默认情况下,如果文件已经存在,则它的内容将被覆盖。使用参数 append=TRUE 可以将文本追加到文件后,而不是覆盖它。参数 split=TRUE 可将输出同时发送到屏幕和输出文件中。不加参数调用命令 sink()将仅向屏幕返回输出结果。

3. 图形输出

虽然 sink()可以重定向文本输出,但它对图形输出没有影响。要重定向图形输出,使用表 1-4 中列出的函数即可,最后使用 dev.off()将输出返回到终端。

表 1-4　用于保存图形输出的函数

函　　数	输　　出
bmp("filename.bmp")	BMP 文件
jpeg("filename.jpg")	JPEG 文件
pdf("filename.pdf")	PDF 文件
png("filename.png")	PNG 文件
postscript("filename.ps")	PostScript 文件
svg("filename.svg")	SVG 文件
win.metafile("filename.wmf")	Windows 图元文件

1.3 R语言的软件包

R语言中提供了大量可供选择下载和安装的包,这些包广泛地覆盖了各个行业和领域的数据分析应用。

包是R语言函数、编码和样本数据的集合。计算机上存储包的目录称为库(library)。查看库所在的位置使用函数 libPaths(),显示库里所有安装的包使用函数 library(),获取当前在R语言环境中加载的所有包使用函数 search()。

1.3.1 安装包

第一次安装一个包,使用命令 install.packages()即可。例如,包 gclus,可以使用命令 install.packages("gclus"),然后选择一个 CRAN 镜像站点,安装完毕即可。

一个安装包只需安装一次,当安装包被更新时,使用命令 update.packages()可以更新已经安装的包。当查看已安装包的描述时,可以使用 installed. packages()命令,将列出所有安装的包,以及它们的版本号等信息。

1.3.2 载入包

安装好的包,要想在R会话中使用它,还需要使用 library()载入这个包。例如,要使用 gclus 包,执行命令 library(gclus)即可。当然,在载入一个包之前必须已经安装了这个包。在一个会话中,包只需载入一次。

1.4 小结

本章首先介绍了R语言的优点,然后介绍了如何安装R软件,接着简单介绍了R语言的使用方法和帮助函数,还学习了如何将工作保存到文本和图形文件中,最后探讨了如何下载、安装可选包来增强R语言的功能。希望通过本章的介绍,读者能对R软件有简单的了解。

习题

1. R语言的特点和优势有哪些?
2. 简述R语言的应用前景。
3. 如何在 Windows 操作系统下安装和使用R软件?
4. R语言中的帮助函数有哪些?这些帮助函数的功能是什么?
5. 简述R语言的工作空间。
6. R语言用于保存图形输出的函数有哪些?
7. R语言中用于安装包和载入包的命令是什么?

第 2 章 创建数据集

思政案例

2.1 节用一个例子简要介绍数据集的概念，然后叙述 R 语言中用于存储数据的多种结构，详细描述向量、矩阵、数组、数据框、因子以及列表的用法。

2.2 节涵盖了多种向 R 语言中导入数据的可行方法。可以手工输入数据，也可以从外部源导入数据。数据源可以是文本文件、电子表格、统计软件和各类数据库管理系统。

2.1 数据集的概念

数据集通常是由数据构成的一个矩形数组，行表示观测，列表示变量。表 2-1 提供了一个病例数据集。

表 2-1 病例数据集

病人编号(patientID)	入院时间(admDate)	年龄(age)	糖尿病类型(diabetes)	病情(status)
1	04/10/2019	35	Type1	Poor
2	04/18/2019	48	Type2	Improved
3	03/25/2019	50	Type1	Poor
4	03/15/2019	29	Type1	Excellent
5	04/29/2019	24	Type2	Poor

R 语言中有多种存储数据的结构，包括标量、向量、数组、数据框和列表，表 2-1 是一个数据框。

R 语言可以处理的数据类型包括数值型、字符型、逻辑型(TRUE/FALSE)、复数型(虚数)和原生型(字节)。在 R 语言中，patientID、admDate 和 age 为数值型变量，而 diabetes 和 status 则为字符型变量。如果再细分一下：patientID 是实例标识符，admDate 含有日期数据，diabetes 和 status 分别是名义型和有序型变量。R 语言将实例标识符称为 rownames(行名)，将类别型(包括名义型和有序型)变量称为因子(factors)。下面详细介绍 R 语言的各种数据结构。

2.2 数据结构

R 语言中提供了多种存储数据的对象类型，包括标量(R 语言中的标量是由向量的形式表达，即只含一个元素的向量，多用于存储常量，可以说 R 语言中没有标量)、向量、矩阵、数组、数据框和列表。下面从向量开始,逐个介绍每一种数据结构。

2.2.1 向量

向量是用于存储数值型、字符型或逻辑型数据的一维数组。单个向量中的数据必须保持相同的类型或模式(数值型、字符型或逻辑型),最常用的创建向量的方法是使用函数c(),使用函数 mode()可以查看数据类型,各类向量如下例所示。

```
>a<-c(1,3,5,6,2,4,9)
>a
[1] 1 3 5 6 2 4 9
>b<-c("A","B","C")
>c<-c(TRUE,TRUE,FALSE,TRUE)
>mode(a)
[1] "numeric"
>mode(b)
[1] "character"
>mode(c)
[1] "logical"
```

由代码可知,***a*** 是数值型向量,***b*** 是字符型向量,***c*** 是逻辑型向量。在显示向量 ***a*** 时,注意左边出现了[1],这表示该行的第一个数的下标,例如:

```
>x<-12:60
>x
[1] 12 13 14 15 16 17 18 19 20 21 22 23 24 25 26 27 28 29 30 31 32 33 34 35
[25] 36 37 38 39 40 41 42 43 44 45 46 47 48 49 50 51 52 53 54 55 56 57 58 59
[49] 60
```

第 1 行的冒号用于生成一个数值序列,第 4 行输入从第 25 个数开始,第 5 行输入从第 49 个数开始,所以在行左边分别显示[25]和[49]。

使用函数 length()可以计算向量的长度,例如:

```
>x<-12:60
>length(x)
[1] 49
```

通过在方括号中给定元素所处位置的数值,可以访问向量中的元素。例如,***x***[c(2,5)]用于访问向量 ***x*** 中的第 2 个元素和第 5 个元素。示例见代码清单 2-1。

代码清单 2-1 选取向量元素

```
>x<-12:60
>x
[1] 12 13 14 15 16 17 18 19 20 21 22 23 24 25 26 27 28 29 30 31 32 33 34 35
[25] 36 37 38 39 40 41 42 43 44 45 46 47 48 49 50 51 52 53 54 55 56 57 58 59
[49] 60
>x[6]
[1] 17
```

```
>x[c(1,5,8,9)]
[1] 12 16 19 20
>x[6:15]
[1] 17 18 19 20 21 22 23 24 25 26
>x[-6:-15]
[1] 12 13 14 15 16 27 28 29 30 31 32 33 34 35 36 37 38 39 40 41 42 43 44 45
[25] 46 47 48 49 50 51 52 53 54 55 56 57 58 59 60
```

最后一个语句中，方括号中给定所处位置的数值为负数时，表示查看除了第 6 个元素到第 15 个元素之外的所有元素，即删除相应位置的元素。

2.2.2 矩阵

矩阵是一个二维数组，与向量类似，矩阵中也仅能包含一种数据类型(数值型、字符型或逻辑型)。使用函数 matrix()来创建矩阵，一般语法格式为

```
matrix(data=NA, nrow=1, ncol=1, byrow=FALSE,dimnames=NULL)
```

其中，data 包含了矩阵的元素，默认为 NA；nrow 和 ncol 分别为行数和列数，默认值均为 1；byrow 表示矩阵应当按行填充(byrow=TRUE)还是按列填充(byrow=FALSE)，默认情况下按列填充；dimnames 为以字符型向量表示的行名和列名，默认为 NULL。代码清单 2-2 演示了 matrix()函数的用法。

代码清单 2-2 创建矩阵

```
>x<-matrix(1:15,nrow=5,ncol=3)                    ❶创建一个 5×3 的矩阵。
>x
     [,1] [,2] [,3]
[1,]    1    6   11
[2,]    2    7   12
[3,]    3    8   13
[4,]    4    9   14
[5,]    5   10   15
>a<-c(1,12,34,5,16,29)
>rnames<-c("r1","r2")
>cnames<-c("c1","c2","c3")
>A<-matrix(a,nrow=2,ncol=3,byrow=TRUE,            ❷按行填充的 2×3 矩阵。
           dimnames=list(rnames,cnames))
>A
   c1 c2 c3
r1  1 12 34
r2  5 16 29
>A<-matrix(a,nrow=2,ncol=3,byrow=FALSE,           ❸按列填充的 2×3 矩阵。
           dimnames=list(rnames,cnames))
>A
   c1 c2 c3
r1  1 34 16
r2 12  5 29
```

在代码清单 2-2 中，首先创建了一个 5×3 的矩阵❶，然后创建了一个按行填充的 2×3 的矩阵，并定义了行名和列名❷，最后创建了一个按列填充的 2×3 的矩阵❸。

通过使用下标和方括号，可以访问矩阵中的行、列或元素。***X***[i,]表示矩阵 ***X*** 中的第 i 行，***X***[,j]表示矩阵 ***X*** 中的第 j 列，***X***[i,j]表示矩阵 ***X*** 中的第 i 行、第 j 列元素，选择多行或多列时，下标 i 和 j 可为数值型向量，具体见代码清单 2-3。

代码清单 2-3　矩阵下标的使用

```
>x<-matrix(1:15,nrow=3,ncol=5)
>x
     [,1] [,2] [,3] [,4] [,5]
[1,]    1    4    7   10   13
[2,]    2    5    8   11   14
[3,]    3    6    9   12   15
>x[2,]
[1]  2  5  8  11  14
>x[,4]
[1] 10  11  12
>x[2,3]
[1] 8
>x[c(1,2),c(1,3,4)]
     [,1] [,3] [,4]
[1,]    1    7   10
[2,]    2    8   11
```

在代码清单 2-3 中，首先创建了一个 3×5 的矩阵，默认按列填充。然后分别选择了第 2 行和第 4 列的元素。接着，又选择了第 2 行、第 3 列的元素。最后选择了第 1～2 行的第 1、3、4 列元素。

2.2.3　数组

数组(array)与矩阵类似，但是维数可以大于 2。像矩阵一样，数组中的数据也只能拥有一种模式。使用 array()函数创建数组，语法格式如下：

```
array(data=NA, dim=length(data), dimnames=NULL)
```

其中，data 包含了数组的数据，dim 是各维长度组成的数值型向量，dimnames 是可选的、各维度名称标签的列表。具体示例见代码清单 2-4。

代码清单 2-4　创建一个数组

```
>dim1<-c("R1","R2","R3")
>dim2<-c("C1","C2","C3")
>dim3<-c("M1","M2","M3")
>z<-array(1:27,dim=c(3,3,3),dimnames=list(dim1,dim2,dim3))
>z
, , M1
```

```
   C1 C2 C3
R1  1  4  7
R2  2  5  8
R3  3  6  9

, , M2

   C1 C2 C3
R1 10 13 16
R2 11 14 17
R3 12 15 18

, , M3

   C1 C2 C3
R1 19 22 25
R2 20 23 26
R3 21 24 27
```

在代码清单 2-4 中,首先创建了 3 个向量,分别表示数组中各维度的名称标签。然后创建了一个数据为 1～27 的 3×3×3 的数组,数组中的元素按列填充。

从数组中选取元素的方式与矩阵相同,具体见代码清单 2-5。

代码清单 2-5　选取数组元素

```
>z<-array(1:12,dim=c(2,2,3),dimnames=list(c("r1","r2"),
+c("c1","c2"),c("m1","m2","m3")))
>z
, , m1
   c1 c2
r1  1  3
r2  2  4

, , m2
   c1 c2
r1  5  7
r2  6  8

, , m3
   c1 c2
r1  9  11
r2 10  12
>z[1,2,3]
[1] 11
>z[1:2,1:2,2:3]
, , m2
   c1 c2
r1  5  7
```

```
r2  6  8

, , m3
   c1  c2
r1   9  11
r2  10  12

>z[,,2]
   c1 c2
r1  5  7
r2  6  8
>z[,2,2]
r1  r2
7    8
```

在代码清单 2-5 中,首先创建了一个 2×2×3 的数组,数组按列填充。然后,选择了第 3 个矩阵第 1 行第 2 列的元素。接着,选择了数组的一个子集,即一个维数为 c(2,2,2) 的三维数组。最后两个语句,z[,,2]表示数组的第 2 个矩阵,z[,2,2]表示数组的第 2 个矩阵的第 2 列元素。

2.2.4 数据框

向量、矩阵和数组都只能存储同一类型的数据,而常见的数据集都是不同的列可以包含不同的模式(数值型、字符型、逻辑型等)。在表 2-1 中,病例数据集包含了数值型和字符型数据,这时就无法使用矩阵来存储数据,而数据框就可以。

数据框是 R 语言中最常处理的数据结构,它可以将不同的数据类型结构组合在一起。数据框的维数是二维,数据框可以使用函数 data.frame()创建:

```
data.frame(col1,col2,col3,…)
```

其中,列向量 col1、col2、col3 等可为任何类型(如数值型、字符型或逻辑型等),示例见代码清单 2-6。

代码清单 2-6 创建一个数据框

```
>patientID<-c(1,2,3,4,5)
>age<-c(35,48,50,29,24)
>diabetes<-c("Type1","Type2","Type1","Type1","Type2")
>status<-c("Poor","Improved","Poor","Excellent","Poor")
>patientdata<-data.frame(patientID,age,diabetes,status)
>patientdata
   patientID  age  diabetes  status
1        1     35    Type1     Poor
2        2     48    Type2     Improved
3        3     50    Type1     Poor
4        4     29    Type1     Excellent
5        5     24    Type2     Poor
```

同一列的数据类型必须唯一，如 patientID 和 age 是数值型向量，diabetes 和 status 是字符型向量。首先给各个变量赋值，然后使用函数 data.frame()将多个类型不同的列放到一起组成数据框。

数据框元素的选取与矩阵类似，可以使用下标或下标向量，也可以直接使用列名或列名向量。具体见代码清单 2-7。

代码清单 2-7　选取数据框元素

```
>patientdata[1:2,1:4]
   patientID  age  diabetes  status
1        1     35    Type1    Poor
2        2     48    Type2    Improved
>patientdata[1:2,c(2,4)]
   age   status
1   35   Poor
2   48   Improved
>patientdata[1:2,c("age","status")]
   age   status
1   35   Poor
2   48   Improved
>patientdata$age
[1] 35 48 50 29 24
```

第四个语句 patientdata $ age 表示 patientdata 数据框中的变量 age，记号 $ 是用来选取一个给定数据框中的某个特定变量。

2.2.5　列表

列表(list)是 R 语言的数据结构中最为复杂的一种。一般来说，列表是数据对象的有序集合，可以包含向量、矩阵、数组、数据框，甚至是另外一个列表，可以使用函数 list()创建列表：

```
list(object1,object2,…)
```

其中，对象(object)可以是目前为止讲到的任何结构。还可以为列表中的对象命名：

```
list(name1=object1,name2=object2,…)
```

示例见代码清单 2-8。

代码清单 2-8　创建一个列表

```
>a<-"My List"
>b<-c("Simon","Lucy","Andy","James")
>c<-c(185,168,160,180)
>d<-matrix(1:12,nrow=3)
>z<-array(1:12,dim=c(2,3,2))
>mydata<-data.frame(name=b,height=c)
>mylist<-list(title=a,name=b,height=c,d,z,mydata)
```

```
#创建一个包含字符串、向量、矩阵、数组、数据框的列表
>mylist  #输出列表
$title
[1] "My List"

$name
[1] "Simon"  "Lucy"  "Andy"  "James"

$height
[1] 185 168 160 180

[[4]]
     [,1] [,2] [,3] [,4]
[1,]    1    4    7   10
[2,]    2    5    8   11
[3,]    3    6    9   12

[[5]]
, , 1

     [,1] [,2] [,3]
[1,]    1    3    5
[2,]    2    4    6

, , 2

     [,1] [,2] [,3]
[1,]    7    9   11
[2,]    8   10   12

[[6]]
   name  height
1  Simon   185
2  Lucy    168
3  Andy    160
4  James   180
```

本例创建了一个列表，包含6个成分：一个字符串、一个字符型向量、一个数值型向量、一个矩阵、一个数组以及一个由字符型向量和数值型向量组成的数据框。

访问列表的元素，可以使用方括号和双重方括号访问，两种方法所代表的含义不同，还可以直接使用成分的名称访问，具体见代码清单2-9。

代码清单 2-9　访问列表

```
>mylist[2]
$name
```

```
[1] "Simon"  "Lucy"  "Andy"  "James"
>mylist["name"]
$name
[1] "Simon"  "Lucy"  "Andy"  "James"
```

❶表示访问该列表的一个成分,数据类型为列表。

```
>mylist[["name"]]
[1] "Simon"  "Lucy"  "Andy"  "James"
```

❷表示访问该列表的一个成分的元素值,数据类型与成分的数据类型相同,即字符型向量。

```
>mylist[[2]]
[1] "Simon"  "Lucy"  "Andy"  "James"
>mylist$name
[1] "Simon"  "Lucy"  "Andy"  "James"
```

2.3　数据的输入

要使用 R 软件来分析数据,那么如何将这些外部数据导入 R 软件呢?接下来介绍如何从键盘、文本文件、Microsoft Excel、流行的统计软件、专业数据库、网站和在线服务中导入数据。

2.3.1　使用键盘输入数据

最简单的输入数据的方式就是键盘输入,有两种常见的方式:用 R 语言内置的文本编辑器和直接在代码中嵌入数据(前面介绍数据结构的创建就是在代码中嵌入数据)。下面介绍 R 语言内置的文本编辑器。

R 语言中的函数 edit()会自动调用一个允许手动输入数据的文本编辑器。具体步骤如下。

第 1 步:创建一个空数据框(或矩阵),其中变量名和变量的模式需与理想中的最终数据集一致。

第 2 步:针对这个数据对象调用文本编辑器,输入数据,并将结果保存回此数据对象中。

```
mydata <-data.frame(age=numeric(0),
        gender=character(0), weight=numeric(0))
mydata <-edit(mydata)
```

第 3 步:在如图 2-1 所示的编辑器上添加数据。单击列的标题,可以修改变量名和变量类型(数值型、字符型)。还可以通过单击未使用列的标题来添加新的变量。编辑器关闭后,结果会保存到之前赋值的对象中(mydata)。

2.3.2　从带分隔符的文本文件导入数据

使用 read.table()从带分隔符的文本文件中导入数据。其语法如下:

```
mydataframe <-read.table(file, options)
```

其中,file 是一个带分隔符的 ASCII 文本文件,options 是控制如何处理数据的选项。

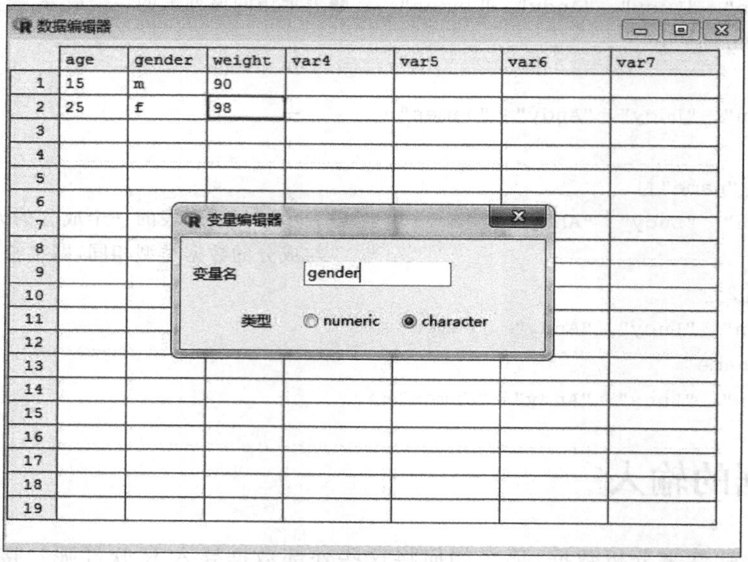

图 2-1 数据编辑器

2.3.3 导入 Excel 数据

读取一个 Excel 文件的最好方式，就是在 Excel 中将其导出为一个逗号分隔文件(csv)，并使用 2.3.2 节描述的方式将其导入 R 软件中。此外，可以用 xlsx 包直接导入 Excel 工作表。请确保在第一次使用它之前先进行下载和安装。同时，还需要 xlsxjars 和 rJava 包，以及一个正常工作的 Java 安装(http://java.com)。

用函数 read.xlsx()导入一个工作表到一个数据框中。最简单的格式是 read.xlsx(file,n)，其中 file 是 Excel 工作簿的所在路径，n 则为要导入的工作表序号。在 Windows 系统中导入一个工作表的代码如下。

```
library(xlsx)
workbook <-"c:/myworkbook.xlsx"
mydataframe <-read.xlsx(workbook, 1)
```

以上代码表示从位于 C 盘根目录的工作簿 myworkbook.xlsx 中导入了第一个工作表，并将其保存为一个数据框 mydataframe。

2.3.4 导入 SPSS 数据

IBM SPSS 数据集可以通过 foreign 包中的函数 read.spss()导入 R 软件中，也可以使用 Hmisc 包中的 spss.get()函数。

首先，下载并安装 Hmisc 包(foreign 包已被默认安装)，代码如下：

```
install.packages("Hmisc")
```

然后使用以下代码导入数据：

```
library(Hmisc)
```

```
mydataframe <-spss.get("mydata.sav",
    use.value.labels=TRUE)
```

在这段代码中，mydata.sav 是要导入的 SPSS 数据文件，use.value.labels＝TRUE 表示让函数将带有值标签的变量导入为 R 软件中水平对应相同的因子，mydataframe 是导入后的 R 数据框。

2.3.5　导入 SAS 数据

在 R 软件中导入 SAS 数据，可以使用 foreign 包中的 read.ssd()，Hmisc 包中的 sas.get()，以及 sas7bdat 包中的 read.sas7bdat()。如果安装了 SAS，sas.get()是一个较好的选择。

2.3.6　导入 Stata 数据

将 Stata 数据导入 R 软件中，使用的代码如下：

```
library(foreign)
mydataframe <-read.dta("mydata.dta")
```

这里，mydata.dta 是 Stata 数据集，mydataframe 是返回的 R 语言数据框。

2.4　小结

本章概述了 R 语言中用于存储数据的多种数据结构，包括向量、矩阵、数组、数据框和列表等，简单介绍了如何创建各种数据结构以及选取各种数据结构的元素。然后介绍了从键盘和外部来源导入数据的许多可能方式。

习题

1. R 语言可以处理的数据类型有哪些？

2. R 语言中存储数据的对象类型有哪些？

3. 编写 R 语言代码，创建一个向量，包含 1～10 的所有奇数。

4. 编写 R 语言代码，创建一个元素全部为 1 的 3 行 5 列的矩阵 mydata，并对矩阵 mydata 做如下操作：计算矩阵的维数，查看后两列的数据，按行求和，按列求均值，将第 2 行第 2 列的元素修改为 3，求矩阵的转置。

5. 编写 R 语言代码，随机生成两个 3 行 3 列的矩阵 $\boldsymbol{A}$ 和 $\boldsymbol{B}$，针对矩阵 $\boldsymbol{A}$ 和 $\boldsymbol{B}$ 做如下计算：$2*\boldsymbol{A}$、$\boldsymbol{A}+\boldsymbol{B}$、$\boldsymbol{A}*\boldsymbol{B}$、$\boldsymbol{A}_{ij}*\boldsymbol{B}_{ij}$（其中 $i,j=1,2,3$）。

6. R 语言中，数据框和矩阵有什么区别？列表和向量有什么区别？

7. 用 R 语言创建一个包含"grammer"＝c("Python","Java","C","Matlab","SQL","GO","PHP","R")，"score"＝c(1,2,3,4,5,8,7,10)的数据框 mydf，并对数据框 mydf 做如下操作：查看列名，查看前 3 行数据，计算"score"列的均值，将"grammer"列中的"Java"修改为"JAVA"。

8. 用 R 语言创建一个列表 mylist，列表中包含"姓名"＝张三、"年龄"＝19、"性别"＝"男"、"学号"＝2101。

第 3 章 基本绘图

思政案例

本章介绍处理图形的一般方法。首先，讨论如何创建和保存图形；然后研究如何修改图形的参数，包括图形的符号、颜色、线条、标题、坐标轴、图例和文本标注等；接着研究几种基本绘图方法，主要为散点图、折线图；最后，讨论将多幅图形组合为一幅图形的方法。

3.1 使用图形

R 语言拥有强大的绘图功能，通过简单的函数调用，就可以迅速做出数据的各种图形。下面看一个具体的绘图例子，代码如下：

```
attach(mtcars)                    #mtcars 是 R 语言内置数据集
plot(wt,mpg,xlab="wt/t",ylab= "mpg/miles per gallon")
abline(lm(mpg~wt))
detach(mtcars)
```

第一句绑定数据框 mtcars。第二句调用函数 plot()绘制了一幅散点图，横轴表示车身重量，纵轴表示每加仑行驶的英里数。第三句向图形添加了一条最优拟合线。最后一句解除对数据框的绑定。程序运行结果如图 3-1 所示。

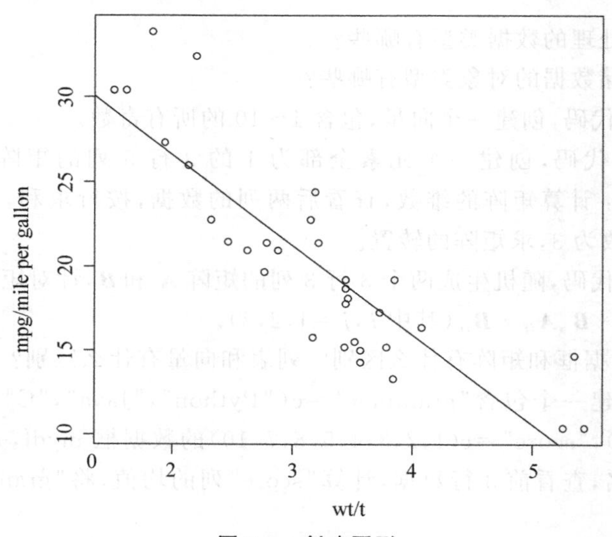

图 3-1　创建图形

每次通过调用 plot()、hist()等高级函数来创建一幅新图形时，通常现有的图形窗口都会被新的图形覆盖。如何才能避免这种情况呢？可以使用函数 dev.new()打开一个新的图形窗口，创建的新图形将出现在最新打开的窗口中。

图形可以通过代码或者图形用户界面来保存。使用代码保存图形，将绘图语句夹在开启目标图形设备的语句和关闭目标设备的语句之间即可。例如，使用以下代码将图形保存到 PDF 文件中：

```
>pdf("graph1.pdf")
>attach(mtcars)
>plot(wt, mpg)
>abline(lm(mpg~wt))
>detach(mtcars)
>dev.off()
```

除了 pdf()，还可以使用函数 png()、bmp()、jpeg()、postscript()、tiff()和 win.metafile()将图形保存为其他格式。

在 Windows 系统中，通过图形用户界面来保存图形，在图形窗口中选择"文件"→"另存为"命令，然后在弹出的对话框中选择想要的文件格式和保存位置即可。

3.2 图形参数

3.2.1 图形参数简介

通过修改图形参数可以自定义一幅图形的多个特征，如符号、颜色、字体、坐标轴以及图例等，使其达到想要的效果。常用的方式是使用函数 par()来修改这些选项，其调用格式为 par(optionname＝value，optionname＝name，…)。当 par()不加参数时，将返回当前图形参数设置的列表；添加参数 par(no.readonly＝TRUE)将生成一个可以修改的当前图形参数列表。注意以这种方式设定的图形参数除非被再次修改，否则将会一直执行此参数设置，直到会话结束。

继续 3.1 节中图形的例子，假设想将点的符号换成实心的方块，实线换成虚线，使用以下代码即可完成修改：

```
>attach(mtcars)
>opar<-par(no.readonly=TRUE)
>par(pch=15,lty=2)
>plot(wt,mpg,xlab="wt/t",ylab= "mpg/miles per gallon")
>abline(lm(mpg~wt))
>par(opar)
```

运行结果如图 3-2 所示。

首句绑定数据集 mtcars。第二句将当前的图形设置保存在 opar 中。第三句将默认的绘图符号改为实心小方块(pch＝15)，且将默认的线条类型修改为虚线(lty＝2)。第四、五

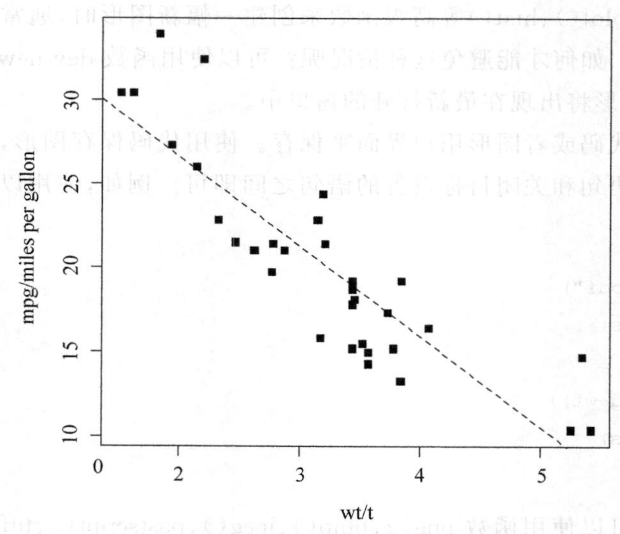

图 3-2 修改了点符号和线条类型(一)

句绘制图形,最后一句还原图形参数的原始设置。

设定图形参数还可以直接在 plot()、hist()等绘图函数里添加图形参数来实现,这种情况下,指定的选项只对这幅图本身有效。代码如下:

```
plot(wt,mpg,pch=15)
abline(lm(mpg~wt),lty=2)
```

生成的结果与图 3-2 相同。

并不是所有的绘图函数都允许指定全部可能的图形参数,可以通过查看绘图函数的帮助(如使用命令:? plot)来确定哪些参数适用这种设置方式。下面具体介绍可以设定的图形参数。

3.2.2 符号和线条

常用点符号和线条类型的相关参数及其描述如表 3-1 所示。

表 3-1 常用点符号和线条类型的相关参数及其描述

参 数	描 述
pch	绘制点符号的样式,如图 3-3 所示
cex	符号的大小,默认为 1,1.5 表示放大为默认值的 1.5 倍,0.5 表示缩小为默认值的 50%
bg	符号的内部填充色,仅限符号 21~25
lty	指定线条类型,样式如图 3-4 所示
lwd	线条宽度,默认宽度为 1
col	指定符号边框和线条的颜色

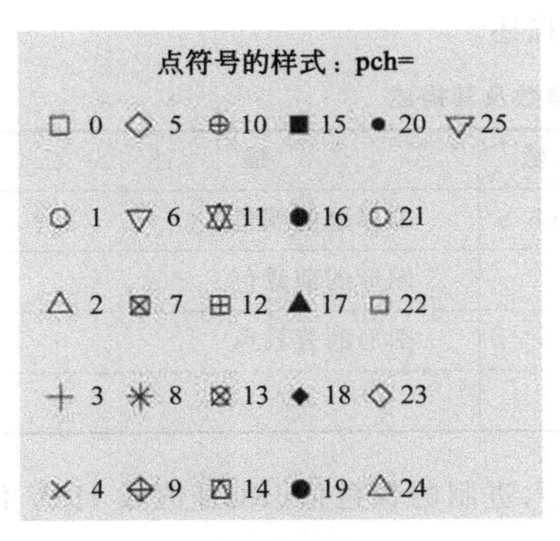

图 3-3 点符号的样式

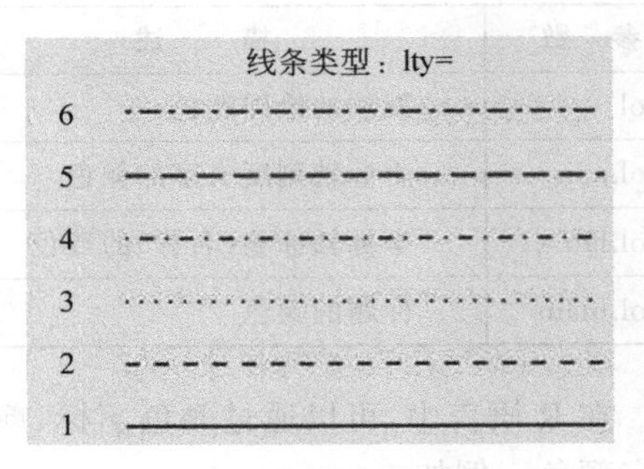

图 3-4 线条类型

综合以上参数，运行如下代码：

```
dev.new()
plot(wt,mpg,pch=22,col=2,bg=8,cex=0.8,
    xlab="wt/t",ylab= "mpg/miles per gallon")
abline(lm(mpg~wt),lty=2,lwd=2,col=3)
```

首句打开一个新的图形窗口。第二句绘制散点图，点的符号为正方形，边界颜色为 2，填充色为 8，大小为默认符号的 80%。最后一句给图形添加直线，线条类型为虚线，宽度为默认宽度的 2 倍，颜色为 3。运行结果如图 3-5 所示。

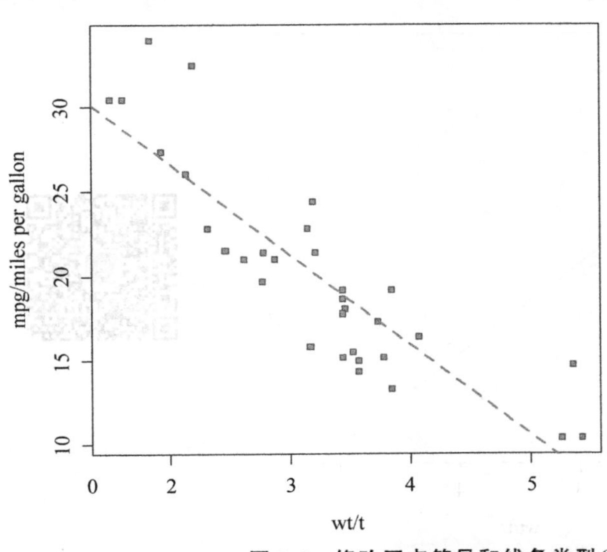

图 3-5 修改了点符号和线条类型(二)

3.2.3 颜色

使用图形参数 col，除了可以设置点、线的颜色，还可以设置图像、坐标轴、文字等的颜色。表3-2中列出了一些用于指定颜色的参数及其描述。

表3-2　用于指定颜色的参数及其描述

参　数	描　　述	参　数	描　　述
col	默认的绘图颜色	col.sub	副标题的颜色
col.axis	坐标轴刻度文字的颜色	fg	图形的前景色
col.lab	坐标轴标签(名称)的颜色	bg	图形的背景色
col.main	标题的颜色		

在R语言中,可以通过颜色下标、颜色名称、十六进制的颜色值、RGB值或HSV值来确定颜色。例如:

```
col=1、col="white"、col="#FFFFFF"、col=rgb(1,1,1)、col=hsv(0,1,1)
```

这5种方法均表示选定颜色为白色。其中,函数rgb()是基于红—绿—蓝生成的颜色,hsv()是基于色相—饱和度—亮度值生成的颜色,函数的具体用法参考函数的帮助。

函数colors()可以生成657种颜色名称,可以通过这些名称,使用参数col=颜色名称来设定想要的颜色。

例如语句:

```
par(col="red",col.axis="blue",col.lab="black")
```

表示创建的所有图形颜色为红色,坐标轴刻度文字颜色为蓝色,坐标轴标签名称颜色为黑色。具体运行结果如图3-6所示。

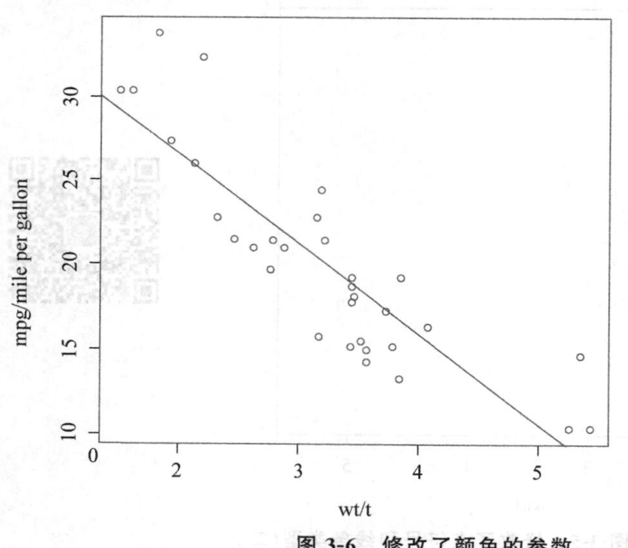

图3-6　修改了颜色的参数

3.2.4　文本属性

图形参数还可以指定字号、字体和字样。指定字体大小的参数及其描述如表3-3所示,指定字样的参数及其描述如表 3-4 所示。

表 3-3　指定字体大小的参数及其描述

参　数	描　　述
cex	字体大小，默认为 1。1.5 表示放大为默认值的 1.5 倍，0.5 表示缩小为默认值的 50%
cex.axis	坐标轴刻度文字的缩放倍数，类似于 cex
cex.lab	坐标轴标签（名称）的缩放倍数，类似于 cex
cex.main	标题的缩放倍数，类似于 cex
cex.sub	副标题的缩放倍数，类似于 cex

表 3-4　指定字样的参数及其描述

参　数	描　　述
font	整数。用于指定绘图使用的字体样式。1＝常规，2＝粗体，3＝斜体，4＝粗斜体，5＝符号字体（以 Adobe 符号编码表示）
font.axis	坐标轴刻度文字的字体样式
font.lab	坐标轴标签（名称）的字体样式
font.main	标题的字体样式
font.sub	副标题的字体样式

例如语句：

```
par(font.lab=3,cex.lab=1.5,cex.axis=0.8,font.axis=2)
```

表示创建的所有图形的坐标轴标签（名称）字体样式为斜体、大小扩大为默认文本大小的 1.5 倍，坐标轴刻度文字字体样式为粗体、大小缩小为默认文本大小的 80%。具体运行结果如图 3-7 所示。

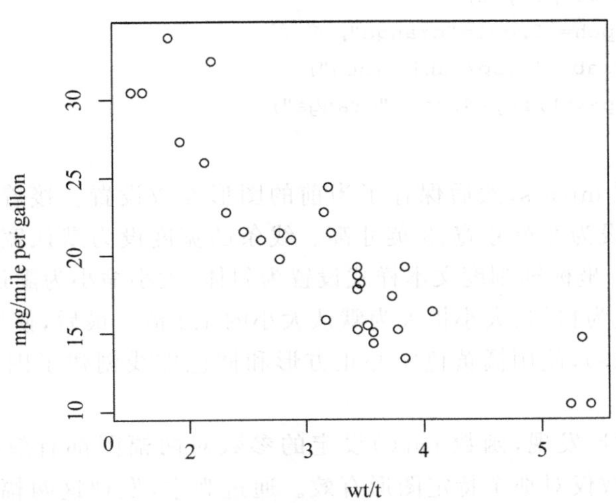

图 3-7　修改了字体大小和字样的参数

3.2.5 图形尺寸和边界尺寸

R语言中,还可以使用参数来控制图形尺寸和边界大小,具体参数及其描述如表3-5所示。

表3-5 控制图形尺寸和边界大小的参数及其描述

参 数	描 述
pin	以英寸表示的图形尺寸(宽和高)
mai	以数值向量表示的边界大小,顺序为“下、左、上、右”,单位为英寸
mar	以数值向量表示的边界大小,顺序为“下、左、上、右”,单位为英分,默认值为c(5,4,4,2)+0.1

例如语句:

```
par(pin=c(3,4),mai=c(1,1,1,.5))
```

可以生成一幅宽为3英寸(1英寸=2.54厘米),高为4英寸,上、下边界为1英寸,左边界为1英寸,右边界为0.5英寸的图形。下面使用这些选项来完善图形,见代码清单3-1,运行结果如图3-8所示。

代码清单3-1 使用图形参数完善图形

```
>attach(mtcars)
>opar<-par(no.readonly=TRUE)
>par(pin=c(2,3))
>par(lwd=2,cex=0.8)
>par(font.axis=3,cex.axis=0.8
>par(font.lab=2,cex.lab=1.2)
>plot(wt,mpg,pch=20,col="red",
+xlab="wt/t",ylab= "mpg/miles per gallon")
>abline(lm(mpg~wt),lty=2)
>plot(wt,disp,pch=15,col="orange",
+xlab="wt/t",ylab= "disp/cubic inch")
>abline(lm(disp~wt),lty=4,col="orange")
>par(opar)
```

首先绑定数据框mtcars,然后保存了当前的图形参数设置。接着,修改了默认的图形参数,将图形的尺寸设为2英寸宽、3英寸高。线条的宽度设为默认宽度的两倍,符号缩小为默认大小的80%。坐标轴刻度文本样式设置为斜体、大小缩小为默认大小的80%。坐标轴名称文本样式设置为粗体、大小扩大为默认大小的1.2倍。最后,使用红色实心圆圈和黑色虚线创建了图3-8(a),使用橘黄色实心正方形和橘色虚线创建了图3-8(b),并还原了图形参数的原始设置。

通过两幅图的对比发现,函数par()设定的参数对两幅图都有效,而在函数plot()和abline()中指定的参数仅对那个特定图形有效。通过观察,发现这两幅图都缺少标题,所以在3.3节中将介绍如何自定义标题、坐标轴等。

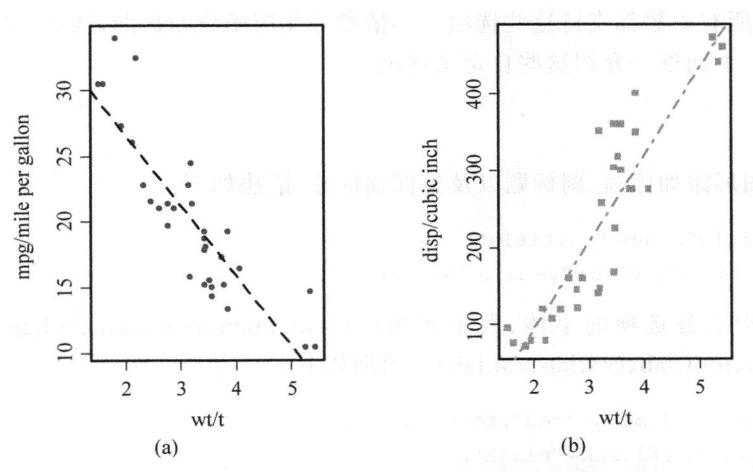

图 3-8 每加仑行驶英里数和发动机排量随车重的回归

3.3 添加文本、自定义坐标轴和图例

除了图形参数，许多高级绘图函数，如 plot()、hist()、boxplot()还可以自行设定坐标轴和文本标注选项。例如，添加标题(main)、副标题(sub)、坐标轴标签(xlab、ylab)并指定了坐标轴范围(xlim、ylim)等。运行以下代码，结果如图 3-9 所示。

```
main="Scatterplot of wt vs. mpg",
sub="one",
xlab="车重/t",ylab="每加仑行驶英里数/miles per gallon",
xlim=c(0,10),ylim=c(0,50))
```

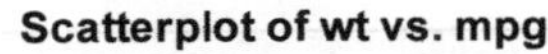

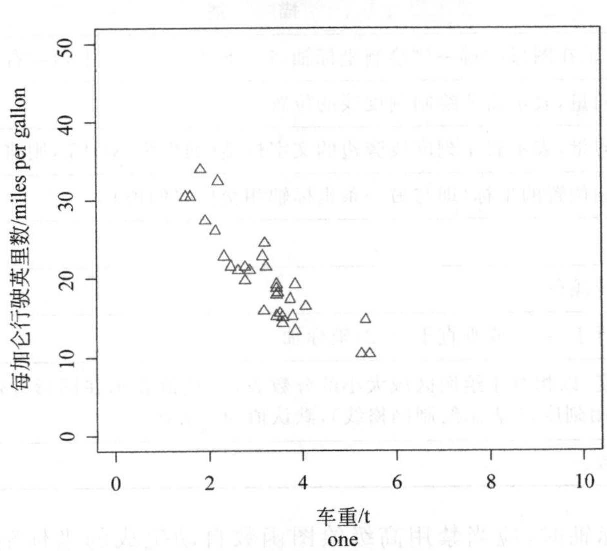

图 3-9 添加了标题、副标题和自定义的坐标轴

需要注意的是，并非所有函数都支持这些选项。详情参考相应函数的帮助，从中了解各函数可以接受哪些选项。下面逐一介绍这些自定义选项。

3.3.1 标题

函数 title()可以为图形添加标题、副标题以及坐标轴标签，语法如下：

```
title(main="main title", sub="subtitle",
    xlab="x-axis label", ylab="y-axis label")
```

函数 title()还可以指定各选项的字体、大小和颜色（font.main、cex.main、col.main、font.sub、cex.sub、col.sub、font.lab、cex.lab、col.lab）。示例如下：

```
title(main="My Title",col.main="red",font.main=2,
      sub="My Subtitle", col.sub="black",
      xlab="x", ylab="y",col.lab="green", cex.lab=0.8)
```

运行以上代码表示将生成红色且字体为粗体的标题，黑色的副标题，以及大小缩小为默认大小的 80%的绿色 x 轴、y 轴标签。

一般来说，函数 title()被用于添加信息到一个默认标题和坐标轴标签被 ann＝FALSE 选项移除的图形中。

3.3.2 坐标轴

axis()函数可以自定义坐标轴。其格式为

```
axis(side, at=, labels=, pos=, lty=, col=, las=, tck=, ...)
```

坐标轴中各参数及其描述如表 3-6 所示。

表 3-6 坐标轴中各参数及其描述

参 数	描 述
side	一个整数，表示在图形的哪一侧绘制坐标轴（1＝下，2＝左，3＝上，4＝右）
at	一个数值型向量，表示需要绘制刻度线的位置
labels	一个字符型向量，表示置于刻度线旁边的文字标签（如果为 NULL，则将直接使用 at 中的值）
pos	坐标轴线绘制位置的坐标（即与另一条坐标轴相交位置的值）
lty	线条类型
col	轴线和刻度线颜色
las	标签是否平行于（＝0）或垂直于（＝2）坐标轴
tck	刻度线的长度，以相对于绘图区域大小的分数表示（负值表示在图形外侧，正值表示在图形内侧，0 表示禁用刻度，1 表示绘制网格线），默认值为－0.01
…	其他图形参数

创建自定义坐标轴时，应当禁用高级绘图函数自动生成的坐标轴。使用参数 axes＝FALSE 将禁用全部坐标轴（包括坐标轴框架线，除非添加了参数 frame.plot＝TRUE）。参

数 xaxt＝"n"和 yaxt＝"n"将分别禁用 x 轴或 y 轴(会留下框架线,只是去除了刻度)。具体示例见代码清单 3-2。

代码清单 3-2　自定义坐标轴

```
height<-c(155,157,160,163,166,169,172,175,179,182)
weight<-c(58,59,60,61,62,63,64,65,66,67)
plot(height,weight,type="b",pch=16,col="red",
    lty=2,xaxt="n",yaxt="n",ann=FALSE)
axis(1,at=height,labels=height)
axis(2,at=weight,labels=weight,las=2)
title(xlab="height/cm",ylab="weight/kg")
```

首先输入数据,然后使用 plot()函数绘制身高与体重的关系图形,接着绘制自定义的坐标轴,最后添加标题和 x、y 轴标签名称。运行结果如图 3-10 所示。

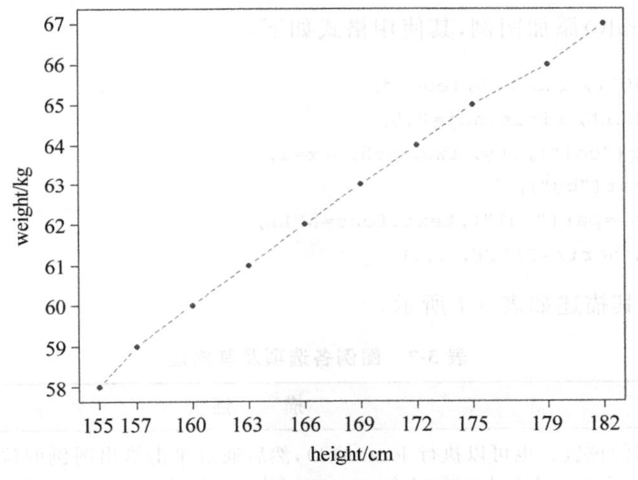

图 3-10　自定义坐标轴选项

通过观察可以发现,目前创建的图形都只拥有主刻度线,没有次刻度线。可以使用 Hmisc 包中的 minor.tick()函数来创建次刻度线。代码如下:

```
install.packages("Hmisc")  #安装 Hmisc 包
library(Hmisc)
  minor.tick(nx=n, ny=n, tick.ratio=n)
```

其中,nx 和 ny 分别指定了 x 轴和 y 轴每两条主刻度线之间通过次刻度线划分得到的区间个数。tick.ratio 表示次刻度线相对于主刻度线的大小比例。例如:

```
minor.tick(nx=2, ny=3, tick.ratio=0.5)
```

上述语句将在 x 轴的每两条主刻度线之间添加 1 条次刻度线,并在 y 轴的每两条主刻度线之间添加 2 条次刻度线,次刻度线的长度将是主刻度线的一半。

3.3.3 参考线

函数 abline()可以为图形添加参考线。其使用格式为

```
abline(a=NULL, b=NULL, h=NULL, v=NULL, ...)
```

其中,a 是常数项,b 是斜率,h 是水平线,v 是垂直线。

函数 abline()中也可以指定其他图形参数(如线条类型、颜色和宽度)。例如:

```
abline(h=c(1,3,5),v=4,col="green")
```

表示在纵坐标为 1、3、5 的位置添加了水平实线,在横坐标为 4 的位置添加垂直实线,颜色均为绿色。

3.3.4 图例

使用函数 legend()添加图例,其使用格式如下:

```
legend(x, y=NULL, inset=0,legend,
       title=NULL, title.adj=0.5,
       col=par("col"),lty, lwd, pch,cex=1,
bty="o", bg=par("bg"),
       text.col=par("col"),text.font=NULL,
       ncol=1, horiz=FALSE, ...)
```

图例各选项及其描述如表 3-7 所示。

表 3-7 图例各选项及其描述

选 项	描 述
x,y	指定图例的位置。也可以执行 locator(1),然后通过单击给出图例的位置,还可以使用关键字 bottom、bottomleft、left、topleft、top、topright、right、bottomright 或 center 放置图例
inset	当图例用关键词设置位置后,使用参数 inset=指定图例向图形内侧移动的大小(以绘图区域大小的分数表示)
legend	图例标签组成的字符型向量
title	图例标题的字符串
title.adj	图例标题的相对位置,0.5 为默认值,表示在中间,0 为最左,1 为最右
col	图例中出现的点或线的颜色
lty,lwd	图例中线的类型与宽度
pch	图例中点的类型
cex	图例字符大小
bty	图例框是否画出,o 为画出,默认为 n 不画出
bg	bty !="n"时,图例的背景色
text.col	图例字体的颜色

续表

选　项	描　　述
text.font	图例字体的样式
ncol	图例中分类的列数
horiz	逻辑值，默认 horiz＝FALSE 为垂直放置图例，horiz＝TRUE 将会水平放置图例
…	其他选项，可参考 help(legend)

下面看一个添加图例的例子，见代码清单 3-3，运行结果如图 3-11 所示。

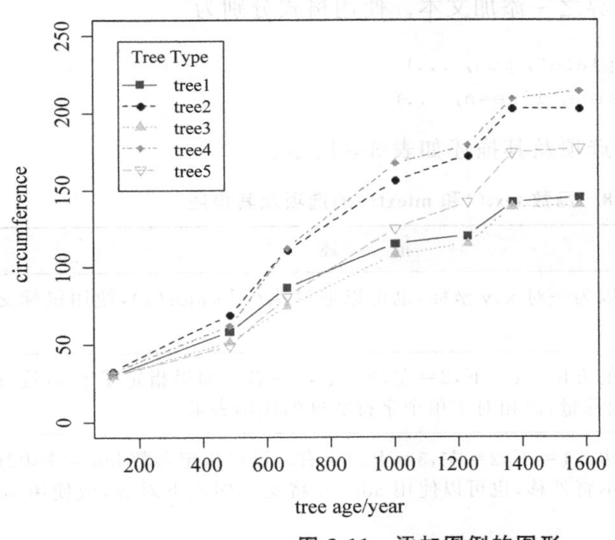

图 3-11　添加图例的图形

代码清单 3-3　添加图例

```
age<-c(118,484,664,1004,1231,1372,1582)
circumference_tree1<-c(30,58,87,115,120,142,145)
circumference_tree2<-c(33,69,111,156,172,203,203)
circumference_tree3<-c(30,51,75,108,115,139,140)
circumference_tree4<-c(32,62,112,167,179,209,214)
circumference_tree5<-c(30,49,81,125,142,174,177)
opar <-par(no.readonly=TRUE)
par(font.lab=2,font.axis=3,cex.axis=0.8)
plot(age,circumference_tree1,type="b",pch=15,lty=1,col="red",
      ylim=c(0,250),xlab= "tree age/year",
      ylab="circumference",xaxt="n")
axis(1,at=seq(0,1600,200))
lines(age,circumference_tree2,type="b",pch=16,lty=2,col="blue")
lines(age,circumference_tree3,type="b",pch=17,lty=3,col="green")
lines(age,circumference_tree4,type="b",pch=18,lty=4,col="orange")
lines(age,circumference_tree5,type="b",pch=25,lty=5,col="pink")
legend("topleft",inset=.05,title="Tree Type",
```

```
        c("tree1","tree2","tree3","tree4","tree5") ,
        lty=c(1, 2,3,4,5), pch=c(15, 16,17,18,25),
        col=c("red", "blue","green", "orange","pink"))
```

代码中使用了函数 lines(),lines()可以为一幅现有图形添加新的图形元素,运行结果如图 3-11 所示。

3.3.5　文本标注

使用函数 text()和 mtext()向图形中添加文本。text()可以向绘图区域内部添加文本,而 mtext()则向图形的四个边界之一添加文本。使用格式分别为

```
text(location,"text to place", pos, ...)
mtext("text to place", side, line=n, ...)
```

函数 text()和 mtext()的选项及其描述如表 3-8 所示。

表 3-8　函数 text()和 mtext()的选项及其描述

选　项	描　　述
location	文本的位置参数。可以为一对 x、y 坐标,也可以通过执行 locator(1),使用鼠标交互式地确定摆放位置
pos	文本相对于位置参数的方位。1=下,2=左,3=上,4=右。如果指定了 pos,就可以同时指定参数 offset=作为偏移量,以相对于单个字符宽度的比例表示
side	指定用来放置文本的边。1=下,2=左,3=上,4=右。可以指定参数 line=来内移或外移文本,随着值的增加,文本将外移,也可以使用 adj=0 将文本向左下对齐,或使用 adj=1 向右上对齐

其他常用的选项有 cex、col 和 font,分别用来调整字号、颜色和字体样式。

3.4　散点图

散点图通常用来描述两个连续型变量间的关系。R 语言中创建散点图的基础函数是 plot(x,y),其中,x 和 y 是数值型向量,代表着图形中的(x,y)点。具体示例见代码清单 3-4。

代码清单 3-4　绘制散点图

```
attach(mtcars)
plot(wt,mpg,xlab="wt/t",ylab= "mpg/miles per gallon",
      pch=20,col="red")
abline(lm(mpg~wt))
```

运行结果如图 3-12 所示。

在代码清单 3-4 中,首先绑定 mtcars 数据框。然后创建了一幅基本的散点图,通过观察发现,随着车重的增加,每加仑行驶英里数减少。最后使用 abline()函数添加最佳拟合的线性直线。

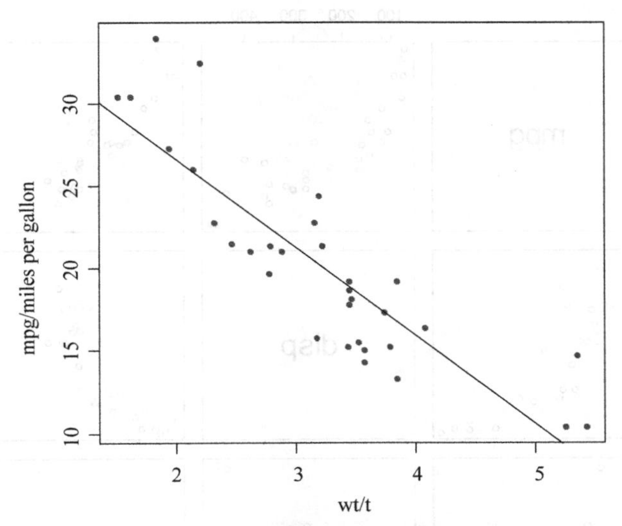

图 3-12 汽车车重与行驶距离的散点图

函数 plot()绘制的散点图一次只能观察两个变量间的二元关系，当想要查看两个以上变量间的二元关系时，就需要将多个散点图组合在一个矩阵中，以便可以同时查看多个二元变量关系，这就是接下来要介绍的散点图矩阵。

3.4.1 散点图矩阵

使用函数 pairs()可以创建基础的散点图矩阵，其基本语法如下：

```
pairs(formula, data, ...)
```

其中，formula 表示成对使用的一系列变量，data 表示将从中采集变量的数据集。运行代码：

```
pairs(~mpg+disp+wt, data=mtcars)
```

运行结果如图 3-13 所示。

从图 3-13 中可以看出所有指定变量间的二元相关关系。例如，mpg 和 disp 的散点图可以在两变量的行列交叉处找到。另外，主对角线的上方和下方的三幅散点图是相同的，可以只展示下三角或者上三角的图形。例如，添加选项 upper.panel=NULL 将只生成下三角的图形：

```
pairs(~mpg+disp+wt, data=mtcars,
    upper.panel=NULL)
```

运行结果如图 3-14 所示。

3.4.2 三维散点图

散点图和散点图矩阵展示的都是二元变量关系。倘若想一次对三个定量、变量的交互关系进行可视化，那么可以使用三维散点图。

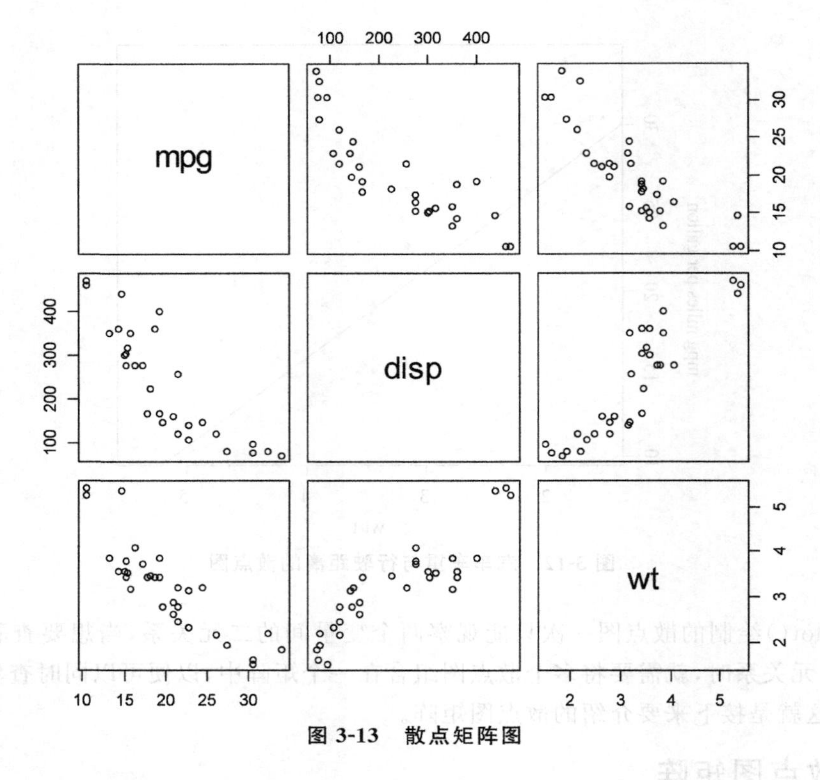

图 3-13　散点矩阵图

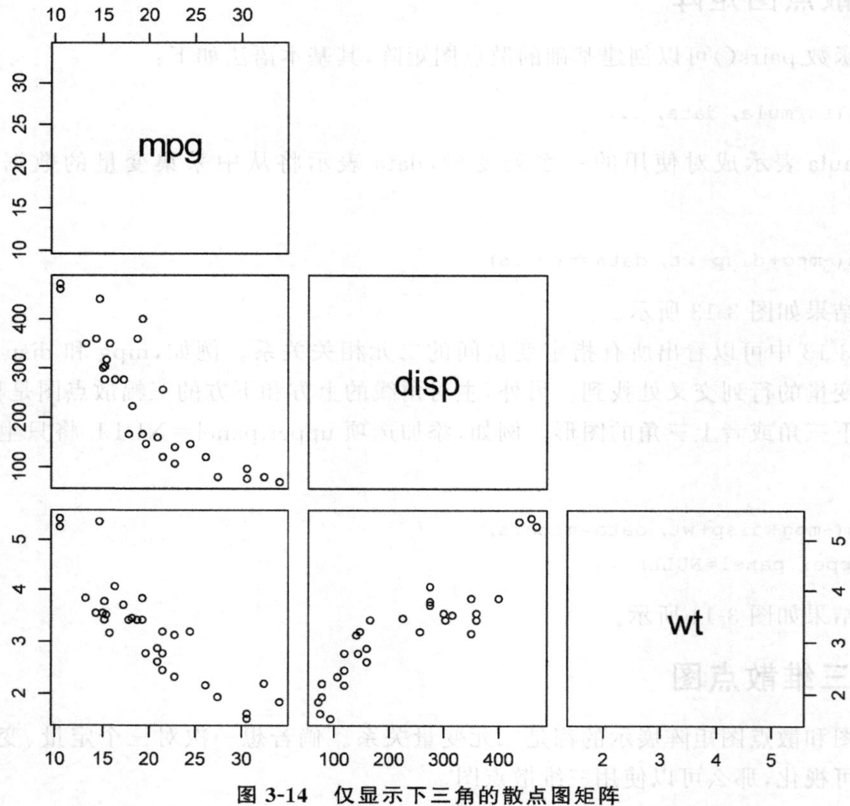

图 3-14　仅显示下三角的散点图矩阵

可以使用 scatterplot3d 包中的 scatterplot3d()函数来绘制三维散点图。格式如下：

```
scatterplot3d(x, y, z)
```

其中，x 被绘制在水平轴上，y 被绘制在竖直轴上，z 被绘制在透视轴上。继续前面的例子，假设想了解汽车 mpg、wt 和 disp 间的关系，代码如下：

```
install.packages("scatterplot3d")
library(scatterplot3d)
attach(mtcars)
scatterplot3d(wt, disp, mpg, xlab="wt/t",
              ylab="mpg/miles per gallon",
              zlab="disp/cubic inch"
```

运行结果如图 3-15 所示。

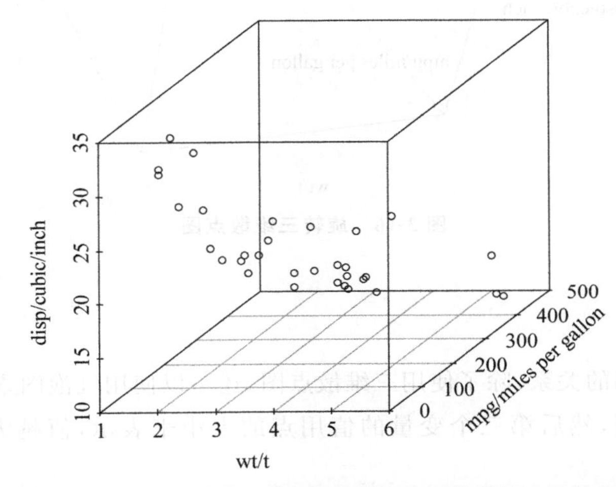

图 3-15　每加仑行驶英里数、车重和发动机排量的三维散点图

satterplot3d()函数还提供了许多选项，包括设置图形符号、轴、颜色、线条、角度等功能，具体参见帮助函数 help(satterplot3d)。

3.4.3　旋转三维散点图

R 语言提供了一些旋转图形的功能，可以从多个角度观测绘制的数据点。使用 rgl 包中的 plot3d()函数可以创建旋转的三维散点图，通过鼠标对图形进行旋转。函数格式为

```
plot3d(x, y, z)
```

其中，x、y 和 z 是数值型向量，代表着各个点。继续上面的例子：

```
install.packages("rgl")
library(rgl)
attach(mtcars)
plot3d(wt, disp, mpg, col="red",
```

```
        xlab="wt/t",ylab= "mpg/miles per gallon",
        zlab="disp/cubic inch")
```

运行结果如图 3-16 所示。通过鼠标旋转坐标轴，可以更清楚地了解该三维散点图。

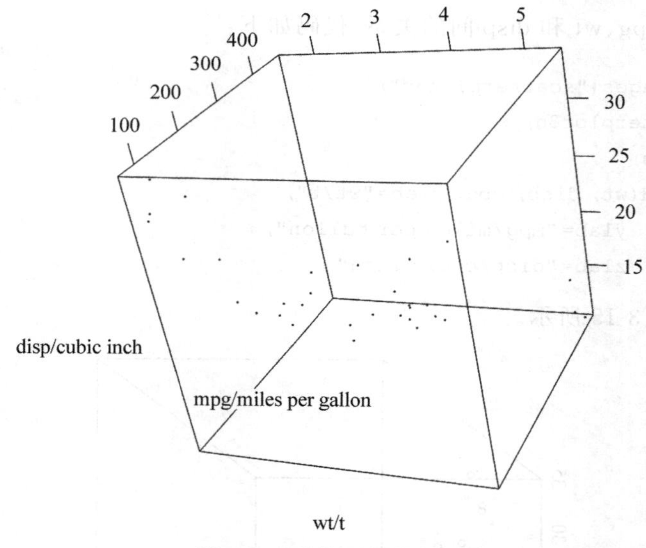

图 3-16 旋转三维散点图

3.4.4 气泡图

展示三个变量间的关系，除了使用三维散点图，还可以使用气泡图来展示。气泡图是先创建一个二维散点图，然后第三个变量的值用点的大小来表示，值越大，气泡越大，反之，越小。

气泡图可以使用函数 symbols()来创建。该函数可以在指定的(x,y)坐标上绘制圆圈图、方形图、星形图、温度计图和箱线图。使用格式如下：

```
symbols(x, y=NULL, circles, squares, rectangles, stars,
        thermometers, boxplots,
        inches=TRUE, add=FALSE,
        fg=par("col"), bg=NA,
        xlab=NULL, ylab=NULL, main=NULL,
        xlim=NULL, ylim=NULL, ...)
```

详细用法参考帮助函数 help(symbols)。下面继续前面的例子：

```
attach(mtcars)
symbols(wt,mpg,circles=disp,inches=0.25,bg="lightblue",
        xlab="wt/t",ylab="mpg/miles per gallon")
```

运行结果如图 3-17 所示。从图 3-17 中可以看到，随着车重的增加，每加仑行驶英里数和发动机排量都逐渐增加，点的大小与排量成正比。

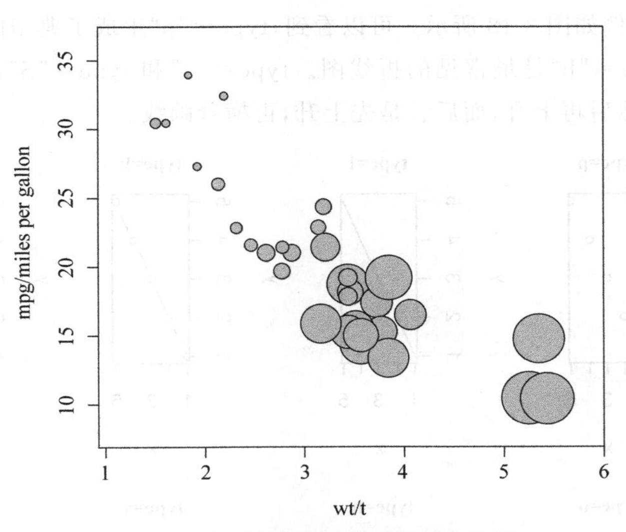

图 3-17　车重与每加仑英里数的气泡图

3.5　折线图

在添加图例时，就已经绘制了一个折线图。折线图就是将散点图上的点从左到右连接起来。折线图一般可以用函数 plot()和 lines()来创建，其格式如下：

```
plot(x, y, type=)
lines(x, y, type=)
```

其中，x 和 y 是要连接的(x，y)点的数值型向量。参数 type 的可选值及其描述如表 3-9 所示。

表 3-9　参数 type 的可选值及其描述

类　型	描　　述
p	只有点
l	只有线
b	线连接点
c	线连接点，但不绘制点
o	圆点和线(即线覆盖在点上)
h	直方图式的垂直线
S、s	阶梯线
n	不生成任何点和线，通常用来为后面的命令创建坐标轴

各类型图的示例如图3-18所示。可以看到,type="p"生成了典型的散点图,type="l"生成一条直线,type="b"是最常见的折线图。type="s"和type="S"都生成阶梯线,但前者是先横着画线,然后再上升,而后者是先上升,再横着画线。

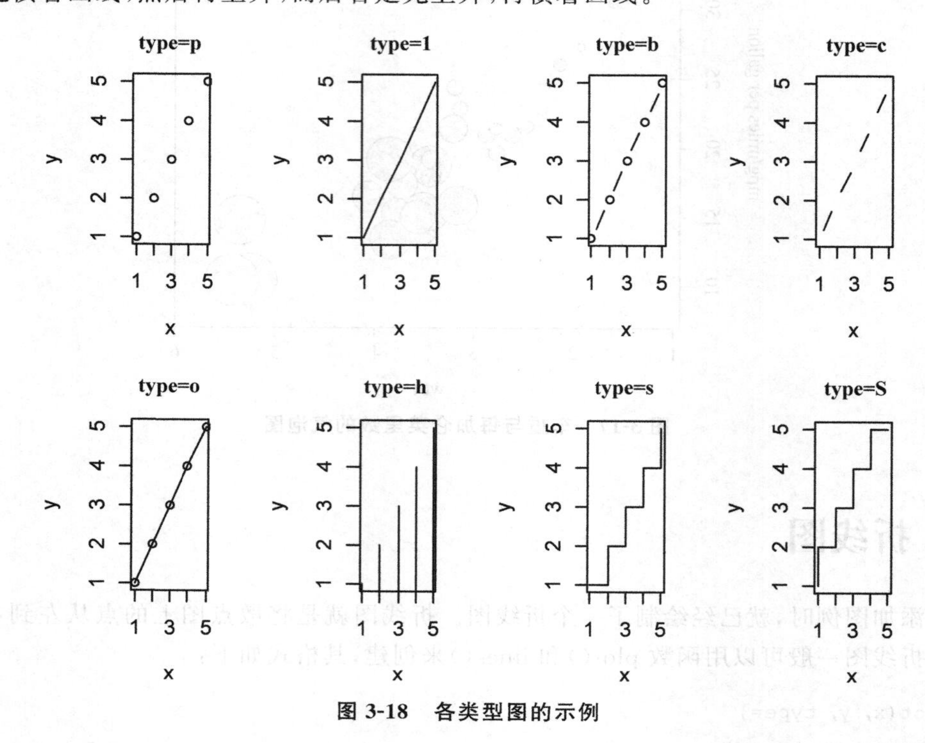

图3-18 各类型图的示例

需要注意的是,plot()函数是在被调用时创建一幅新图,而lines()函数则是在已存在的图形上添加信息,并不能自己生成图形。因此,lines()函数通常是在plot()函数生成一幅图形后再被调用。

3.6 图形组合

观察图3-18可以发现其是由8幅图形组合成的一幅图形,展示了不同type参数值的折线图形,能更清晰地展示各类折线图的特征。在R语言中,可以使用函数par()或layout()将多幅图形组合为一幅图形。

在par()函数中使用图形参数mfrow=c(nrows,ncols)来创建按行填充的、行数为nrows、列数为ncols的图形矩阵。另外,可以使用mfcol=c(nrows,ncols)按列填充矩阵。

举例来说,以下代码创建了两幅图形并将其排布在一行两列中:

```
attach(mtcars)
opar<-par(no.readonly=TRUE)
par(mfrow=c(1,2))
plot(wt,mpg, xlab="wt/t",ylab= "mpg/miles per gallon")
plot(wt,disp, xlab="wt/t",ylab= "disp/cubic inch")
```

```
par(opar)
detach(mtcars)
```

运行结果如图 3-19 所示。

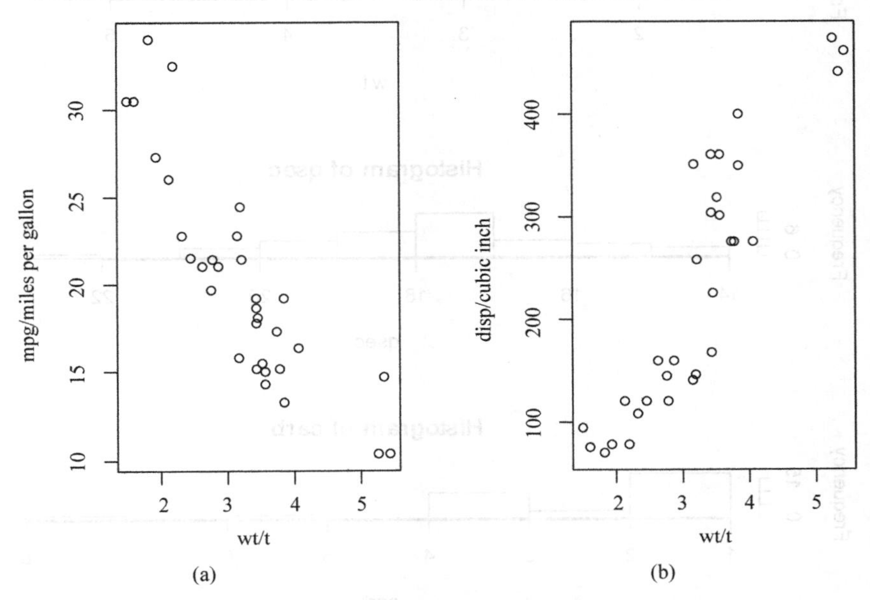

图 3-19 通过 par(mfrow=c(1,2))组合的两幅图形

第二个例子,创建三幅图形,并将其排布在三行一列中:

```
attach(mtcars)
opar <-par(no.readonly=TRUE)
par(mfrow=c(3,1))
hist(wt)
hist(qsec)
hist(carb)
par(opar)
detach(mtcars)
```

运行结果如图 3-20 所示。

使用函数 layout()组合图形,其使用格式为

```
layout(mat,widths=,heights=,byrow=)
```

其中,mat 是一个矩阵,它指定了所要组合的多个图形的所在位置,非 0 数字代表绘制图形的顺序,相同数字代表占位符,0 代表空缺,不绘制图形。widths=表示各列宽度值组成的一个向量,heights=表示各行高度值组成的一个向量,byrow=表示图形按行(TRUE)还是按列(FALSE)排列,默认按列排放。

举例来说,绘制三行两列图像,按列排放:

```
attach(mtcars)
```

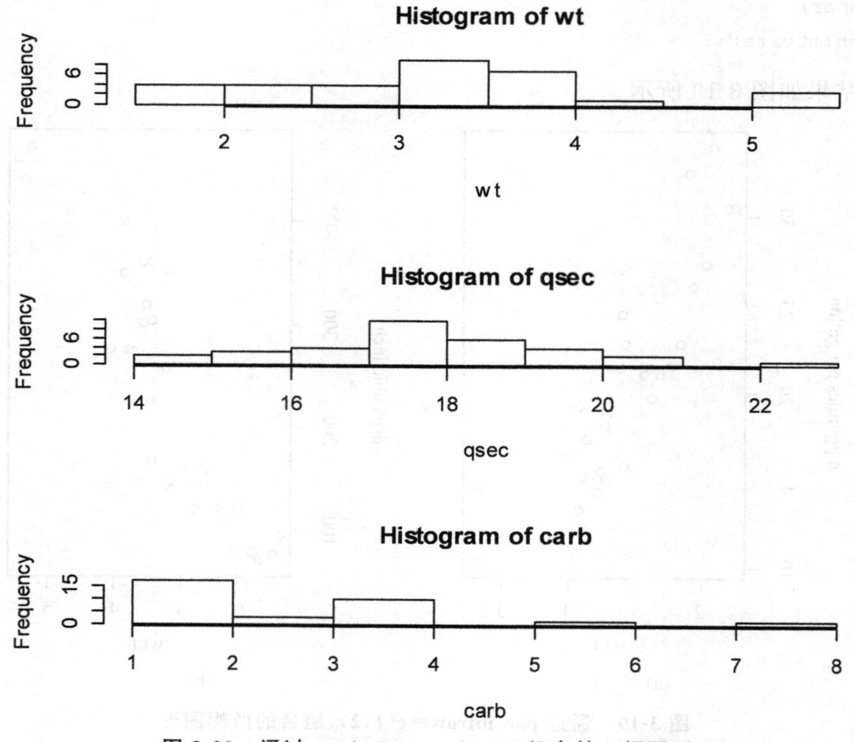

图 3-20 通过 par(mfrow=c(3,1))组合的 3 幅图形

```
layout(matrix(c(1,1,2,0,3,4), 3, 2))
hist(wt)
hist(mpg)
hist(disp)
hist(carb)
detach(mtcars)
```

运行结果如图 3-21 所示，即第一幅图被置于第 1 列的前 2 行，对应矩阵的“1,1”；第二幅图被置于第 1 列的最后 1 行，对应矩阵的“2”，矩阵第三个值为“0”，表示空缺，不绘制图形，对应第 2 列第 1 行；第三幅图被置于第 2 列的第 2 行，第四幅图被置于第 2 列最后 1 行。

第二个例子与上例图形排布相同，但是设置了其列宽和行高，代码如下：

```
attach(mtcars)
layout(matrix(c(1,1,2,0,3,4), 3, 2),widths=c(3, 1), heights=c(1,2,3))
hist(wt)
hist(mpg)
hist(disp)
hist(carb)
detach(mtcars)
```

运行结果如图 3-22 所示。

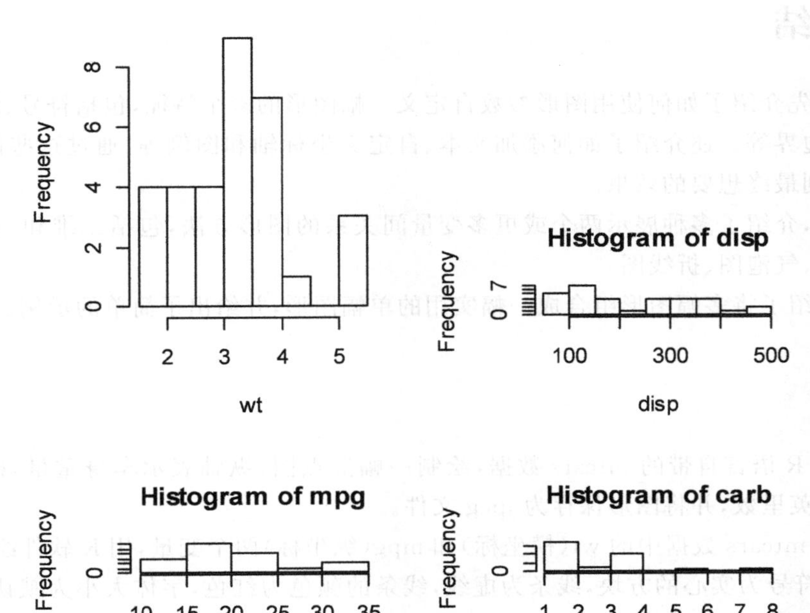

图 3-21 使用函数 layout()组合的 4 幅图形，各列宽度为默认值

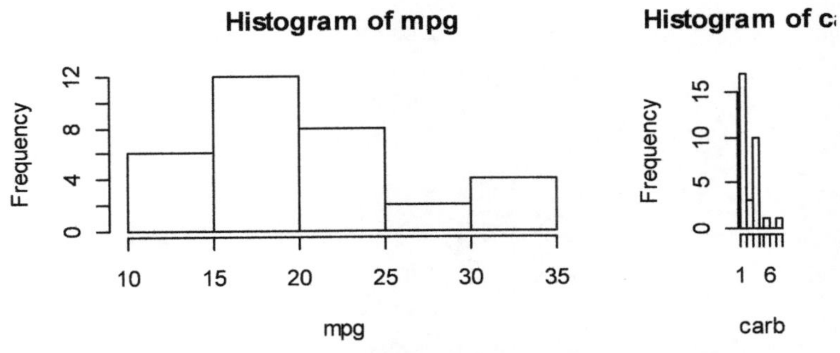

图 3-22 使用函数 layout()组合的 4 幅图形，各列宽度行高为指定值

3.7　小结

本章首先介绍了如何使用图形参数自定义一幅图形的多个特征,包括符号、线条、颜色、文本属性、边界等。还介绍了如何添加文本、自定义坐标轴和图例等,通过这些函数不断完善图形,得到最终想要的效果。

接下来,介绍了多种展示两个或更多变量间关系的图形方法,包括二维和三维散点图、散点图矩阵、气泡图、折线图。

最后介绍了将多幅图形组合成一幅实用的单幅图形,并给出了简单的示例。

习题

1. 针对R语言自带的mtcars数据,绘制一幅散点图,纵轴表示车身重量,横轴表示每加仑行驶的英里数,并将图形保存为jpeg文件。

2. 针对mtcars数据中的wt(横坐标)和mpg(纵坐标)两个变量,用R软件绘制一幅图,要求:点的符号为实心的方块,线条为虚线,线条的颜色为红色,字体大小为默认的1.5倍,添加标题My Title,添加横坐标“车身重量”,添加纵坐标“每加仑行驶的英里数”。

3. 编写R语言代码,分别绘制mtcars数据中包含wt、mpg、hp三个变量的二维散点图矩阵、三维散点图、旋转三维散点图、气泡图。

4. 编写R语言代码,创建一个包含由并排三幅子图构成的一个组合图形,第一幅子图为wt变量的柱状图,第二幅子图为mpg变量的气泡图,第三幅子图为hp变量的散点图。

第4章 高级绘图

第3章介绍了基本图形的绘制，为了创建更好看的图片，本章介绍 ggplot2 和 lattice 安装包，它们不仅能够使数据显得更加直观，同时能够达到优化图形的效果。

4.1 R语言中的图形系统

R语言中的4种图形系统即基础图形系统、grid、lattice 和 ggplot2，其中基础图形系统在第3章已经介绍，本节介绍 grid、ggplot2 和 lattice 包。

grid 安装包的主要功能是为了图片的布局，接下来以例子来说明 grid 安装包。首先新建一个图层，可以利用 grid.newpage()命令来实现，类似于基础图形的 x11()命令。为了能够对当前图层进行操作，可以使用 pushViewport()命令；为了能够查看当前图层的操作，可以在 pushViewport()命令里面使用 viewport()命令。类似于基础图形系统的 par(mfrow)命令以及通过划定矩阵后，通过 layout.show()命令可以实现图形的分割，在 grid 安装包里面包含了 grid.layout()命令，也可以实现以上效果。另外，grid 安装包里面还包含了一个优势，即可以指定修改或生成某一个位置的图片。为了产生对比，可以先运行 par(mfrow)命令和 layout.show()命令。以随机数来进行作图，使用 layout.show()命令时，括号内的数字代表出几幅图，但是应当在之前所定义的矩阵的范围之内。

```
>par(mfrow=c(1, 2))
>x <-rnorm(10)
>y <-rnorm(10)
>plot(x, y)
>x <-rnorm(10)
>y <-rnorm(10)
>plot(x, y)
>mat <-matrix(1:2, 2, 1)
>layout(mat)
>layout.show(2)
>x <-rnorm(10)
>y <-rnorm(10)
>plot(x, y)
>x <-rnorm(10)
>y <-rnorm(10)
>plot(x, y)
```

上述代码是从上至下逐步执行，执行结果如图 4-1 和图 4-2 所示。而 grid 安装包里面却可以通过 layout.pos.col 和 layout.pos.row 命令来指定相应位置的图片。通过 grid.rect()命令显示出图形边框，以矩形和一个箭头为例，通过 rectGrob()绘制出矩形，利用 just 命令可以指定位置，而 gpar()命令指定颜色。需要注意的是，just 命令里面所指定位置的顺序一定是先左右再上下，否则会出错。通过 grid.segment()函数里面的 arrow 命令可以绘制箭头。为了转向第二个图形的绘制，需要使用 upViewport()命令。呈现的效果如图 4-3 所示。

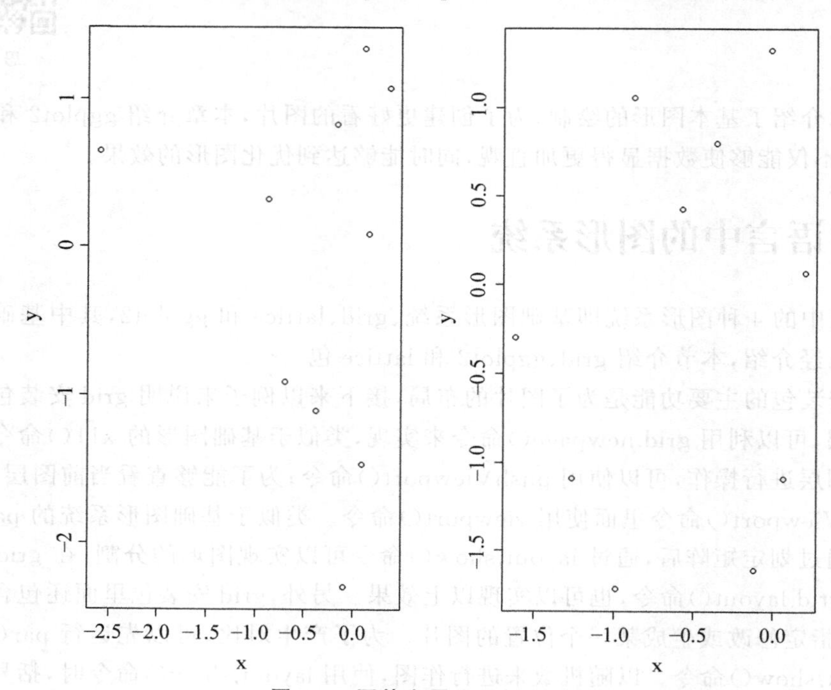

图 4-1 图片布局为一行二列

```
>library(grid)
>grid.newpage()
>pushViewport(viewport(layout=grid.layout(1,2)))
>pushViewport(viewport(layout.pos.col=1, layout.pos.row=1))
>grid.rect()
>r1 <-rectGrob(0.5, 0.5, width=0.2, height=0.2, name="r1")
>r2 <-rectGrob(0.5, 0.5, width=0.2, height=0.2, just=c("right", "top"),gp=gpar
(col="green"), name="r2")
>grid.draw(r1)
>grid.draw(r2)
>grid.segments(0.5,0.5,grobX(r2, 90), grobY(r2, 0), arrow=arrow(angle=15, type=
"closed"), gp=gpar(fill="red"))
>grid.text("右上角",0.6, 0.8)
>upViewport()
>pushViewport(viewport(layout.pos.col=2, layout.pos.row=1))
>vp <-viewport(x=0.2, y=0.5, width=0.4, height=0.8,+gp=gpar(col="green"))
>pushViewport(vp)
```

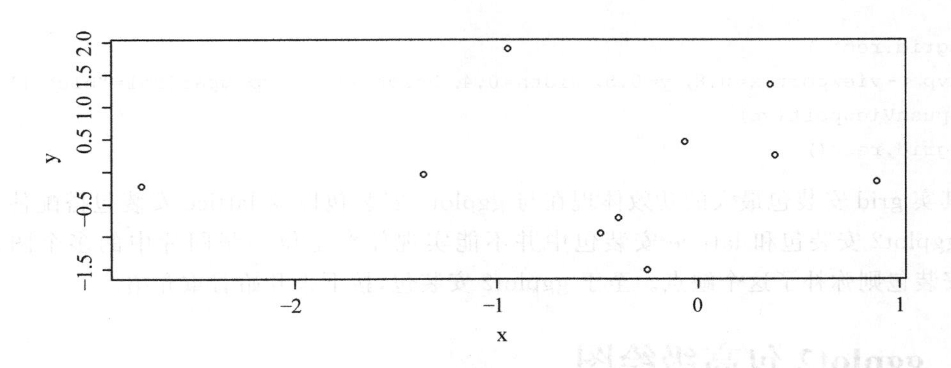

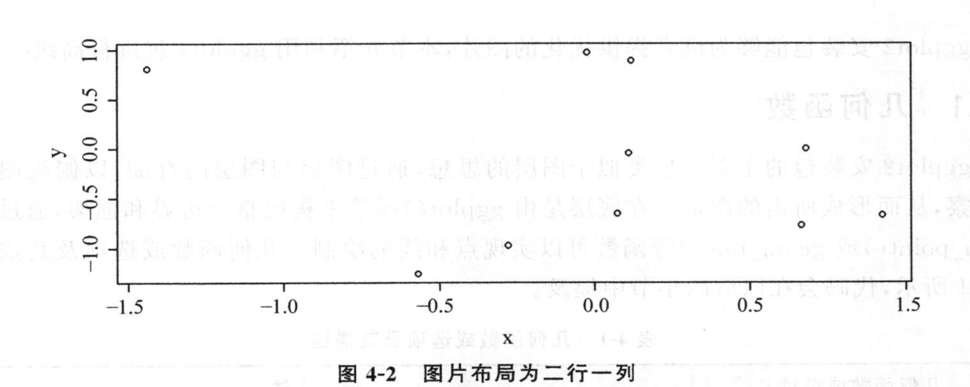

图 4-2 图片布局为二行一列

图 4-3 图片布局的 grid 方法

```
>grid.rect()
>vp <-viewport(x=0.8, y=0.5, width=0.4, height=0.8,+gp=gpar(col="blue"))
>pushViewport(vp)
>grid.rect()
```

其实 grid 安装包最大的功效体现在与 ggplot2 安装包以及 lattice 安装包搭配使用,因为在 ggplot2 安装包和 lattice 安装包中并不能实现任意定位一张图片中的多个图形,而 grid 安装包则弥补了这个缺点。至于 ggplot2 安装包,接下来开始着重介绍。

4.2 ggplot2 包高级绘图

ggplot2 安装包能够为读者提供优化的图片,本节介绍利用 ggplot2 包进行高级绘图。

4.2.1 几何函数

ggplot2 安装包的主要思想类似于图层的思想,通过图层与图层的叠加,以俯视图来进行观察,从而形成所需的图形。在底层是由 ggplot()函数来构成整个边界和框架,通过使用 geom_point()或 geom_line()等函数可以实现点和线的绘制。几何函数或选项及其描述如表 4-1 所示,代码会在以后的小节中提及。

表 4-1 几何函数或选项及其描述

几何函数或选项	描　述
geom_bar()	条形图
geom_boxplot()	箱线图
geom_density()	密度图
geom_histogram()	直方图
geom_hline()	水平线
geom_jitter()	抖动点
geom_line()	线图
geom_point()	点图
geom_rug()	地毯图
geom_smooth()	拟合曲线
geom_text()	文本框
geom_violin()	小提琴图
geom_vline()	垂线
color	颜色
fill	填充
alpha	透明度(设置值为 0～1,0:透明 1:不透明)

续表

几何函数或选项	描　　述
linetype	线型(1:实线 2:虚线 3:点 4:点破折号 5:长破折号 6:双破折号)
size	尺寸
shape	点的形状
position	位置
binwidth	直方图宽度
notch	方块图是否为缺口
sides	地毯图位置
width	箱线图宽度

4.2.2　分组图形

在本节以 warpbreaks 数据包为例，warpbreaks 数据包说明了每台织机需要休息的次数，其中每台织机对应于不同状态、不同类型的羊毛。为了方便知晓每一种状态的羊毛所对应的织机所需休息的次数范围以及中位数，可以采用箱线图的形式，而这个分类的过程便是在一张图上根据元素来进行分组。

通过 ggplot()函数来确定底层的图层，其中第一项代表需要导入的数据集，第二项通过 aes()函数把 x 轴和 y 轴确定下来，根据需要可以在第三项加入 4.2.1 节中的选项部分。为了显示在不同状态中不同类型的羊毛所对应的织机的休息次数，可以将 y 轴选为休息次数，而 x 轴选为状态。为了展现出不同的类型，可以通过选定填充元素来实现，在这里通过设置 aes()函数里的 fill 值来实现，即让不同的类型赋值给 fill 值。对于第二层，需要使用 geom_boxplot()来绘制箱线图，里面加入了透明度的选择，当然这并非必须。对于第三层，可以使用 labs()函数来添加标题，不过标题的位置在左上角。为了把标题居中，采用 theme()函数，通过设置 hjust 为 0.5 达到居中效果。

```
>library(ggplot2)
>ggplot(data=warpbreaks, aes(x=tension, y=breaks, fill=wool))+
+   geom_boxplot(alpha=0.3)+
+   labs(title='warpbreaks')+
+   theme(plot.title=element_text(hjust=0.5))
```

通过图 4-4 可以发现，在低强度下，生产 B 产品的织机休息次数少；在中等强度下，生产 A 产品的织机休息次数少；在高强度下，生产 B 产品的织机休息次数少。这样便可以根据需求选择合适的设备。

4.2.3　网格图形

仍然以 warpbreaks 数据包为例，如果想把图 4-4 分开，生产 A 产品的归为一张图，生产 B 产品的归为一张图，并行排列，这就需要使用本节的知识。图像按照属性划分的常用函数

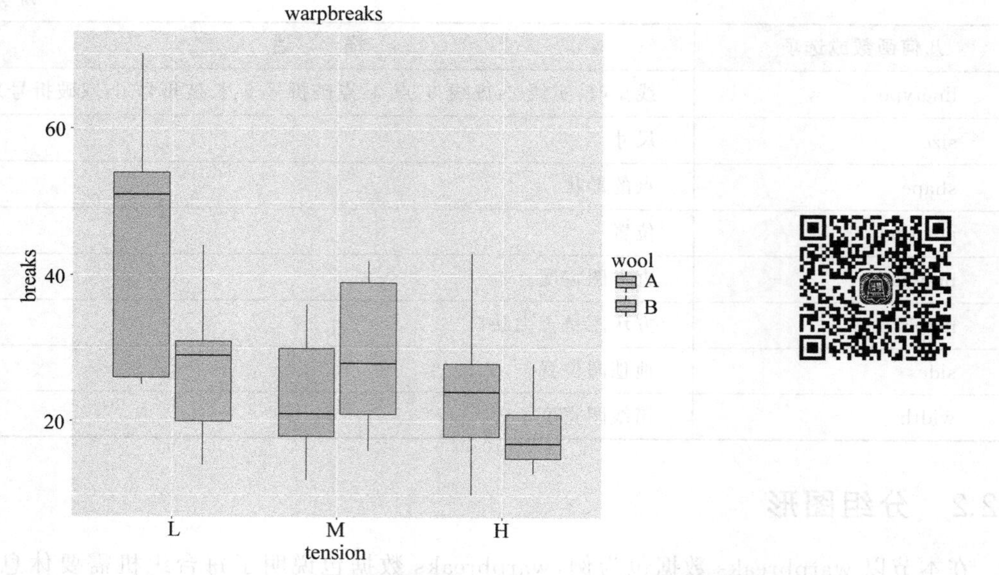

图 4-4 不同羊毛种类下织机强度与休息次数的关系

及其描述如表 4-2 所示。

表 4-2 图像按照属性划分的常用函数及其描述

函 数	描 述
facet_wrap(~var,nrow=n)	以 var 为标准,分成 n 行的图
facet_wrap(~var,ncol=n)	以 var 为标准,分成 n 列的图
facet_grid(rvar~cvar)	以 rvar 和 cvar 组合的图,rvar 为行,cvar 为列
facet_grid(rvar~.)	以 rvar 为标准,排成一列的图
facet_grid(.~cvar)	以 rvar 为标准,排成一行的图

只需在原有代码的基础上增加 facet_wrap()函数,指定羊毛种类为标准,排布为两列,如图 4-5 所示。

```
>library(ggplot2)
>ggplot(data=warpbreaks, aes(x=tension, y=breaks))+
+   geom_boxplot(fill='lightgreen')+
+   facet_wrap(~wool, ncol=2)+
+   labs(title='warpbreaks')+
+   theme(plot.title=element_text(hjust=0.5))
```

4.2.4 光滑曲线

本节介绍添加拟合曲线,而关于置信区间及其相关函数的知识在第 8 章会做介绍,在此不做赘述。本节的核心函数是 geom_smooth()函数,其常用选项及其描述如表 4-3 所示。

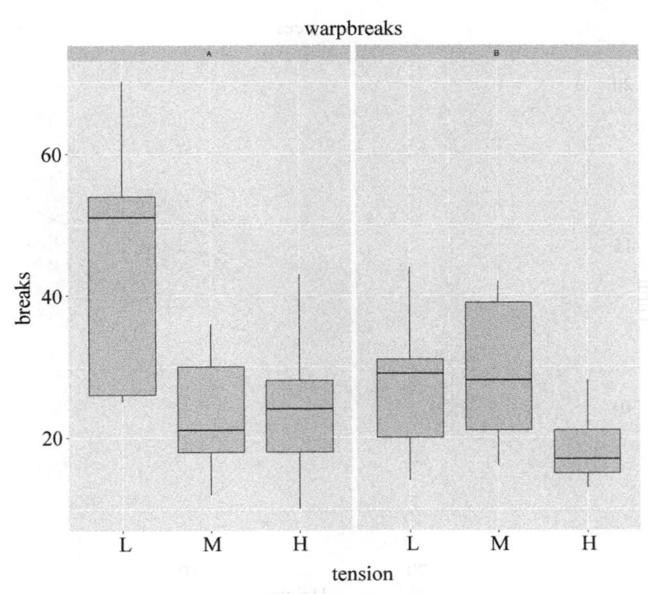

图 4-5 按照羊毛种类进行图片划分

表 4-3 geom_smooth()函数的常用选项及其描述

选 项	描 述
method=	使用的函数(lm、glm、smooth、rlm 和 gam,分别代表了线性、广义线性、loess、健壮线性和广义相加模型,而 smooth 是默认值)
formula=	在光滑函数中使用的公式
se	绘制置信区间,默认为 TRUE
level	置信区间的水平,默认为 95%
fullrange	拟合包括全图或包括数据,默认为包括数据

以 trees 数据集为例,该数据集是通过测量被砍伐的樱桃树的直径、高度和体积所构成的。以高度作为 x 轴,直径为 y 轴做出散点图,根据散点图做出拟合曲线,便能够看出樱桃树的高度与直径的关系。只需要在之前类似的代码的基础上增加 geom_smooth()这一项即可。

```
>library(ggplot2)
>ggplot(data=trees, aes(x=Height, y=Girth))+
+   geom_point()+
+   geom_smooth()+
+   labs(title='warpbreaks')+
+   theme(plot.title=element_text(hjust=0.5))
```

由图 4-6 可以看出,樱桃树的高度与直径呈正相关关系,图中的阴影部分代表了置信区间。

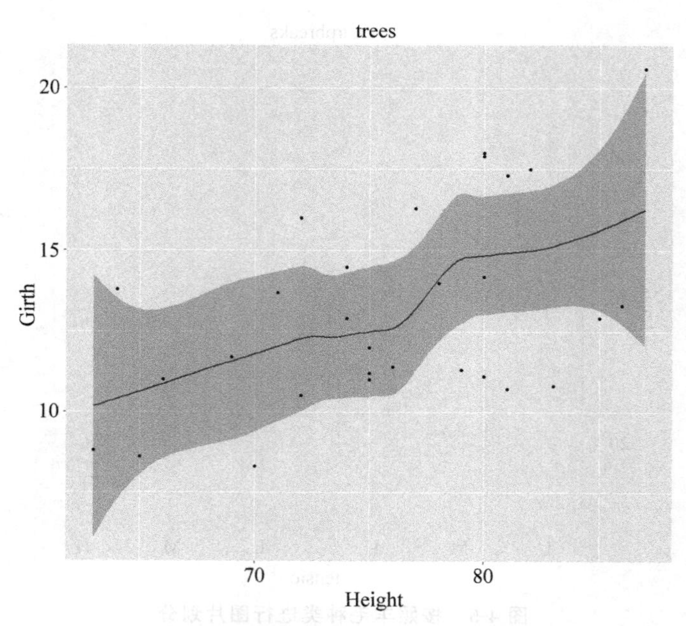

图 4-6 樱桃树的高度与直径的变化关系

4.2.5 图形外观

本节介绍如何设置坐标轴，如何设置图例，如何设定标题，如何选定主题以及如何绘制多重图等。经过讲解，希望读者对 ggplot2 安装包有大体的认识，能够绘制出令自己满意的图形。

1. 设置坐标轴

在生成图像时，可能只想观察某一部分的图像，此时可以通过设置坐标轴来实现。因此需要介绍的是如何有选择地显现坐标轴的信息，以及控制坐标轴的刻度。本节依然采用 warpbreaks 数据集，所涉及的处理函数及其描述如表 4-4 所示。

表 4-4 设置坐标轴的处理函数及其描述

函　　数	描　　述
scale_x_discrete()	选择显示 x 轴的离散信息(breaks:刻度 labels:名称 limits:范围)
scale_y_discrete()	选择显示 y 轴的离散信息(breaks:刻度 labels:名称 limits:范围)
scale_y_continuous()	选择显示 y 轴的连续信息(breaks:刻度 labels:名称 limits:范围)
scale_x_continuous()	选择显示 x 轴的连续信息(breaks:刻度 labels:名称 limits:范围)
coord-flip()	颠倒 x 轴和 y 轴

为了能只比较高强度和低强度时织机生产 A 产品和 B 产品的情况，需要用到 scale_x_discrete()函数，因为横轴所显示的是高强度和低强度两种情况，这是离散变量。对于纵轴而言，希望显示最下方和最上方的刻度，则需要用 scale_y_continuous()函数，因为数据是能

够连续变化的。效果图如图 4-7 所示。

```
>ggplot(data=warpbreaks, aes(x=tension, y=breaks, fill=wool))+
+   geom_boxplot(alpha=0.3)+
+   labs(title='warpbreaks')+
+   theme(plot.title=element_text(hjust=0.5))+
+   scale_x_discrete(breaks=c("L", "H"), labels=c("Low", "High"), limits=
    c("L", "H"))+
+   scale_y_continuous(breaks=c(10, 30, 50, 70), labels=c(10, 30, 50, 70))
```

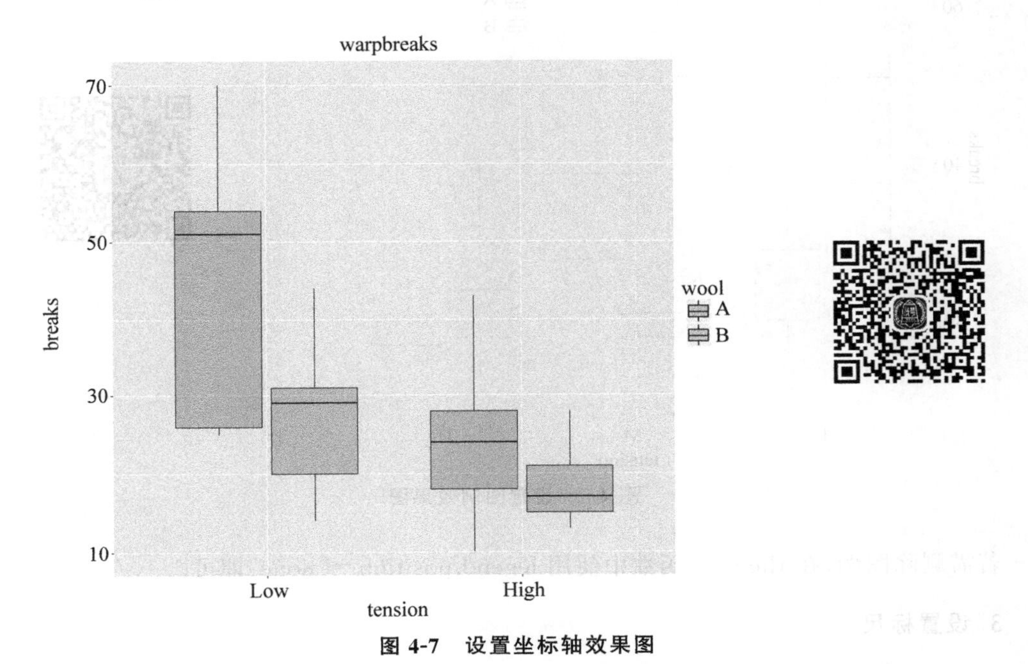

图 4-7　设置坐标轴效果图

2. 设置图例

在对图像中的曲线进行诠释时，系统自动生成的图例可能并不能完全表述图像上曲线的意义。因此，会用到图例名字的修改以及位置的指定，图例选项如表 4-5 所示，依旧使用 warpbreaks 数据集进行处理。

表 4-5　图例选项

选　　项	描　　述
fill	改变标题名（在 labs()函数内使用）
legend.position	改变位置（在 theme()函数内使用）

可以把图例的标题名字变为中文，使用 labs()函数即可；为了把图例放在空余位置，选择从左至指定点占整个横轴 70％的距离，从下至指定点占整个纵轴 80％的距离，利用 theme()函数即可。效果图如图 4-8 所示。

```
>ggplot(data=warpbreaks, aes(x=tension, y=breaks, fill=wool))+
+   geom_boxplot(alpha=0.3)+
+   labs(title='warpbreaks', fill="羊毛")+
+   theme(plot.title=element_text(hjust=0.5), legend.position=c(0.7, 0.8))
```

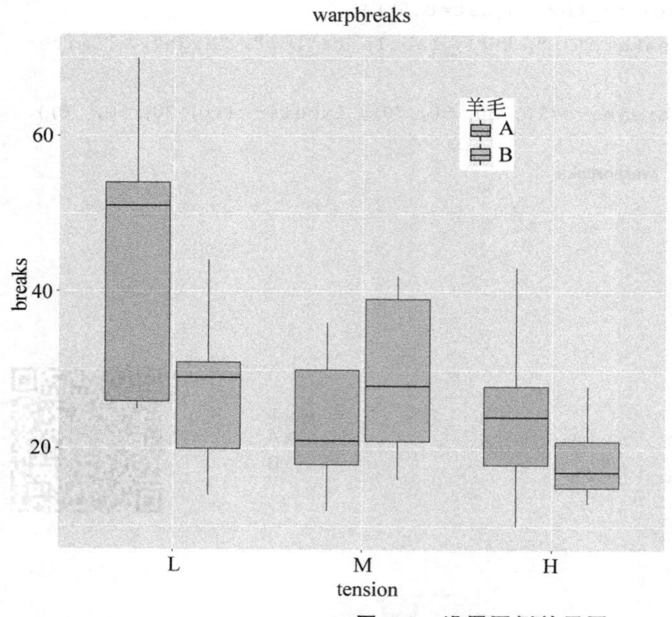

图 4-8 设置图例效果图

若需删除图例,在 theme()函数中使用 legend.position="none"即可。

3. 设置标尺

当指定一个数据集中某一属性为该数据集的分类标准时,需要使用标尺就如同利用 warpbreaks 数据集处理得到的箱线图一样,把数据分为产品 A 和产品 B,这就是一个标尺。在基础图形中,有气泡图,本节以这个图为目标,以 warpbreaks 为数据集来进行绘制,不过这一次以产品为横轴,休息次数为纵轴来绘制。在气泡图中,是以气泡的大小来辨别的,标尺此时为强度的大小,赋值给 size 即可。效果图如图 4-9 所示。

```
>ggplot(data=warpbreaks, aes(x=wool, y=breaks, size=tension))+
+   geom_point(shape=19, color='green')+
+   labs(title='warpbreaks')+
+   theme(plot.title=element_text(hjust=0.5))
```

从图 4-9 中可以看出,无论是产品 A 还是产品 B,基本上织机强度越低,则织机休息次数越多;织机强度越高,则织机休息次数越少。

可以通过设置 ggplot 里面的颜色(color)、透明度(alpha)、形状(shape)等选项作为标尺,读者可以自行测试。还可以通过了解以 scale_开头的函数来加深理解。

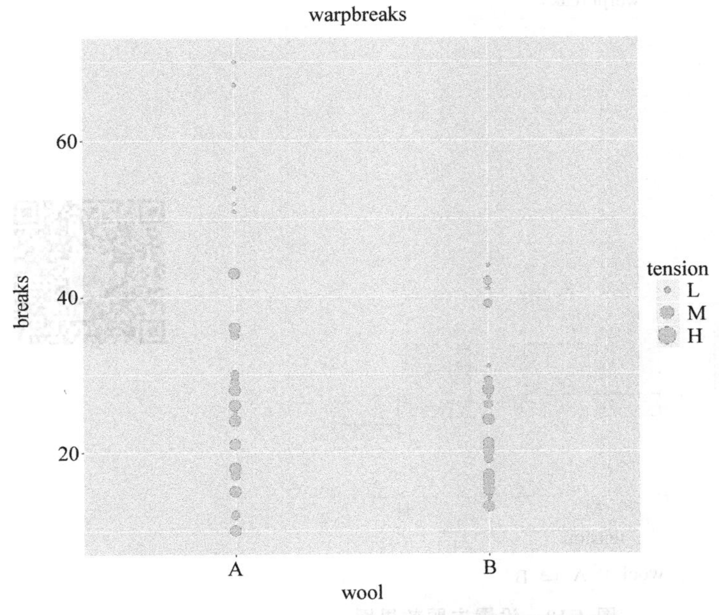

图 4-9 设置标尺效果图

4. 设置主题

当图像需要改变相应的主题参数时，可以使用 4.2.2 节提到的 theme()函数进行处理，这个函数的作用在于设定边框、字体大小等。其中，对于字体而言，就只有 bold.italic、bold、italic 和 plain 这 4 种字体，分别对应粗斜体、粗体、斜体和无修饰体。仍然以 warpbreaks 数据集为例，在之前所绘制图形的基础上进行修改。效果图如图 4-10 所示。

```
>set <-theme(plot.title=element_text(face='plain', size=20, color='yellow'),
+        axis.title=element_text(face='bold.italic', size=10, color='black'),
+        axis.text=element_text(face='bold', size=10, colour='green'),
+        panel.background=element_rect(fill='white', colour='darkred'),
+        panel.grid.major.y=element_line(colour='skyblue', linetype=1),
+        panel.grid.minor.y=element_line(colour='skyblue', linetype=2),
+        panel.grid.minor.x=element_blank(),
+        legend.position='bottom')
>ggplot(data=warpbreaks, aes(x=tension, y=breaks, fill=wool))+
+  geom_boxplot(alpha=0.3)+
+  labs(title='warpbreaks')+
+  theme(plot.title=element_text(hjust=0.5))+
+  set
```

从图 4-10 彩图中可以发现，标题、边框、字体均做了调整，读者可根据代码调出满足自身需求的图形。

5. 多重图

多重图指的是如何把多个独立的图形按照单轴横向或者纵向排列，或者按照矩阵来排列。

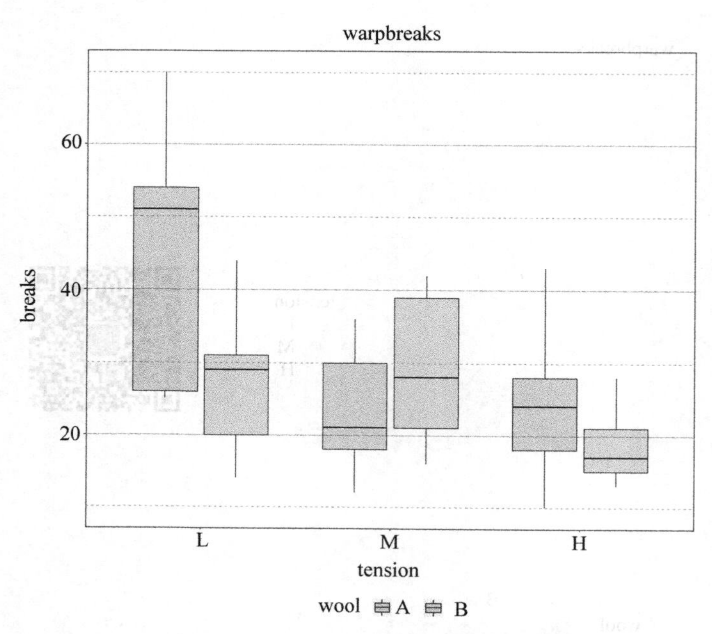

图 4-10 设置主题效果图

在此,需要用到 gridExtra 安装包,以运行过的 warpbreaks 和 trees 数据集为例进行纵向组合。效果图如图 4-11 所示。

```
>library(gridExtra)
>p1 <-ggplot(data=warpbreaks, aes(x=tension, y=breaks, fill=wool))+
+   geom_boxplot(alpha=0.3)+
+   labs(title='warpbreaks')+
+   theme(plot.title=element_text(hjust=0.5))
>p2 <-ggplot(data=trees, aes(x=Height, y=Girth))+
+   geom_point()+
+   geom_smooth()+
+   labs(title='trees')+
+   theme(plot.title=element_text(hjust=0.5))
>grid.arrange(p1, p2, nrow=2)
```

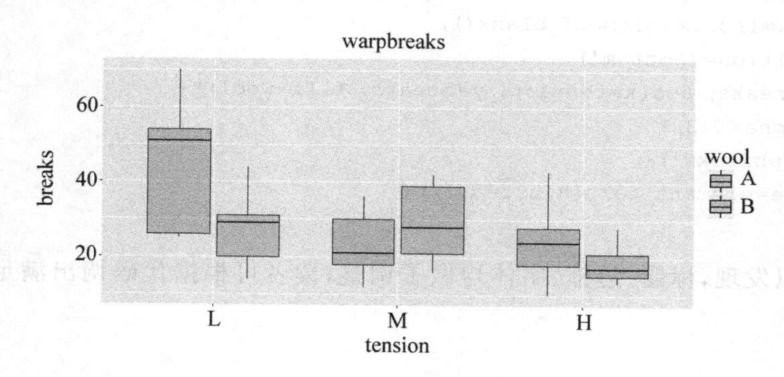

图 4-11 多重图效果图

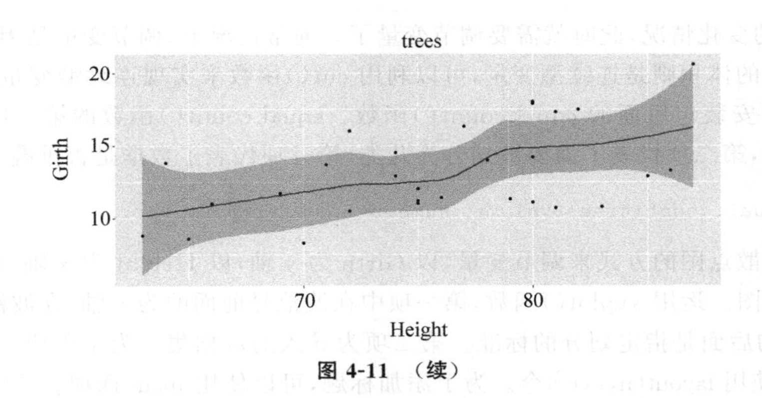

图 4-11 （续）

当然，如果对图片的排列有较高要求的话，那么仍然需要回到 4.1 节讲解的 grid 安装包，其在位置上的指令具备更高的灵活性。

4.3 lattice 包高级绘图

本节介绍另外一个与 ggplot2 安装包齐名的 lattice 安装包，在功能上两者几乎一致，而且 lattice 安装包在 R 语言里面是内置的，无须下载。另外，lattice 安装包可以绘制 3D 图形，而 ggplot2 安装包不可以。

4.3.1 lattice 包简介

lattice 安装包是由 Deepayan Sarkar 创建的，绘制的图形为栅栏图。在 lattice 安装包中，常用函数及其描述如表 4-6 所示。在后面的小节中会提及表中部分函数，在此不做赘述。

表 4-6 lattice 包常用函数及其描述

函数	描述	函数	描述
histogram()	直方图	xyplot()	散点图
densityplot()	核密度图	splom()	散点图阵列
qqmatch()	理论分位数图	contourplot()	表面等高线图
qq()	二分布的分位数图	levelplot()	表面伪色彩图
stripplot()	带状图	wireframe()	三维表面透视图
bwplot()	箱线图	cloud()	三维散点图
dotplot()	克利夫兰点图	parallel()	平行坐标图
barchat()	条形图		

4.3.2 调节变量

调节变量是指变量 Y 与变量 X 的关系是变量 M 的函数，就是说，Y 与 X 的关系受到第三个变量 M 的影响。调节变量可以是定性的（如性别、种族、学校类型等），也可以是定量的（如年龄、受教育年限、刺激次数等），它影响因变量和自变量之间关系的方向（正或负）和强弱。以 trees 数据集为例，希望看出每一棵樱桃树的直径（Girth）与高度（Height）受到其体积(Volume)的变化情况，此时就需要调节变量了。通常情况下，调节变量是因子，即离散变量。而樱桃树的体积则是连续型变量，可以利用 cut()函数来实现连续型变量离散化，也可以使用 lattice 安装包里面的 equal.count()函数。equal.count()函数的第一项代表了需要被划分的数据，第二项代表了需要被划分为几类，第三项代表了数据是否重叠。

```
vol <-equal.count(trees$Volume, number=5, overlap=0)
```

之后采取散点图的方式来调节变量，以 Girth 为 y 轴，以 Height 为 x 轴，以 Volume 为标准绘制散点图。运用 xyplot()函数，第一项中在波浪号前面的为 y 轴，在波浪号后面的为 x 轴，在竖线的后面是指定划分的标准。第二项为导入的数据集。为了生成一个 n 行 m 列的图形，可以使用 layout(n,m)命令。为了添加标题，可以使用 main 选项。效果图如图 4-12 所示。

```
>attach(trees)
>xyplot(Girth~Height|vol, data=trees, layout(1, 5), main='trees')
```

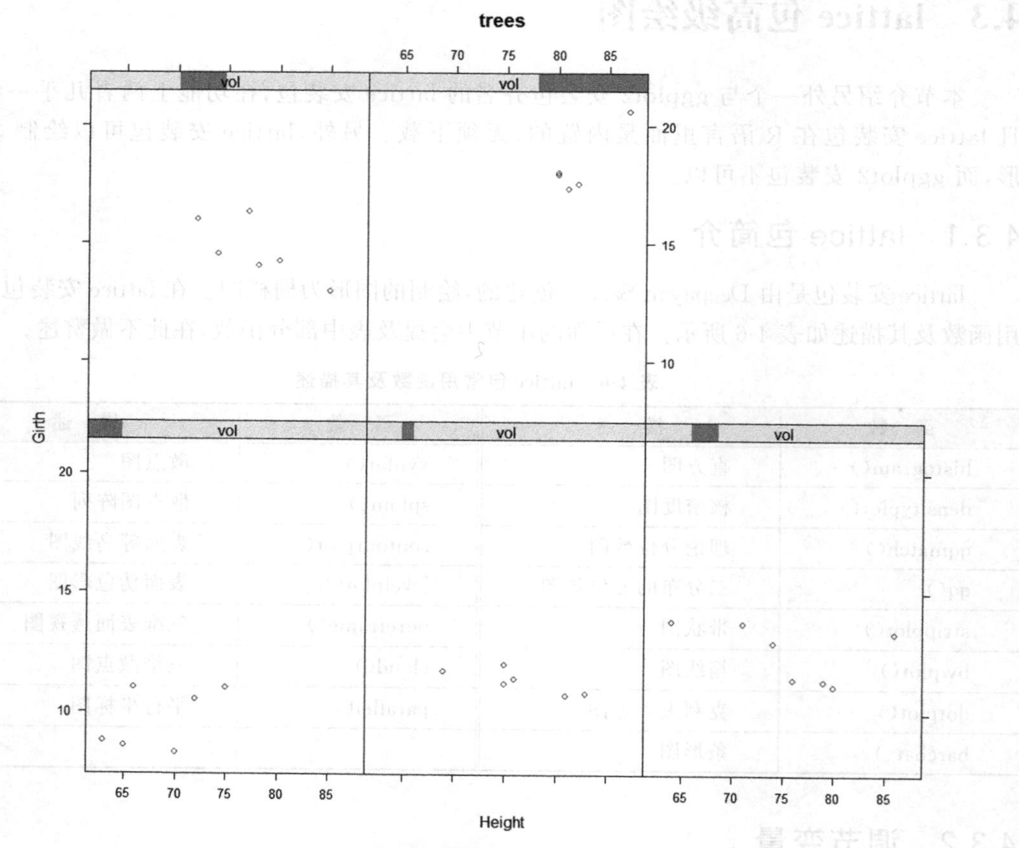

图 4-12 根据樱桃树体积划分图像

虽然绘制的是一幅一行五列的图片，但是由于空间的限制，导致该图片的观察顺序为从左至右，从下至上。如果想要调整纵横比例，可以在 xyplot()函数中使用 aspect 选项。通过观察每一个小图片中顶部的进度条，能够知道调节变量的范围。

4.3.3 自定义面板函数

为了在每个图形中添加拟合曲线，需要用到面板函数的知识，即在 xyplot()函数里面添加 panel 选项，而这个 panel 选项需要涉及用户自编函数，相关知识会在第 6 章讲解。对于本节的用户自编函数而言，需要设置是否出现散点、是否有背景网格线以及是否绘制拟合曲线。其中，设置网格线这一栏，可以令 $h=-1, v=-1$，这样就表示设置的是默认的网格线；如果为其他数字，则代表横向出现几条网格线，纵向出现几条网格线，正负均一致，设置为－1 除外。

```
>myset <-function(x, y){
+   panel.xyplot(x, y)
+   panel.grid(h=-1, v=-1)
+   panel.lmline(x, y, col='green', lwd=2, lty=2)
+}
```

只需要在 xyplot()函数里面使用 panel＝myset，这样就把设置的用户自编函数传到 xyplot 里面了。

```
>xyplot(Girth~Height|vol, data=trees, layout(1, 5), main='trees', panel=myset)
```

这样便可以看出每一张图形的变化趋势，如图 4-13 所示。当然，面板函数不仅能添加拟合曲线，只要是用户希望在原图形上添加的图样或者是曲线，通过用户自编函数，面板函数均能够做到。

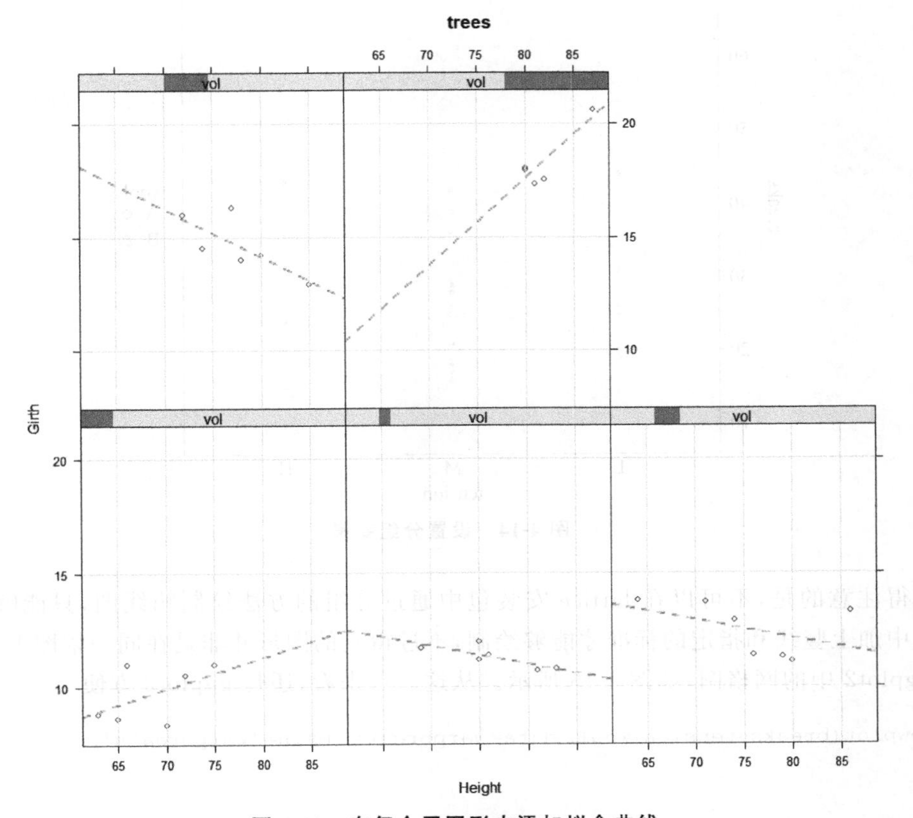

图 4-13 在每个子图形中添加拟合曲线

4.3.4 图形分组变量

为了实现 ggplot2 中按照产品 A 和产品 B 为标准把织机在低强度、中强度和高强度时的休息次数予以区分，但需要绘制在一幅图上的情况，就需要用到 groups 选项。以带状图进行绘制，带状图的特点是针对离散型变量而言，所显示的散点呈横向或纵向带状分布。值得注意的是，在 lattice 中图例并不会随着图形顺势给出，因此需要自行绘制，使用 key 选项命令即可，而 key 选项的内容则需要用 list()函数指定。可以通过 list()函数设置图例的标题(title)、位置(space)、内容(text)和散点(points)的形状(pch)和颜色(col)，但是位置的设置就不如 ggplot2 方便，不可以在图形内绘制图例；在内容这一项中，需要把指定划分的标准提取出来，并且以列表的形式呈现。效果图如图 4-14 所示。

```
>library(lattice)
>attach(warpbreaks)
>myle <- list(title='wool', space='right', text=list(levels(wool)), points=
list(pch=c(1, 2), col=c(1, 2)))
>stripplot(breaks~tension, data=warpbreaks, main='warpbreaks', groups=wool,
key=myle, pch=c(1, 2), col=c(1, 2))
```

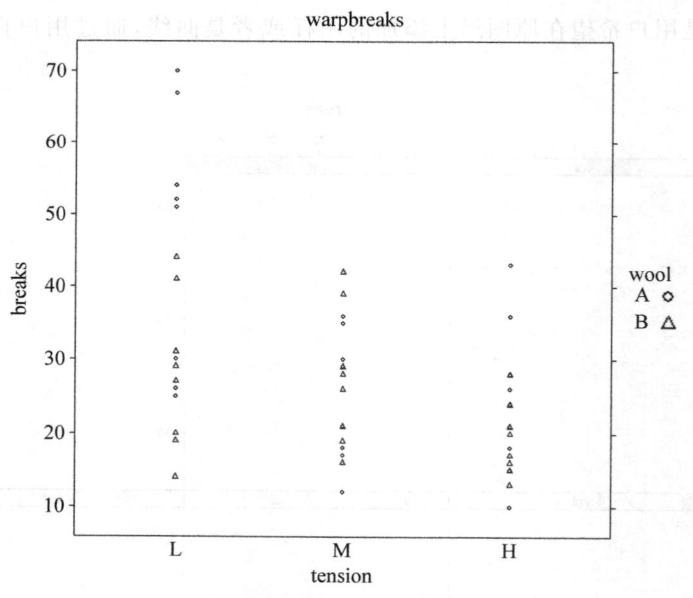

图 4-14 设置分组变量

值得注意的是，不可以在 lattice 安装包中通过分组的方法绘制箱线图，只能够通过在第一项中加上竖线和指定的标准才能够绘制，不过得到的图形并非是在同一幅图上，而是类似于 ggplot2 中的网格图，如图 4-15 所示。从这一点来看，还是 ggplot2 方便一点。

```
>bwplot(breaks~tension|wool, data=warpbreaks, main='warpbreaks')
```

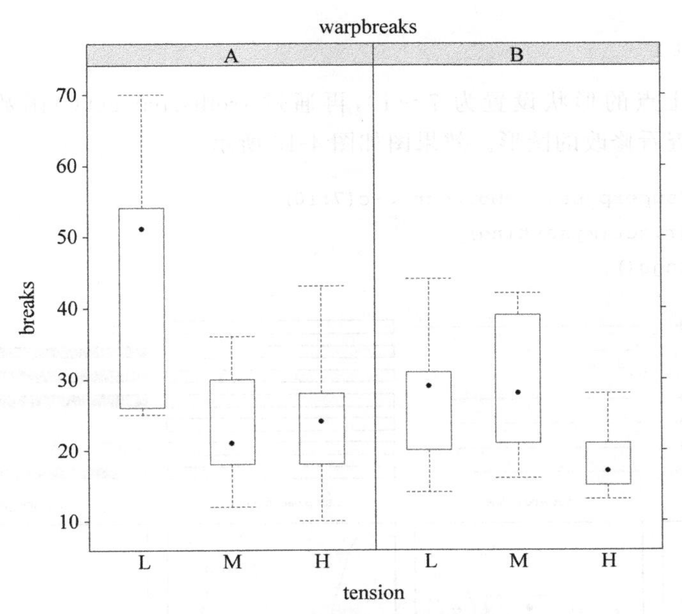

图 4-15 按照羊毛种类绘制箱线图

4.3.5 修改图形参数

在绘制基础图形中，有 par()函数来修改默认的图形参数，然而在 lattice 安装包中却没有作用。lattice 中的函数使用的图形默认设置包含在一个大的列表对象中，可以通过 trellis.par.get()函数获得并通过 trellis.par.set()函数更改。

以修改 superpose.symbol 图形中的点的形状为例，通过 trellis.par.get()函数获得信息。

```
>mysetting <-trellis.par.get()
>mysetting$superpose.symbol
$`alpha`
[1] 1 1 1 1 1 1 1

$cex
[1] 0.8 0.8 0.8 0.8 0.8 0.8 0.8

$col
[1] "#0080ff"  "#ff00ff"  "darkgreen"  "#ff0000"  "orange"  "#00ff00"  "brown"

$fill
[1] "#CCFFFF" "#FFCCFF" "#CCFFCC" "#FFE5CC" "#CCE6FF" "#FFFFCC" "#FFCCCC"

$font
[1] 1 1 1 1 1 1 1
```

```
$pch
[1]1 1 1 1 1 1 1
```

可以把图形上点的形状设置为7～10，再通过 trellis.par.set()函数确认修改，通过 show.settings()查看修改的图形。效果图如图4-16所示。

```
>mysetting$superpose.symbol$pch <-c(7:10)
>trellis.par.set(mysetting)
>show.settings()
```

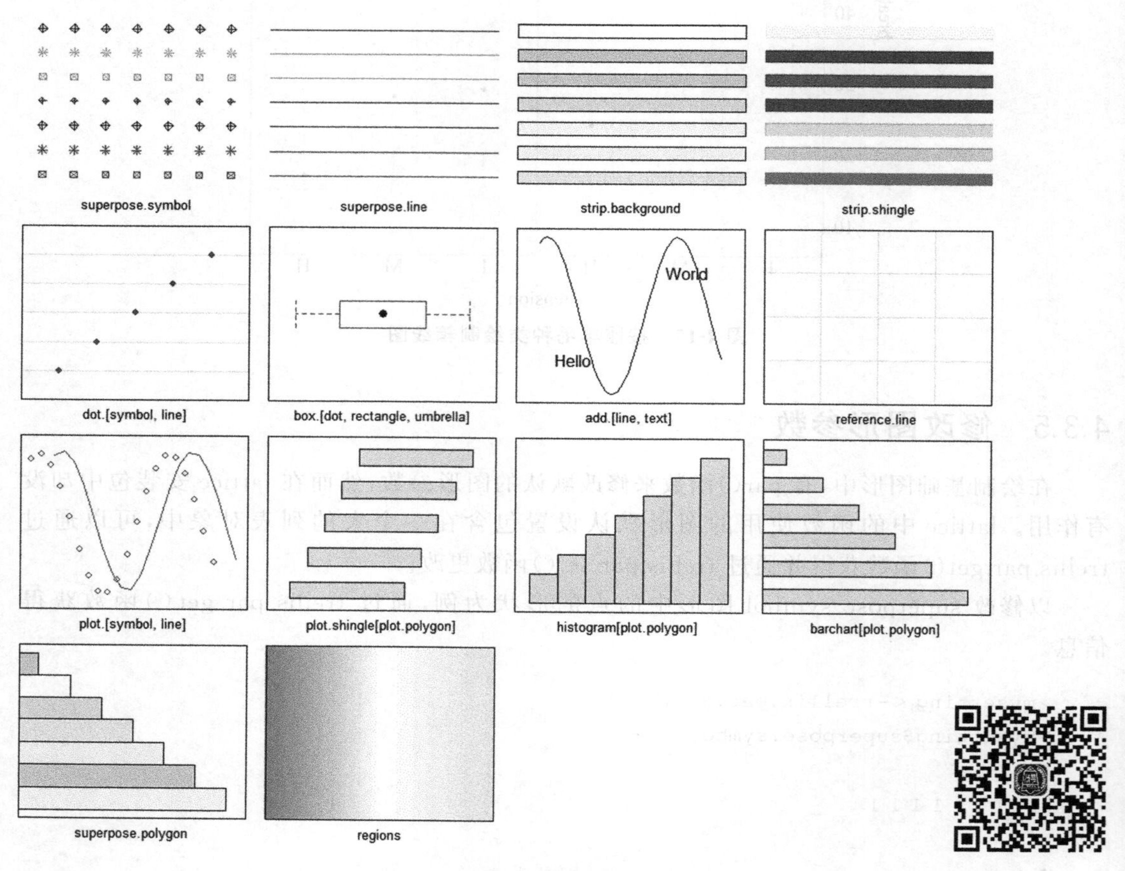

图4-16　图形参数效果图

从图4-16中可以发现，superpose.symbol 的图形在从第七形状变到第十形状后，又接着循环了一轮。在图形设备关闭之前，这些变化会一直起作用。

4.3.6　图形条带

对于背景和图形上的字体大小，可以通过使用 strip 选项来进行修改。依旧使用 trees 数据集为例进行处理，通过使用 strip.custom()函数进行修改。Bg 选项代表了条带状图形的背景颜色，par.strip.text 选项代表了设置条带状图形上的文字，以列表形式来进行修改。在 par.strip.text 选项中的 font 选项是设置字体样式，经常使用的是1～8种样式，它们分别为正常字体、粗体、斜体、粗斜体、希腊字体、偏瘦字体、偏瘦字体加粗以及英语花体。效果图如图 4-17 所示。

```
>library(lattice)
>vol <-equal.count(trees$Volume, number=5, overlap=0)
>attach(trees)
>xyplot(Girth~Height|vol, data=trees, layout(1, 5), main='trees',
+        strip=strip.custom(bg='pink', par.strip.text=list(col='darkgreen',
cex=1.5, font=2)))
```

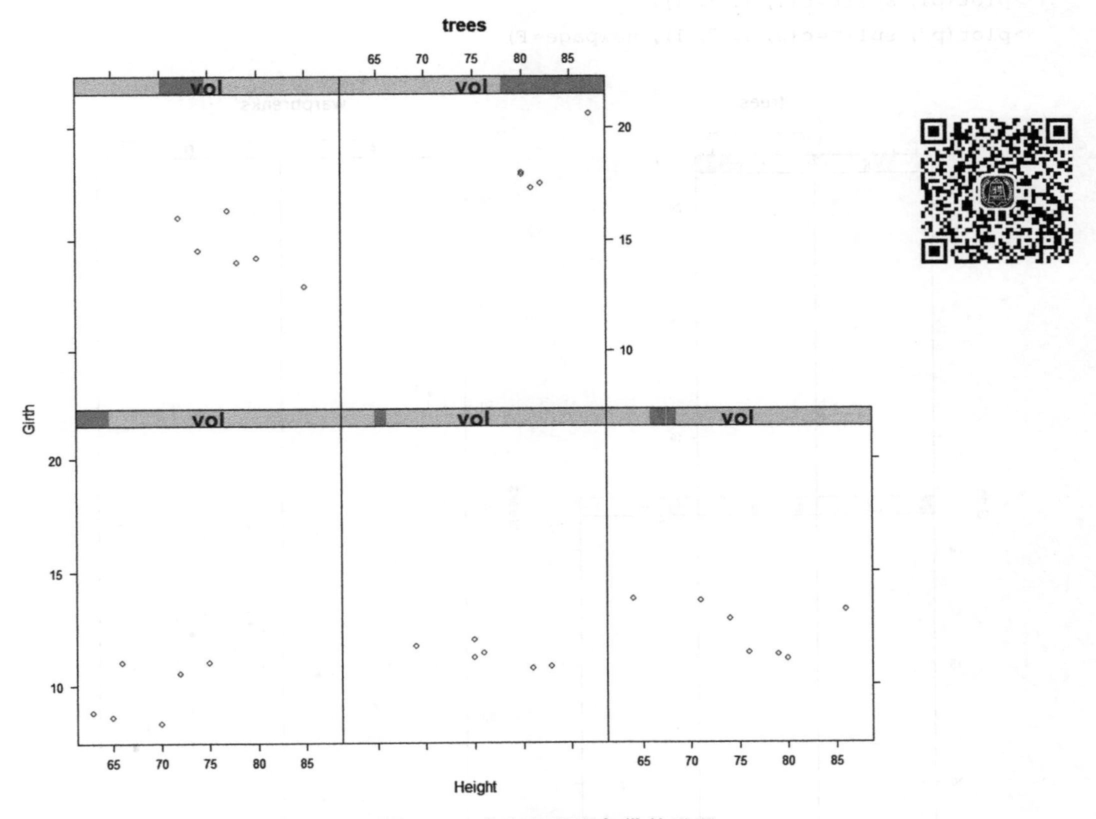

图 4-17 自定义图形条带效果图

4.3.7 图形页面布局

为了使图片的展示顺序不同，需要引入页面布局的内容。本节介绍三种页面布局：第一种是按照位置进行页面布局，此时每一张图片的比例一致；第二种是按照图形的比例进行页面布局；第三种调节变量后需要调换位置。

以 trees 数据集和 warpbreaks 数据集为例，当按照位置进行页面布局时，需要用到 plot()函数，并且先把之前准备用 trees 数据集绘制的散点图用变量 p1 存储，之后把 warpbreaks 数据集绘制的箱线图用变量 p2 存储。使用 plot()函数的时候需要注意，在 split 选项中指定位置时，第一项代表该图形出现的列的位置，第二项代表该图形出现的行的位置，第三项代表打算绘制几列的图形,第四项代表打算绘制几行的图形。为了使第二张图形也绘制在一个页面上,需要设置 newpage=F,否则会在一个新的页面绘制图形。效果图如图 4-18 所示。

```
>library(lattice)
>vol <-equal.count(trees$Volume, number=5, overlap=0)
>attach(trees)
>p1 <-xyplot(Girth~Height|vol, data=trees, layout(1, 5), main='trees')
>p2 <-bwplot(breaks~tension|wool, data=warpbreaks, main='warpbreaks')
>plot(p1, split=c(1, 1, 2, 1))
>plot(p2, split=c(2, 1, 2, 1), newpage=F)
```

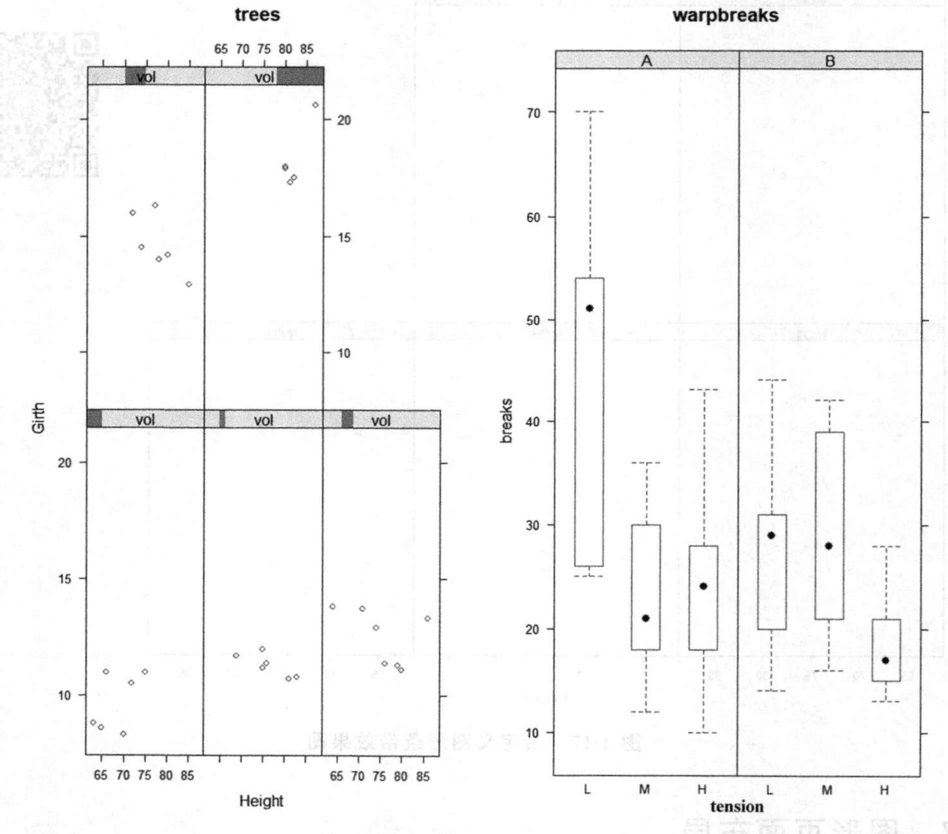

图 4-18 设置页面布局效果图

如果需要改变图片的比例大小,需要用到 plot()函数里的 position 选项,第一项为该图形在 x 轴上最左边的位置,第二项为该图形在 y 轴上最下边的位置,第三项为该图形在 x 轴上最右边的位置,第四项为该图形在 y 轴上最上边的位置。同样地,需要加上 newpage=F 来确保图形都绘制在同一页面上,如图 4-19 所示。如果指定的其余的图形的比例超出了已有图形的边界,则新绘制的图形会叠加在已有图形的上方,这一点读者可以自行验证。

```
>library(lattice)
>vol <-equal.count(trees$Volume, number=5, overlap=0)
>attach(trees)
>p1 <-xyplot(Girth~Height|vol, data=trees, layout(1, 5), main='trees')
>p2 <-bwplot(breaks~tension|wool, data=warpbreaks, main='warpbreaks')
>plot(p1, position=c(0, 0, 0.7, 1))
>plot(p2, position=c(0.7, 0, 1, 1), newpage=F)
```

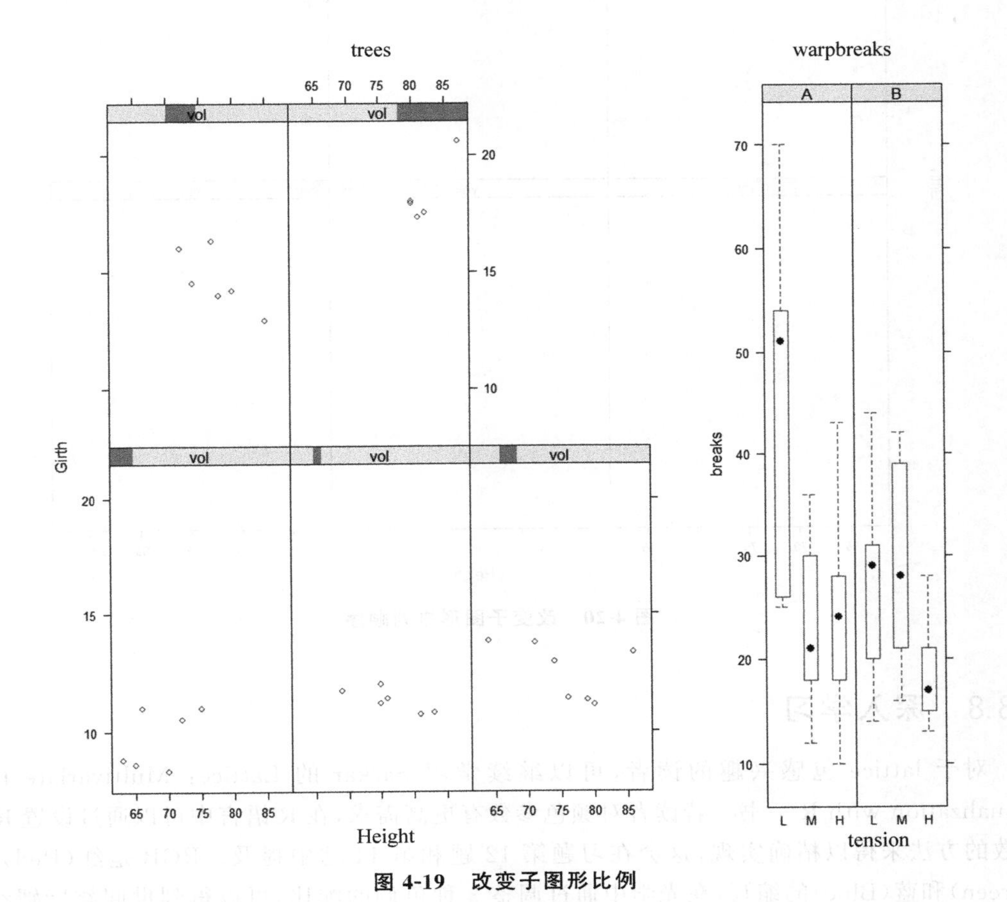

图 4-19　改变子图形比例

在调节变量时，会面临图片的展示顺序并非所需。因此，需要将图片的位置进行排序，安排好顺序，再通过列表的形式传输到 index.cond 选项即可，可以通过图片上方的进度条，即调节范围予以查看，如图 4-20 所示。

```
>library(lattice)
>vol <-equal.count(trees$Volume, number=5, overlap=0)
>attach(trees)
>xyplot(Girth~Height|vol, data=trees, layout(1, 5), main='trees', index.cond=
list(c(4, 5, 1, 2, 3)))
```

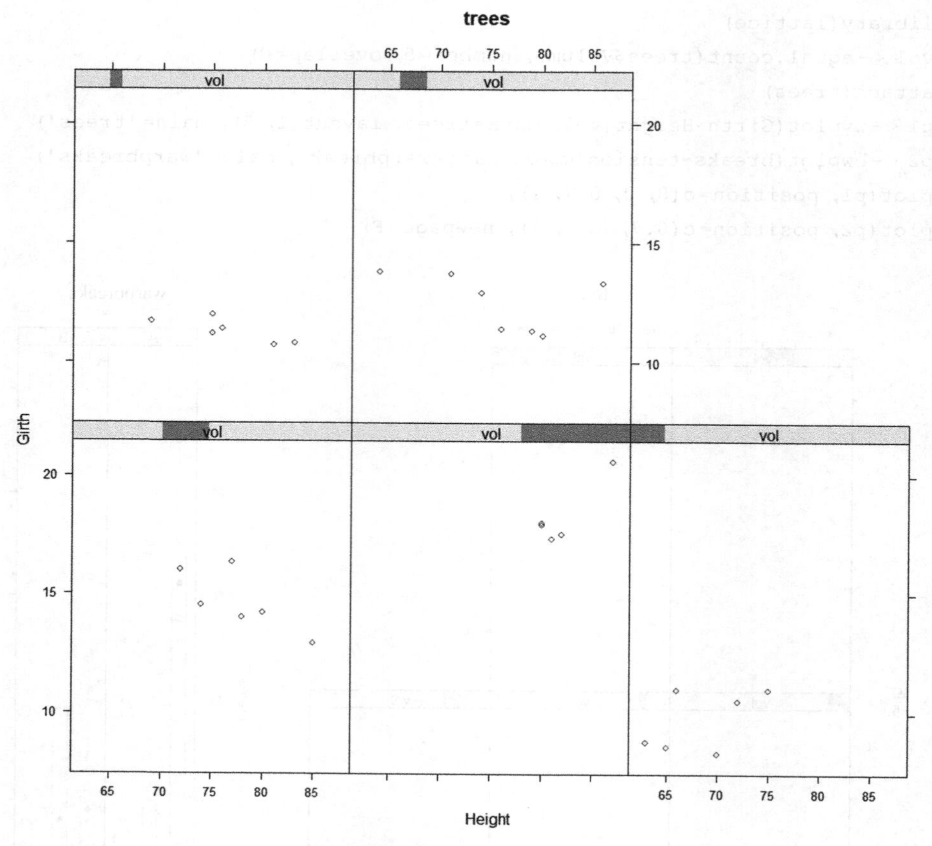

图 4-20　改变子图形排列顺序

4.3.8　深入学习

对于 lattice 包感兴趣的读者，可以继续学习 Sarkar 的 Lattice: Multivariate Data Visualization with R 一书。若读者对颜色参数有更高需求，在 R 语言中可以通过设置 RGB 参数的方法来得以精确实现，这会在习题第 12 题和第 14 题中提及。RGB 是红(Red)、绿(Green)和蓝(Blue)的缩写，在光学中通过调整 3 种色调的配比，可以得到世间姹紫嫣红的颜色。按照数字图像的观点来说，图像是由一个个像素点构成的，每一个像素点可以只有一个通道，这样输出的图像便成为灰度图像；而当每一个像素点有了 3 个通道，通过 3 个通道的值的共同作用，就可以得到彩色图像。其中通道里值的范围为 0～255，0 代表该通道颜色最暗，255 代表该通道颜色最亮。RGB 中(0,0,0)代表黑色，(255,255,255)代表白色，(255,0,0)代表红色，(0,255,0)代表绿色，(0,0,255)代表蓝色。

4.4　保存图形

本章介绍了 ggplot2 安装包和 lattice 安装包，当绘制图片后，便会涉及保存的问题。先以 ggplot2 安装包为例，需要用到 ggsave()函数，这是包含在 ggplot2 安装包内的。以 file

选项指定保存路径，plot 选项指定保存的图片，width 代表保存图片的宽度（单位：英寸），height 代表保存图片的高度（单位：英寸）。如果不指定 plot 选项，则保存最近创建的图片。可以指定的保存格式有 ps、tex、jpeg、png、pdf、tiff、bmp、svg 以及 wmf，其中 wmf 格式的文件仅限于 Windows 系统中使用。这里以绘制小提琴图为例，如图 4-21 所示，绘制完成后通过使用 ggsave()函数便可对图形进行保存。

```
>library(ggplot2)
>mypic <-ggplot(data=warpbreaks, aes(x=tension, y=breaks, fill=wool))+
+   geom_violin()+
+   labs(title='warpbreaks')+
+   theme(plot.title=element_text(hjust=0.5))
>ggsave('warpbreaks.jpeg', plot=mypic, width=5, height=7)
```

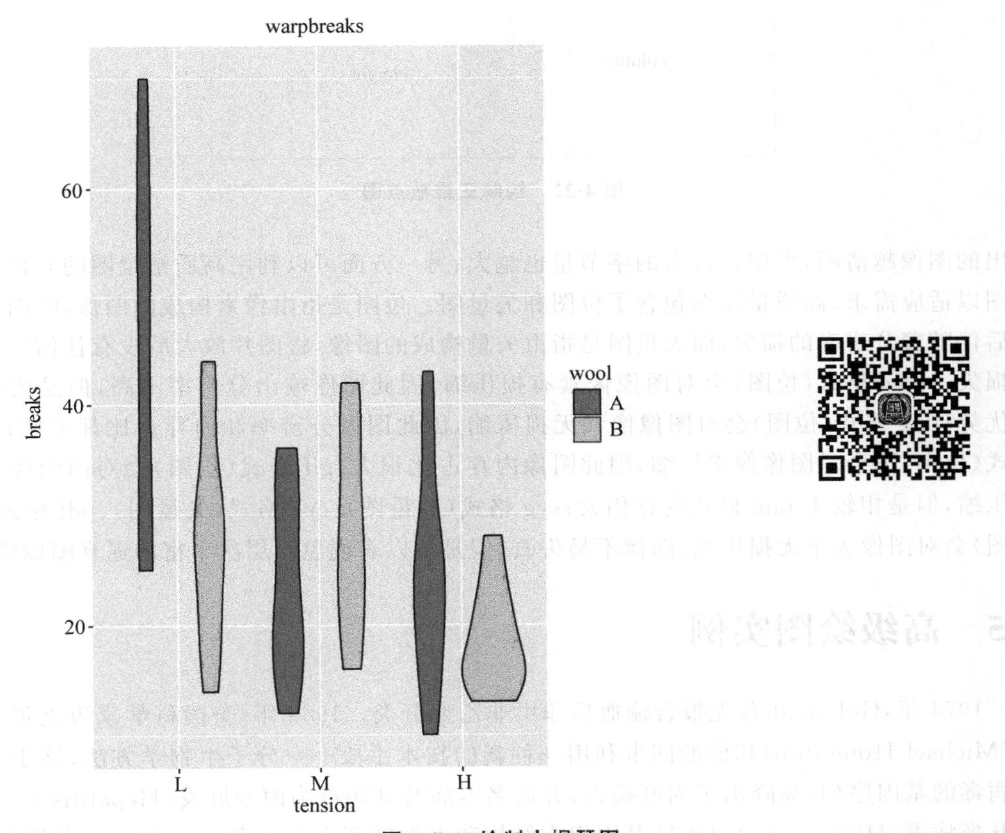

图 4-21 绘制小提琴图

而对于 lattice 安装包所绘制的图形而言，可以单击“保存”按钮来保存图形。这里以三维散点图为例，如图 4-22 所示，绘制完成后直接单击“保存”按钮保存至指定位置。

```
>library(lattice)
>attach(trees)
>cloud(Girth~Height * Volume, data=trees, main='trees')
```

若读者对保存的图像有较高要求，一方面应当关注图像输出的分辨率，分辨率越高，则

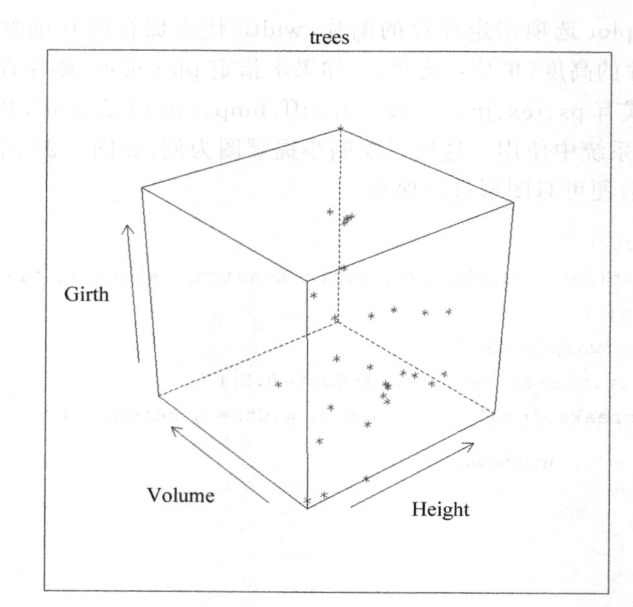

图 4-22 绘制三维散点图

输出的图像越清晰,但图片占有的字节量也越大;另一方面可以利用高质量绘图的知识进行绘图以适应需求,高质量绘图包含了位图和矢量图。位图是指由像素构成的图像,将图片放大后伴随着分辨率的损失;而矢量图是指由矢量构成的图像,将图片放大后没有任何分辨率的损失。jpeg 格式(位图)会对图像像素有损压缩,因此图像输出分辨率不高,但是内存上占优势;png 格式(位图)会对图像像素无损压缩,因此图像分辨率和内存占比都不错;bmp 格式(位图)不会对图像像素压缩,因此图像内存占比很大;gif 格式(位图)会对图像像素无损压缩,但是相较于 png 格式内存稍大;svg 格式(矢量图)、eps 格式(矢量图)、pdf 格式(矢量图)会对图像矢量无损压缩,图像不易失真,但是难以表现色彩层次丰富的逼真图像效果。

4.5 高级绘图实例

1974 年,Golafield 首先报告输血后非甲非乙型肝炎。1989 年,美国科学家迈克尔·侯顿(Michael Houghton)和他的同事利用一种新的技术手段——分子生物学方法,终于找到了病毒的基因序列,克隆出了丙肝病毒,并命名本病及其病毒为丙型肝炎(Hepatitis C)和丙型肝炎病毒(HCV)。由于 HCV 基因组在结构和表型特征上与人黄病毒和瘟病毒类似,将其归为黄病毒科 HCV。2017 年 10 月 27 日,世界卫生组织国际癌症研究机构公布的致癌物清单初步整理参考,丙型肝炎病毒(慢性感染)在一类致癌物清单中。

以接受了 HCV 治疗剂量的 18 个月的埃及患者为样本,试着探求究竟在 18 个月后,患者是否恢复到了正常水平,数据来源于 http://archive.ics.uci.edu/ml/datasets/Hepatitis+C+Virus+%28HCV%29+for+Egyptian+patients。为了试着把图片布局尽量优化,采取 ggplot2 安装包和 grid 安装包相结合的方法。考虑男女恢复能力的差别,正常状态和发烧状态的区别,并以此绘制两幅图。

```
>library(grid)
>library(ggplot2)
>HCV <-read.csv('HCV-Egy-Data.csv')
>attach(HCV)
```

可以考虑先绘制一条分界线把两幅图分开，并以此作为底层。为了创建一个新的图像，可以使用 grid.newpage()函数实现。把三幅图均以左下角为原点，进行定位及绘制。因为 ggplot2 安装包里绘制的图形会默认把网格线加上，所以在绘制底层图片时需要把背景设置为空，顺便把坐标轴也设置为空。通过设置从下至上的比例以及从左至右的比例，来确定图片的位置及大小，通过拟合曲线 smooth()函数绘制图形形状。

```
>grid.newpage()
>vp1 <-viewport(x=0, y=0, width=1, height=1, just=c('left', 'bottom'))
>mydata <-data.frame(a=c(1, 3, 7), b=c(800, 700, 200))
>p1 <-ggplot(mydata, aes(a, b))++geom_smooth(lty=2)+
+  theme(axis.line=element_line(color="white"),axis.title=element_text(color=
   "white"),
+    axis.text.x=element_text(color="white"),
+    axis.text.y=element_text(color="white"),
+    axis.ticks=element_line(color="white"),panel.background=element_blank())+
+  xlab("")+
+  ylab("")
```

先考虑把第二张图片放在左下角，设置横、纵坐标均为 0。需要观察在 18 个月后，究竟服用了 HCV 治疗剂量后男女水平是否具有差异，这个差异的标准以丙氨酸转氨酶比(ALT.48) 在 48 周时的情况作为参考。因此，可以通过绘制密度图来观察，利用 geom_density()函数进行绘制，并设置透明度以便观察。

```
>vp2 <-viewport(x=0, y=0,width=0.52, height=0.7, just=c('left', 'bottom'))
>gen <-factor(Gender, levels=c(1, 2), labels=c('男', '女'))
>p2 <-ggplot(HCV, aes(x=ALT.48, fill=gen))+
+   geom_density(alpha=0.6)+
+   labs(fill='性别')
```

对于第三张图片，可以统计在服用了 HCV 剂量 18 个月后的患者在正常状态下与发烧状态下的 RNA4 的数量是否差距不大。以直方图进行绘制，运用 geom_histogram()函数即可实现。

```
>vp3 <-viewport(x=0.65, y=0.5,width=0.35, height=0.5, just=c('left', 'bottom
'))
>fe <-factor(Fever, levels=c(1, 2), labels=c('正常', '发烧'))
>p3 <-ggplot(HCV, aes(x=RNA.4, fill=fe))+
+   geom_histogram(alpha=0.5)+
+   labs(fill='状态')
```

为了让图片按照指定的位置进行显示，选择 print()函数的 vp 选项，通过使其被赋值，可以设定图片的位置。效果图如图 4-23 所示。

```
>print(p1, vp=vp1)
>print(p2, vp=vp2)
>print(p3, vp=vp3)
```

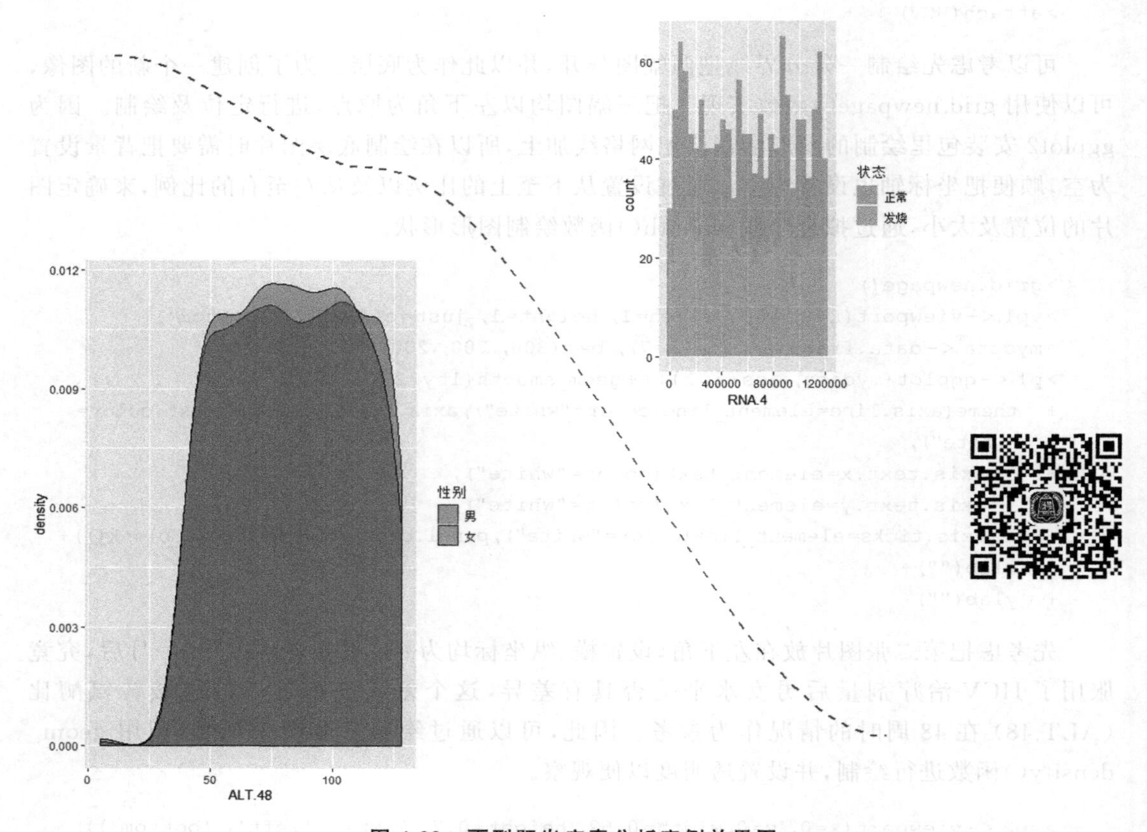

图 4-23 丙型肝炎病毒分析实例效果图

图 4-23 上的虚线是绘制的分界线，从密度图来看，丙氨酸转氨酶比在 48 周时对于男女而言区别不大，该密度分布主要集中在丙氨酸转氨酶比 50 到 125 之间；从直方图来看，患者在发烧状态时的 RNA4 指数比正常状态低很多，这些标记作为患者服用的 HCV 试剂的效果为科研工作者提供了参考。

4.6 小结

本章介绍了 R 语言中的 4 种图形系统，它们分别是基础图形系统、grid 安装包、ggplot2 安装包以及 lattice 安装包。基础图形系统在第 3 章已经介绍，读者可以翻阅相关内容查看。

grid 安装包的主要目的是页面布局，使用的绘图命令来源于基础图形系统，对于该安装包，本章并没有详细说明，对其感兴趣的读者可以查阅官方的相关文档。ggplot2 安装包的主要思想可以看作是图层思想，以俯视图的角度来看叠加图的效果。lattice 安装包的主要思路与基础图形相差不大，熟悉基础图形系统的读者应当会上手较快。

习题

1. 如何在同一画面中绘制多幅图形?
2. 在添加平滑曲线的过程中,有哪些平滑器可供选择?
3. facet_wrap()函数与 facet_grid()函数的区别是什么?
4. 如何设置图形边缘大小?
5. grid 与基本的图形相比较,主要有什么不同?
6. 简述 ggplot2 中标尺的作用。
7. 网格(lattice)绘图和普通绘图有什么区别?
8. 如何将连续的变量转化为离散的调节变量?
9. 在 lattice 中有哪些面板函数可被选择?
10. 如何绘制三维图?
11. 为什么 R 语言不能显示 8 种以上的颜色?
12. 怎样将 R 语言的颜色同 RGB 对应起来?
13. 在 lattice 中,若要自定义图形条带,有哪些选项可进行修改?
14. 在 Word 里如何使用 R 语言生成高质量图?
15. 如何调整所绘图形的大小?
16. 常用的 pch 符号都有哪些?
17. 如何在已有图形上加一条水平线?
18. R 语言有哪三种绘图命令?
19. R 语言绘图命令中的"高水平""低水平"和"交互式"分别代表什么意思?
20. 如果绘图时标题太长,如何换行?
21. 根据 R 语言中 AirPassengers 的时间序列数据,利用 ggplot 和 lattice 进行散点图的绘制,并做出拟合曲线。
22. 根据 R 语言中 CO_2 的数据框类型数据,以 Plant 为横轴,以 Uptake 为纵轴,以 Treatment 为分组因子,以 CO_2 为标题,利用 ggplot 和 lattice 进行条形图的绘制。
23. 根据 R 语言中 CO_2 的数据框类型数据,以 Treatment 为横轴,以 Conc 为纵轴,以 Type 为分组因子,把坐标轴的字体改为 20 号,利用 ggplot 进行小提琴图的绘制,然后以同样的条件利用 lattice 绘制带状图。
24. 根据 R 语言中 attenu 的数据框类型数据,以 station 为数据,利用 ggplot 进行饼图的绘制并把坐标轴的字体改为 20 号,然后以同样的条件利用 lattice 绘制直方图,并把两幅图按照左右排列。

第 5 章 基本数据管理

思政案例

R 语言拥有极为高效且简洁的数据管理功能，只需调用常见命令即可实现数据的高效管理。本章结合具体的实例来介绍 R 语言的基本数据管理功能。

5.1 变量的定义

5.1.1 示例

有一份某高校学生对食堂满意程度的问卷调查报告，问题涵盖食堂的菜价、菜量、米饭量、口感和性价比 5 个问题。为方便分析，将问卷的答案分为 5 个档次，分别为非常不满意、不满意、一般、满意、非常满意。

为方便观察问卷结果，对问卷结果进行了量化处理，详情如表 5-1 所示。

表 5-1 问卷结果量化情况

非常不满意	不满意	一般	满意	非常满意
1	2	3	4	5

表 5-2 为收集的部分问卷汇总。

表 5-2 问卷汇总

学生	时段	地区	年龄	性别	Q1	Q2	Q3	Q4	Q5
1	早上	本省	18	男	3	4	3	3	3
2	早上	外省	21	女	4	5	5	3	4
3	中午	本省	9	男	4	3	5	4	5
4	中午	外省	20	男	5	4	5	NA	5
5	中午	本省	22	女	4	5	5	3	NA
6	晚上	本省	20	男	3	4	5	3	4
7	晚上	外省	72	女	5	4	5	4	5

由于表 5-2 包含的数据类型多样，在 R 语言中需要使用数据框来创建。

```
#创建数据框保存上述问卷汇总表
student <-c(1, 2, 3, 4, 5, 6, 7)
```

```
time <-c('morning', 'morning', 'noon', 'noon', 'noon', 'evening', 'evening')
area <- c('this Pr', 'other Pr', 'this Pr', 'other Pr', 'this Pr', 'this Pr',
'other Pr')
age <-c(18, 21, 9, 20, 22, 20, 72)
gender <-c('M', 'F', 'M', 'M', 'F', 'M', 'F')
Q1 <-c(3, 4, 4, 5, 4, 3, 5)
Q2 <-c(4, 5, 3, 4, 5, 4, 4)
Q3 <-c(3, 5, 5, 5, 5, 5, 5)
Q4 <-c(3, 3, 4, NA,3, 3, 4)
Q5 <-c(3, 4, 5, 5, NA, 4, 5)
invest<-data.frame(student, time, area, age, gender, Q1, Q2, Q3, Q4, Q5,
stringsAsFactors=FALSE)
```

运行结果如图 5-1 所示。

```
  student    time     area age gender Q1 Q2 Q3 Q4 Q5
1       1 morning  this Pr  18      M  3  4  3  3  3
2       2 morning other Pr  21      F  4  5  5  3  4
3       3    noon  this Pr   9      M  4  3  5  4  5
4       4    noon other Pr  20      M  5  4  5 NA  5
5       5    noon  this Pr  22      F  4  5  5  3 NA
6       6 evening  this Pr  20      M  3  4  5  3  4
7       7 evening other Pr  72      F  5  4  5  4  5
```

图 5-1 运行结果

5.1.2 创建新变量

在对数据集进行统计分析时,常常需要将统计分析的结构附在该数据集的后面,这样既方便查看,又方便对数据再次进行分析,这种在数据集中重新创建变量的操作在 R 语言中称为创建新变量。

在 R 语言中,如果需要在指定数据集中创建新变量,需要将数据集的名称添加在变量名前,即 set $ variable。

实例 5-1 在数据框 mydata 中创建新变量。

假设已经创建了数据框 mydata:

```
mydata <-data.frame(x1=c(1, 1, 2, 3), x2=c(2, 2, 3, 5))
```

下面在数据框 mydata 中再创建两个新变量 sum 和 mean,分别用以计算上述 x1 与 x2 的和与平均值,在此,创建新变量常用的方法有如下两种。

(1) 在数据框 mydata 中执行上述操作,即需要在变量前加上 mydata $,具体代码如下。

```
mydata$sum <-mydata$x1+mydata$x2                #创建新变量 sum
mydata$mean <-(mydata$x1+mydata$x2)/2           #创建新变量 mean
```

创建新变量之后的结果如图 5-2 所示。

如果有多列,只需进行类似处理即可,但是需要注意的是,上述操作必须是同类型的数据放开执行。

(2) 在执行创建新变量之前,先通过执行 attach()函数(又称为连接函数)将 mydata 数据框中的数据连接到计算机内存之中,再执行创建新变量操作。此时,除了新变量外,mydata 中已有的变量无须添加 mydata $,具体操作如下。

	x1	x2	sum	mean
1	1	2	3	1.5
2	1	2	3	1.5
3	2	3	5	2.5
4	3	5	8	4.0

图 5-2 创建新变量

```
attach(mydata)                        #附上 mydata 数据框
mydata$sum <-x1+x2                    #创建新变量 sum
mydata$mean <-(x1+x2)/2               #创建新变量 mean
```

需要注意的是,每次使用 attach()函数附上数据框数据,在执行完数据框的操作后,需要在最后执行 detach()函数来解除之前贴附的数据框,如在执行完上述的新变量创建以后,需在最后执行如下程序:

```
detach(mydata)
```

在第(2)种方法中,可以发现 x1 和 x2 前并没有添加 mydata $,这是因为在执行新变量的创建命令之前已经将 mydata 数据框贴附了。此时,R 程序已经知道 x1 和 x2 为附上的数据框中的数据,它会直接执行附上的数据来完成计算。但是新变量 sum 和 mean 必须继续添加 mydata $,这样才能使得新创建的变量在 mydata 数据框下,否则 R 程序计算的新变量会以单独的列表保存,而不是在 mydata 数据框中。

除了上述方法,还有如下 3 种方法可以一次性地添加多个新变量。

(1) 通过执行 transform()函数来直接创建多个新变量,即

```
mydata <-transform(mydata, sum=x1+x2, mean=(x1+x2)/2)
```

(2) 在 data.table 包中可以通过使用:=操作符来创建新变量,而且速度要比<-快 500 倍以上,但是该操作只能针对 data.table 对象。data.table 包的另一个优势是只需执行一个命令即可同时创建多个新变量,即一次操作即可添加多列。

```
install.packages(data.table)          #安装 data.table 包
library(data.table)                   #加载 data.table 包
invest[,c('sum', 'mean') :=list(x1+x2, (x1+x2)/2)]
```

(3) 用 dplyr 包中的 mutate()函数来创建新变量。

```
install.packages("dplyr")             #安装 dplyr 包
library("dplyr")                      #加载 dplyr 包
invest <-invest %>%mutate(sum=x1+x2)
invest <-invest %>%mutate(mean=(x1+x2)/2)
```

也可以不使用管道直接进行变量的重命名。

```
invest <-mutate(invest, sum=x1+x2)
invest <-mutate(invest, mean=(x1+x2)/2)
```

除此之外,基础的 within()函数也可以实现该功能。

需要指出的是,上述所有方法得到的结果与图 5-2 一致。

5.1.3 变量的重编码

在数据集中,有时会由于统计或输入错误导致部分数据参考性较低,此时需要对数据进行更改或使用 NA 来进行标记,这就是变量的重编码。

在 R 语言中,对变量进行重编码与创建新变量一样,都需要在指定的数据集中进行,即需要在变量名前添加数据集的名称。

实例 5-2 以 5.1.1 节示例中的数据为数据集来演示如何对变量进行重编码。

在图 5-1 中可以发现几处异常。首先,age 列中出现了两个年龄异常,一个是 72 岁,一个是 9 岁,高校食堂的主要服务对象应该是在校的学生,其年龄主要应该集中在 16~35 岁。其次,Q4 列和 Q5 列出现了两个 NA(缺失值)。由于 5.2 节会专门介绍缺失值的处理,在此就不再对此问题进行阐述,下面主要针对 age 列进行变量的重编码。

为了方便区分表格中的异常数据,可以首先将异常数据重编码为缺失值。在示例中,已经建立了问卷汇总表的数据框,在此的操作是基于该数据框来进行变量的重编码。

```
invest$age[invest$age==72]<-NA
invest$age[invest$age==9]<-NA
```

重编码之后的结果如图 5-3 所示。

	student	time	area	age	gender	Q1	Q2	Q3	Q4	Q5
1	1	morning	this Pr	18	M	3	4	3	3	3
2	2	morning	other Pr	21	F	4	5	5	3	4
3	3	noon	this Pr	NA	M	4	3	5	4	5
4	4	noon	other Pr	20	M	5	4	5	NA	5
5	5	noon	this Pr	22	F	4	5	5	3	NA
6	6	evening	this Pr	20	M	3	4	5	3	4
7	7	evening	other Pr	NA	F	5	4	5	4	5

图 5-3 对年龄的异常数据进行重编码

也可以使用下面类似于 C 语言中的 if…else 判断语句。

```
invest$age[invest$age>65 |invest$age<16]<-NA
```

除此之外,还可以进一步将数据框中的年纪分类,如小于 20 岁的认为是低年级的学生,而大于 20 岁的认为是高年级学生,20 岁的认为是中年级的学生,这样对数据库中 age 列做如下的重编码。

```
invest$age[invest$age<20]<-"低年级"
invest$age[invest$age==20]<-"中年级"
invest$age[invest$age>20]<-"高年级"
```

结果如图 5-4 所示。

	student	time	area	age	gender	Q1	Q2	Q3	Q4	Q5
1	1	morning	this Pr	高年级	M	3	4	3	3	3
2	2	morning	other Pr	高年级	F	4	5	5	3	4
3	3	noon	this Pr	<NA>	M	4	3	5	4	5
4	4	noon	other Pr	高年级	M	5	4	5	NA	5
5	5	noon	this Pr	高年级	F	4	5	5	3	NA
6	6	evening	this Pr	高年级	M	3	4	5	3	4
7	7	evening	other Pr	<NA>	F	5	4	5	4	5

图 5-4 age 列重编码的结果

5.1.4　变量的重命名

在数据集创建之后，有时会发生变量名输入不友好甚至是错误的情况，这时就需要对变量名进行修改。

在R语言中，修改变量名的方式有很多，接下来介绍5个常用的修改变量名的函数。

1. 执行fix()函数调出交互式编辑器来修改变量名

在利用交互式编辑器来修改变量名之前，需要执行fix()函数将交互式编辑器的界面调出，即可在交互式编辑器界面中对相应的变量名称进行修改。

若数据集为矩阵或数据框，只需单击所需修改的变量名进行手动修改即可。若数据集为列表，则在打开交互式编辑器时，该编辑器为一个记事本，只需在向量.Names＝c()中直接修改对应变量名即可。

实例5-3　以示例中的数据为数据集，在交互式编辑器中将变量Q1重命名为question1。

```
fix(invest)                        #打开交互式编辑器，此时交互式编辑器为一个 Data Editor
invest_list=as.list(invest)        #将 invest 由数据框转化成列表
fix(invest_list)                   #打开交互式编辑器，此时交互式编辑器为一个记事本
```

对于数据框invest，执行fix(invest)后，显示的交互式编辑器界面如图5-5所示，而对于列表invest_list，执行fix(invest_list)后，显示的界面为记事本，如图5-6所示。

数据编辑器

文件　编辑　帮助

	student	time	area	age	gender	Q1	Q2	Q3	Q4
1	1	morning	this Pr	18	M	3	4	3	3
2	2	morning	other Pr	21	F	4	5	5	3
3	3	noon	this Pr	NA	M	4	3	5	4
4	4	noon	other Pr	20	M	5	4	5	NA
5	5	noon	this Pr	22	F	4	5	5	3
6	6	evening	this Pr	20	M	3	4	5	3
7	7	evening	other Pr	NA	F	5	4	5	4
8									
9									
10									
11									
12									
13									
14									
15									
16									
17									
18									
19									

图5-5　交互式编辑器

2. 通过rename()函数修改变量名

在R语言的reshape包中的rename()函数可以用来对数据框和列表中的变量进行重

```
Redit269c49627384.R - 记事本
文件(F)  编辑(E)  格式(O)  查看(V)  帮助(H)
structure(list(c(1, 2, 3, 4, 5, 6, 7), c("morning", "morning",
"noon", "noon", "noon", "evening", "evening"), c("this Pr", "other Pr",
"this Pr", "other Pr", "this Pr", "this Pr", "other Pr"), c(18,
21, NA, 20, 22, 20, NA), c("M", "F", "M", "M", "F", "M", "F"),
    c(3, 4, 4, 5, 4, 3, 5), c(4, 5, 3, 4, 5, 4, 4), c(3, 5, 5,
    5, 5, 5, 5), c(3, 3, 4, NA, 3, 3, 4), c(3, 4, 5, 5, NA, 4,
    5)), .Names = c("student", "time", "area", "age", "gender",
"Q1", "Q2", "Q3", "Q4", "Q5"))
```

图 5-6　记事本

命名，但是该函数不能用来对矩阵中的变量进行重命名，格式为

```
dataframe=rename(dataframe, c(oldname="newname", ..."))
```

其中，oldname 为变量的原始名称，newname 为变量的重命名。

实例 5-4　使用 rename()函数将示例中数据框的 Q2 重命名为 question2。

```
library(reshape)                          #加载 reshape 包
rename(invest, c(Q2="question2"))         #将数据框 invest 中的 Q2 重命名为 question2
```

操作结果如图 5-7 所示。

	student	time	area	age	gender	Q1	question2	Q3	Q4	Q5
1	1	morning	this Pr	高年级	M	3	4	3	3	3
2	2	morning	other Pr	高年级	F	4	5	5	3	4
3	3	noon	this Pr	<NA>	M	4	3	5	4	5
4	4	noon	other Pr	高年级	M	5	4	5	NA	5
5	5	noon	this Pr	高年级	F	4	5	5	3	NA
6	6	evening	this Pr	高年级	M	3	4	5	3	4
7	7	evening	other Pr	<NA>	F	5	4	5	4	5

图 5-7　对 Q2 进行重命名

若 invest_list 为列表，操作相同。

```
rename(invest_list, c(Q2="question2"))     #将列表 invest_list 中的 Q2 重命名为
                                            question2
```

3. 通过 names()函数修改变量名

names()函数和 rename()函数具有相同的功能，即可以用来对数据框和列表中的变量进行重命名，但是该函数不能用来对矩阵中的变量进行重命名，不同的是，names()函数可以直接修改原数据集中的变量名，而 rename()函数需要导入需修改的数据集才能进行变量名的修改。names()函数的格式为

```
names(x) <-value
```

其中，x 为数据集，value 为新的变量名。

实例 5-5　使用 names()函数将示例中数据框的 Q3 重命名为 question3。

```
names(invest)[8]="question3"          #将 invest 第 8 列列名重命名为 question3
```

操作结果如图5-8所示。

```
  student    time      area    age gender Q1 question2 question3 Q4 Q5
1       1 morning  this Pr 高年级     M  3         4         3  3  3
2       2 morning other Pr 高年级     F  4         5         5  3  4
3       3    noon  this Pr   <NA>      M  4         3         5  4  5
4       4    noon other Pr 高年级     M  5         4         5 NA  5
5       5    noon  this Pr 高年级     F  4         5         5  3 NA
6       6 evening  this Pr 高年级     M  3         4         5  3  4
7       7 evening other Pr   <NA>      F  5         4         5  4  5
```

图5-8　对Q3进行重命名

4. 通过rownames()函数和colnames()函数修改变量名

rename()函数和names()函数都不能对矩阵进行重命名，在R语言中，rownames()函数和colnames()函数分别修改矩阵的行名和列名，同时，rownames()函数和colnames()函数还可以用来修改数据框的行名和列名，格式为

```
rownames (x) <-value
colnames (x) <-value
```

其中，x为数据集，value为新的变量名。

实例5-6　使用colnames()函数将示例中数据框invest的Q4和Q5重命名为question4和question5，使用rownames()函数将invest的2～8行的行名由数字1～7改为a～g。

```
colnames(invest)[9]="question4"      #将invest第9列列名重命名为question4
colnames(invest)[10]="question5"     #将invest第10列列名重命名为question5
rownames(invest)=letters[1:7]        #将invest的2-8行的行名由数字1-7改为a-g
```

上述操作的结果如图5-9所示。

```
  student    time      area    age gender Q1 question2 question3 question4 question5
a       1 morning  this Pr 高年级     M  3         4         3         3         3
b       2 morning other Pr 高年级     F  4         5         5         3         4
c       3    noon  this Pr   <NA>      M  4         3         5         4         5
d       4    noon other Pr 高年级     M  5         4         5        NA         5
e       5    noon  this Pr 高年级     F  4         5         5         3        NA
f       6 evening  this Pr 高年级     M  3         4         5         3         4
g       7 evening other Pr   <NA>      F  5         4         5         4         5
```

图5-9　对student，Q4和Q5进行重命名

5.2　缺失值

在数据分析和挖掘时，常出现数据不完整的情况(如示例中的Q4列和Q5列)，即存在缺失值。对含有缺失值的数据对象进行分析建模，R软件就易出现报错，因此，对缺失值进行预处理是数据分析的重要前提工作。

缺失值的产生大致有两种可能：①数据对象中的异常数据在预处理时被重编码为缺失值；②在数据收集过程中因数据不全或遗失导致的缺失值。

5.2.1　缺失值判断

缺失值的出现会在一定程度上影响数据分析的过程和结果，所以在拿到数据（特别是大量数据构成的数据集）之后，首先应该做的是判断数据是否完整，如果有缺失值，确定数据集中有多少缺失值，最好能直接反馈缺失值的位置信息。

在 R 语言中，缺失值用 NA 表示，判断数据对象是否存在缺失值常用的函数是 is.na()函数、complete.cases()函数和 anyNA()函数，也可以使用 DMwR 包中的 algae()函数。除此之外，还可以使用 summary()函数来判断数据集中分类变量是否存在缺失值，使用 sum()函数来统计缺失值数量。

1. is.na()函数

is.na()函数是最为常用的缺失值判断函数，不管数据对象是向量、矩阵、列表、数据框或其他数据结构，is.na()函数都适用，其格式为

```
is.na(x)
```

其中，x 为待判断的数据对象。

is.na()函数的判断结果的返回值是一个逻辑值，若返回值为 TRUE，表示数据对象中存在缺失值；若返回值为 FALSE，表示数据对象是完整的，不存在缺失值。

实例 5-7　使用 is.na()函数分析示例中的数据框 invest 是否存在缺失值。

```
is.na(invest)                                    #判断 invest 中是否存在缺失值
```

输出结果如图 5-10 所示。

```
> is.na(invest)
     student  time  area   age gender    Q1    Q2    Q3    Q4    Q5
[1,]   FALSE FALSE FALSE FALSE  FALSE FALSE FALSE FALSE FALSE FALSE
[2,]   FALSE FALSE FALSE FALSE  FALSE FALSE FALSE FALSE FALSE FALSE
[3,]   FALSE FALSE FALSE FALSE  FALSE FALSE FALSE FALSE FALSE FALSE
[4,]   FALSE FALSE FALSE FALSE  FALSE FALSE FALSE FALSE  TRUE FALSE
[5,]   FALSE FALSE FALSE FALSE  FALSE FALSE FALSE FALSE FALSE  TRUE
[6,]   FALSE FALSE FALSE FALSE  FALSE FALSE FALSE FALSE FALSE FALSE
[7,]   FALSE FALSE FALSE FALSE  FALSE FALSE FALSE FALSE FALSE FALSE
```

图 5-10　invest 中缺失值判断结果

如果需要统计缺失值的数量，可以用 sum()函数来统计，只需在上述命令后添加如下命令即可。

```
sum(is.na(invest))                               #统计 invest 中缺失值的数量
```

输出结果：

```
[1] 2
```

2. complete.cases()函数

complete.cases()函数与 is.na()函数在功能上相同，都可以适用于绝大多数数据结构的数据对象，不同的是，complete.cases()函数是一行一行地判断数据对象中是否存在缺失值。

与 is.na()函数相同，complete.cases()函数的返回值也是逻辑值，若返回 TRUE 表示该行不存在缺失值，若返回 FALSE 表示该行存在缺失值，这与 is.na()函数恰好相反。complete.cases()函数的格式为

```
complete.cases(x)
```

其中，x 为待判断的确定的 R 语言数据对象。

实例 5-8 使用 complete.cases()函数分析示例中的数据框 invest 是否存在缺失值。

```
complete.cases(invest)                  #判断 invest 中是否存在缺失值
sum(!complete.cases(invest))            #统计 invest 中缺失值的数量
```

3. anyNA()函数

anyNA()函数与 is.na()函数相同，都是判断数据对象中是否存在缺失值，返回值为一个逻辑值，若返回值为 TRUE 表示数据对象存在缺失值，否则返回 FALSE，这与 complete.cases()函数返回值的逻辑意义相同。anyNA()函数的格式为

```
anyNA(x)
```

其中，x 为待判断的确定的 R 语言数据对象。

实例 5-9 使用 anyNA()函数分析示例中的数据框 invest 是否存在缺失值。

```
anyNA(invest)                           #判断 invest 中是否存在缺失值
sum(anyNA(invest))                      #统计 invest 中缺失值的数量
```

4. summary()函数

summary()函数用来判断数据对象中分类变量(各列)是否存在缺失值，格式为

```
summary(x)
```

其中，x 为待分析的数据对象。

实例 5-10 使用 summary()函数分析示例中的数据框 invest 各列是否存在缺失值，各有多少缺失值。

```
summary(invest)                         #判断 invest 各列是否存在缺失值，各为多少
```

5.2.2 缺失模型判断

判断缺失值之后，处理缺失值是一项重要的工作，在此之前，需先对缺失模型进行判断分析，当前较常见的缺失模型有如下 3 种：完全随机缺失、随机缺失和完全非随机缺失。

完全随机缺失(missing completely at random，MCAR)，指数据的缺失是完全随机的，不依赖于任何变量，从统计意义的角度来说，数据的缺失是独立的。这是一种较理想的状态，但是如果数据的缺失过多，就不容忽视了。

随机缺失(missing at random，MAR)，指数据的缺失概率依赖于其他变量，而缺失数据的变量自身在概率上可忽略。

完全非随机缺失(missing non-complete at random,MNAR),指数据的缺失概率依赖于缺失数据的变量自身。完全非随机缺失是一种极为严重的数据缺失问题,此时需要对收集数据的过程一步一步进行检查,并找出问题发生的原因。如在进行问卷调查时,如果多数被调查者都没有对某个问题作答,就需要进行追踪调查该问题不被作答的原因是什么,并采取措施对缺失问题进行处理。

在 R 语言中,常使用 mice 包中的 md.pattren()函数来判断缺失值的模型,但需要注意的是,md.pattren()函数主要是从数值角度来判断缺失值的模型,如果数据不是以数值形式呈现,需要提前对数据进行量化。md.pattren()函数的格式为

```
md.pattren(x)
```

其中,x 表示含有缺失值的数据对象,一般为矩阵或数据框。

实例 5-11　请使用 md.pattren()函数判断示例中的 invest 缺失值的模型。

```
install.packages("mice")              #安装 mice 包
library("mice")                       #加载 mice 包
md.pattern(invest)                    #判断 invest 中缺失值的模型
```

操作结果如图 5-11 所示。

```
  student time area gender Q1 question2 question3 question4 question5 age
3       1    1    1      1  1         1         1         1         1   1 0
2       1    1    1      1  1         1         1         1         1   0 1
1       1    1    1      1  1         1         1         1         0   1 1
1       1    1    1      1  1         1         1         0         1   1 1
        0    0    0      0  0         0         0         1         1   2 4
```

图 5-11　invest 中缺失值的分析

除此之外,还可以使用程辑包 VIM 中的 aggr()函数对数据对象进行可视化描述,格式为

```
aggr(x, delimiter=NULL, plot=TRUE, ...)
```

其中,x 表示含有缺失值的对象,一般为向量、矩阵或数据框;delimiter 为特征向量,用来区分缺失变量是否被插补,如果 delimiter 被赋值则说明缺失变量的数据已被插补,如果 delimiter 未赋值,则可用来判断缺失模型,默认为 NULL;plot 为一个逻辑值,用来判断是否绘制可视化图形,TRUE 表示需要绘制,FALSE 表示不需要绘制,默认为 TRUE。

实例 5-12　请使用 aggr()函数判断示例中 invest 缺失值的模型。

```
install.packages("VIM")               #安装 VIM 包
library("VIM")                        #加载 VIM 包
aggr(invest, numbers=TRUE, ylab=c("Hsitogram of missing ", " pattern "))
```

输出结果如图 5-12 所示。在此,设置了 number 和 ylab 两个参数,因为 aggr()函数本身默认需要绘制图像,即相当于函数内嵌了绘图函数 plot(),这两个参数其实是 plot()函数的参数,numbers=TRUE 表示需要在图形中显示相关数据,而 ylab 为绘制图形的纵坐标,由于显示的是两张图形,故有两个名称。

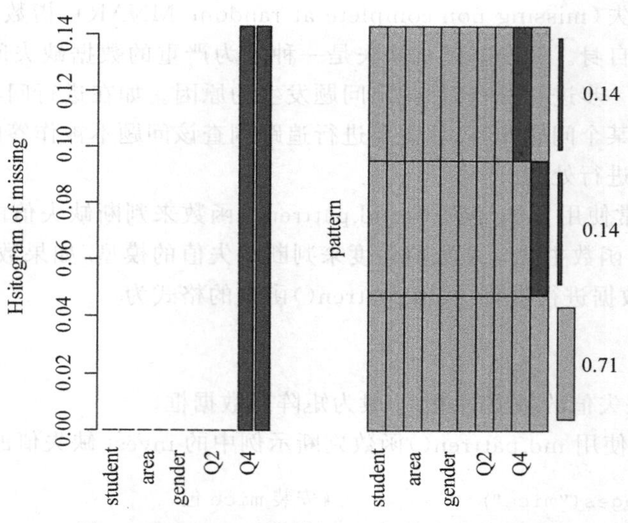

图 5-12　aggr()函数判断 invest 缺失值的模型

5.2.3　缺失值处理

介绍完缺失值判断与缺失模型判断，下面介绍如果出现了缺失值问题该如何处理，常见的缺失值处理方法有删除法、替换法和插补法。下面按不同的缺失模型和缺失数量来介绍如何选择具体的处理方法。

1. 删除法

删除法主要针对缺失数据为完全随机缺失且缺失数据量很小的情形，此时，即使将缺失值直接删除也不会影响数据对象整体的结构，对分析结果不会产生大的影响。

删除法操作简单，在R语言中，可以通过执行 na.omit()函数来直接删除数据对象中的缺失值所在的行，使用格式为

```
na.omit(x)
```

其中，x 表示待处理的数据对象。

实例 5-13　使用 na.omit()函数删除示例中 invest 的缺失值。

```
invest_na=na.omit(invest_na)          #删除 invest 中的缺失值
```

在此，可以使用 sum()函数来检验是否已删除了缺失值所在的行：

```
sum(is.na(invest))
```

删除法虽然操作简单，但具有极大的局限性，其针对的是完全随机缺失、缺失数据量小、删除的是含有缺失值所在的整条记录等。对此，替换法相对就要好很多。

2. 替换法

替换法，其实质就是缺失值变量的重编码过程，通过将缺失值使用一个合适的信息替

换，以保留该条纪律的其他信息的完整性。该方法针对不同的数据类型选择不同的替换方法，如数值型变量多采用均值替换，而非数值型变量多采用众数替换。

实例 5-14　使用均值替换法处理示例 invest 数据框中的缺失值。

```
data(invest)
invest[is.na(invest)]<-mean(complete.cases(invest))     #均值替换
```

和删除法一样，可以通过使用 sum()函数来判断缺失值的处理结果：

```
sum(!complete.cases(invest))
```

虽然替换法保留了绝大部分数据的完整性，但是该方法依然存在一些问题。例如，由于替换法只能处理完全随机缺失的数据，而且常常是使用均值(或众数)替换，这会使得数据的统计性较真实统计性存在一定的偏差，因此在实际中并不常用。

3. 插补法

插补法是最常用的缺失值处理方法，与替换法在本质上相同，只是选择一个更为合适的数据来填补缺失值，常用的插补法有均值插补、随机插补、多重插补等。均值插补与均值替换相似，而随机插补是使用一个随机值来填补缺失值，在本质上与均值插补类似，而多重插补则是一个较复杂的插补过程，下面详细介绍。

多重插补的主要思想：将原始数据使用蒙特卡洛模拟法插补成若干完整的数据集，再使用线性回归(或广义线性回归)分析等方法在各新数据集中进行插补建模，最后将完整的模型整合在一起进行评定，并返回插补后的、完整的数据对象。

在 R 语言中，多重插补是通过执行程辑包 mice 中的 mice()函数实现的，其格式为

```
mice(x, m=5, method=vector("character", length=ncol(x)), seed=NA,
    defaultMethod=c("pmm", "logreg", "polyreg", "polr"), ...)
```

其中，x 表示一个待插补的数据对象，一般为矩阵或数据框，其缺失值用 NA 符号表示；m 指多重插补数，默认为 5；method 表示插补方法，一般为一个字符串(或长度与数据对象的列数相同的字符串向量)，若为一个字符串，表示数据对象的全部列都使用一种插补法，若为字符串向量，则表示不同的列使用不同的插补法，默认采用与待插补的列相对应的插补法，并由 defaultMethod 指定参数；seed 表示产生固定的随机数的个数，故是一个整数，为 set.seed()函数的参数，默认为 NA；defaultMethod 表示每个数据对象采用何种插补建模方法，一般为一个向量，其中，pmm 表示使用预测得到的均值进行匹配，logreg 表示使用逻辑回归方法进行拟合，polyreg 表示使用多项式回归进行拟合，polr 表示使用比例优势模型进行拟合。

需要指出的是，不同插补方法对数据要求也不相同，如回归分析模型适用于数值型的对象，而 pmm 则对数据类型不作要求。在实际数据分析与挖掘的过程中，可能还会用到 pool()函数、compute()函数等方法，在此不再赘述。

实例 5-15　使用插补法处理示例 invest 数据框中的缺失值。

```
imp<-mice(invest[, 4:10], seed=10)      #对 invest 的第 4 至 10 列进行插补
fit<-with(imp, lm(mxPH~., data=invest[, 4:10]))  #创建 fit，指定统计方法为线性回归
pool=pool(fit)                          #创建 pool，汇总前面的四个统计分析结果
```

```
options(digits=3)                    #分析结果保留3位小数
summary(pool)                        #显示 pool 的统计信息
```

插补结果如图5-13所示。

```
iter imp variable
 1    1  Q4   Q5
 1    2  Q4   Q5
 1    3  Q4   Q5
 1    4  Q4   Q5
 1    5  Q4   Q5
 2    1  Q4   Q5
 2    2  Q4   Q5
 2    3  Q4   Q5
 2    4  Q4   Q5
 2    5  Q4   Q5
 3    1  Q4   Q5
 3    2  Q4   Q5
 3    3  Q4   Q5
 3    4  Q4   Q5
 3    5  Q4   Q5
 4    1  Q4   Q5
 4    2  Q4   Q5
 4    3  Q4   Q5
 4    4  Q4   Q5
 4    5  Q4   Q5
 5    1  Q4   Q5
 5    2  Q4   Q5
 5    3  Q4   Q5
 5    4  Q4   Q5
 5    5  Q4   Q5
```

图5-13 对 invest 的第4至10列进行插补

如果想要查看插补的结果,可以执行以下的命令:

```
inv$inv$Q4                           #查看 Q4 列的插补数据
```

如果想要查看各变量的插补方法,可以执行以下命令:

```
inv$meth                             #查看变量的插补方法
```

插补方法如图5-14所示。

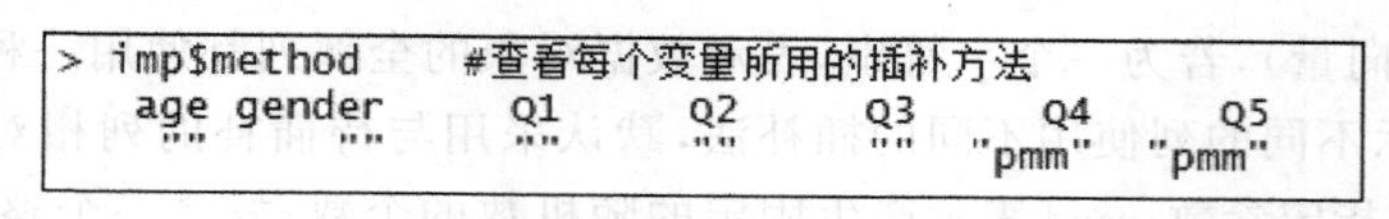

```
> imp$method     #查看每个变量所用的插补方法
  age gender     Q1     Q2     Q3     Q4     Q5
   ""     ""     ""     ""     ""  "pmm"  "pmm"
```

图5-14 插补方法查询

从本小节的方法介绍可以发现,处理缺失值是一项非常繁重复杂的工作,在数据分析与挖掘的过程中,还可以选择一些对缺失数据不太敏感的方法,如决策树、人工神经网络等。

5.3 日期值

在利用R软件处理实际问题时,经常会遇到各种时间序列型的问题,如果需要对时间进行处理,如类型转换、时间差计算等,就需要关注时间的数据类型。R语言提供了3种基本的数据类型来处理日期和时间,分别是Date、POSIXct和POSIXlt,Date只能处理时间中的日期,而POSIXct和POSIXlt不仅可以处理日期,还可以处理时间和时区等信息,详细描述如下。

- Date 类：用以计算 1970 年 1 月 1 日以来的天数，若日期更早则记为负值。即 Date 类型是一个以天为单位的整数值，故 Date 类适于计算日期中的天数。
- POSIXct 类：以标准时间(UTC)时区为准，用以计算 1970 年 1 月 1 日以来的秒数，即 POSIXct 类型是一个以秒为单位的整数值，故 POSIXct 类适于存储(或计算)时间间隔。
- POSIXlt 类：是一个列表，用以存储日期和时间(包括秒、分、时和月份等)，故 POSIXlt 类型适于读取日期的部分特定信息。

下面从日期型变量的创建和常规处理来介绍日期值。

5.3.1　创建日期型变量

通常，日期值在 R 语言中是一个字符串，在存储时将其由字符串型的日期变量转换成数值型变量，但在实际操作时需要注意两个问题：①输入格式，常见的日期输入格式如表 5-3 所示；②R 语言默认的时间起点是 1970 年 1 月 1 日，该时间以前的时间表示为负数，该时间以后的时间表示为正数。

表 5-3　常见的日期输入格式

格　式	意　义	示　例
%Y	四位数字表示的年份(0000～9999)	2019，表示 2019 年
%y	两位数字表示的年份(00～99)	19，表示 2019 年
%B	英语的月份全名	January，February，March 等
%b	英语的月份缩写	Jan，Feb，Mar 等
%m	两位数字表示的月份(01～12)	03，表示三月份
%A	英语的星期全名	Monday，Tuesday 等
%a	英语的星期缩写	Mon，Tue，Wed 等
%d	两位数字表示的月份中的天(01～31)	13，表示某月的 13 日
%H	两位数字表示一天中的小时(24 小时制)	17，表示 17 时，即下午 5 时
%l	两位数字表示一天中的小时(12 小时制)	5，表示上午(或下午)5 时
%p	与 12 小时制对应，用以指定上午或下午(AM 或 PM)	

输入日期值需要执行 as.Date()函数，输入时日期的默认格式是 YYY-MM-DD，as.Date()函数格式为

```
as.Date(x, format)
```

其中，x 表示输入值的变量，format 为输入的日期值的格式，常见的有两种：一种是默认格式，另一种是参照日期常用格式结合字符串。接下来，通过实例来演示日期值的输入操作。

实例 5-16　在 R 语言中输入 2019 年 4 月 12 日。

```
mydate <-as.Date(c("2019-04-12"))
```

或者

```
stringD <-c("04/12/2019", '%Y-%m-%d')          #创建字符串 stringD 存储日期值
date <-as.Date(stringD,'%m/%d/%Y')              #将日期值存入 R 语言中
```

上述命令都可以将字符串直接转化为对应的日期，其中第一条命令使用的是默认格式，而第二条命令使用的是 MM/DD/YYY 格式。

如果需要读取当前的日期和时间，可以执行 date()函数或 Sys.Date()函数，此时，R 语言会直接返回当前时刻的时间。执行方式如下：

```
Sys.Date()
```

或

```
date()
```

其中，Sys.Date()函数返回的日期值是数值型的，而 date()函数返回的日期值是字符串型的，在实际使用中一定要加以区别。

5.3.2 日期值的格式转换

5.3.1 节介绍的日期值是以字符串形式输入，以数值形式保存的。在实际使用日期值时，可能需要对日期值进行格式转换，这就需要执行相应的命令来对文本进行解读。

1. 把字符串转换成日期

在 R 语言中，使用 as.Date()函数将字符串转换成日期值，其使用方式已经在 5.3.1 节介绍过，在此就不再赘述了。

实例 5-17 把一个向量中的字符串转换成日期。

```
dat <-as.Date(c("2019-04-22", "2019-05-01"), '%Y-%m-%d')
```

下面介绍如何实现日期时间型的日期值。

在 R 语言中，通过执行 strptime()函数来返回 POSIXlt 日期，默认日期以"/"(或"-")进行分隔，而时间则是以"："进行分隔。需要注意的是，在解析时是先日期后时间，同时在解析时需指定文本及日期的对应位置，其输入格式见表 5-3，strptime()函数的格式如下：

```
strptime(x, format=" ", tz=" ")
```

其中，x 为日期参数；format 为解析的格式，见表 5-3；tz 为时区选项，是逻辑值，默认为 TRUE。

实例 5-18 把 date()函数返回的时间信息解读成 POSIXlt 类型。

```
nowstr <-date()
nowtime <-strptime(nowstr,'%a-%b-%d-%Y, %H:%M:%S')
```

除此之外，还可以通过加载 lubridate 包，在 lubridate 包下执行 ymd()函数和 ymd_hms()函数来实现，在此只给出函数格式，不再赘述。

在 lunbridate 包中的 ymd()函数用于从字符型数据中读取时间，可自行识别分隔符，格

式为

```
ymd(x,quiet=FALSE, tz=NULL)
```

其中,x 为字符型的日期值;quiet 为逻辑值;TRUE 表示移除文本的自定义部分,FALSE 则不处理,默认为 FALSE;tz 表示时区,默认值为 NULL。

在 lunbridate 包中的 ymd_hms()函数用于从文本中读取时间,可自行识别分隔符,格式为

```
Ymd_hms(x,quiet=FALSE, tz='UTC')
```

其中,x 为字符型的日期值;quiet 为逻辑值;TRUE 表示移除文本的自定义部分,FALSE 则不处理,默认为 FALSE;tz 表示时区,默认值为 UTC。

2. 把日期和时间转换为文本

在实际应用中,为了便于阅读,时常需要将日期值转换为文本。在 R 语言中,常用 format()函数和 strftime()函数实现。

format()函数直接对日期进行格式化,将其转换为文本,格式为

```
format(x, format=" ", tz=" ")
```

其中,x 是日期参数;format 是输出的格式,见表 5-3;tz 是时区,默认为本地时区。该函数按照指定的格式输出文本:

```
tod <-Sys.Date()
mydat <-format(tod,format='%Y-%m-%d')
```

在 R 语言中,还可以使用 strftime()函数来实现,格式为

```
strftime(x, format="", usetz=FALSE, ...)
```

其中,x 为日期参数;format 为输出的格式,见表 5-3;usetz 为时区选项,是逻辑值,默认为 FALSE。

上述实例也可以通过使用 strftime()函数来实现:

```
mydate <-strftime(tod,'%a-%b-%d-%Y')
```

需要指出的是,虽然 strptime()函数和 strftime()函数都可以读取日期值,但是它们在很多地方都有区别,strptime()函数强制包含时区,而后者默认不设置时区,当然可以在执行命令时指定 usetz=TRUE,strftime()函数也可以输出时区,但在数据类型上是有区别的。strptime()函数得到的是时间类型数据,而 strftime()函数得到的是字符串。

除此之外,还可以通过执行 as.character()函数来实现,格式为

```
as.character(x, format="")
```

其中,x 是日期参数;format 是输出的格式,见表 5-3。

实例 5-19　请输入一个日期值,并将其转换成字符型和日期型,并对比两者的区别。

```
strDat <-c("01/05/2019", "05/16/2019")
```

```
dats <-as.Date(strDat, "%m/%d/%Y")
strDats <-as.character(dats)
```

输出结果如图 5-15 所示。

```
> strDat
[1] "01/05/2019" "05/16/2019"
> dats
[1] "2019-01-05" "2019-05-16"
> strDats
[1] "2019-01-05" "2019-05-16"
```

图 5-15 日期值的格式

5.3.3 日期值的运算

由于日期值在 R 语言中以数值型变量存储，所以日期值是可以直接进行运算的，但日期值相互间不做加法运算，因为现实中两个日期相加是没有意义的。日期值可以与数字相加减，两个日期值可以直接相减，表示日期差。

1. 日期值与数字相加减

日期值与数字相加减表示日期值的最小单位值加上（或减去）一个数值，如日期值的最小单位为秒，加上 m 表示日期值加 m 秒。

实例 5-20 给当前时间加上 6 小时。

```
time1 <-Sys.time()                    #读取当前时间
print(time1)
```

输出结果：

```
[1]'2019-05-01 16:36:18 CST'
time2 <-time1+6 * 60 * 60             #当前时间加 6 小时
time3 <-time1-4 * 60 * 60             #当前时间减 4 小时
```

如果时间的最小单位为天，加上 n 表示加上 n 天，如给 2016 年 7 月 16 日加上 32 天：

```
time1 <-as.Date("2016-07-16")
time2 <-time1+32                      #2016 年 7 月 16 日加上 32 天
```

2. 计算日期差

如果想要计算两个日期的差，只需直接输入两个日期值，然后相减即可。但日期值一般不会相加，因为它没有实际意义。

实例 5-21 笑笑小朋友是 2017 年 3 月 2 日出生的，计算至今他出生了多少天？

```
xbt <-as.Date("2017-03-02")           #笑笑的出生日期
today <-Sys.Date()                    #读取当前日期
today-xbt
```

输出结果：

```
Time difference of 791 days
```

在 R 语言中,还可以通过执行 difftime()函数来计算日期差,且可以以任意时间单位输出,执行格式为

```
difftime(x, y, units="")
```

其中,x 表示被减数日期,y 表示减数日期,units 表示时间单位,可以是秒、分、小时、天、周。

实例 5-22 笑笑小朋友是 2017 年 3 月 2 日出生的,计算至今他出生了有多少周?

```
xbt <-as.Date("2017-03-02")         #笑笑的出生日期
today <-Sys.Date()                  #读取当前日期
difftime(today, xbt, units="weeks")
```

输出结果:

```
Time difference of 113 weeks
```

5.4 类型转换

在第 2 章中,就已经介绍数据的常见类型有数值型、逻辑型、字符型、整数型、日期型、因子型等。在实际问题中,除了需要处理数据类型变量创建、重编码和重命名之外,还会出现根据实际分析的需要对数据类型进行转换,如 5.3 节介绍的时间类型与字符型的转换。当然在对数据类型进行转换前,需要对数据的类型进行判别,在 R 语言中,常见的数据类型(class)及其判别函数和转换函数如表 5-4 所示。

表 5-4 常见的数据类型及其判别函数和转换函数

数据类型	判别函数	转换函数
numeric(数值型)	is.numeric()	as.numeric()
logical(逻辑型)	is.logical()	as.logical()
character(字符型)	is.character()	as.character()
NA(缺失值)	is.na()	as.na()
double(双精度型)	is.double()	as.double()
complex(复数型)	is.complex()	as.complex()
integer(整数型)	is.integer()	as.integer()

在 R 语言中,还可以借助 typeof()函数来直接解析数据的类型。

实例 5-23

(1) 将逻辑型变量转换成数值型变量;

(2) 将数值型变量转换成字符型变量;

(3) 将字符型变量转换成因子型变量;

(4) 将数值型变量转换成因子型变量。

R 语言程序实现如下。

（1）逻辑型与数值型：

```
as.numberic(TRUE)
as.numberic(FASLE)
```

也可以反过来：

```
as.logical(1)
as.logical(0)
as.logical(10)
as.logical(-4)
```

（2）数值型与字符型：

```
as.character(2)
as.numeric('2')
as.numeric('apple')
```

（3）字符型与因子型：

```
ch <-c('a', 'b', 'd')
as.factor(ch)
typeof(as.factor(ch))
s.character(as.factor(ch))
typeof(as.character(as.factor(ch)))
```

（4）数值型与因子型：

```
nu <-c(1, 2, 3, 5)
as.factor(nu)
typeof(as.factor(nu))
as.numeric(as.factor(nu))
typeof(as.numeric(as.factor(nu)))
```

在进行数据转换时，有时候会遇到无法转换的情形，这就需要多做尝试，如果无法确定是否转换成功，可以执行判断函数或 typeof()函数，通过查看输出数据的类型，即可判定是否转换成功。

5.5 数据排序

数据排序是数据处理的一项重要工作，特别是在初期的数据预处理和后期的建模工作中显得尤为重要。在 R 语言中，常用的用于数据排序的函数有 sort()函数、rank()函数和 order()函数，虽然这 3 个函数都可以实现数据排序的功能，但是适用的环境和返回结果都是有区别的，故在使用时必须加以区分。

1. sort()函数

sort()函数是针对向量进行排序的，返回的是已经排序的向量，执行格式为

```
sort(x, na.last=NA, decreasing=FALSE)
```

其中，x 指需要进行排序的数据集；na.last 是逻辑值，表示对缺失值的处理办法，na.last＝NA 指定将缺失值删除，na.last＝TRUE 指定将缺失值排在数据集的最后面，na.last＝FALSE 指定将缺失值排在数据集的最前面，默认为 NA；decreasing 表示排序的升、降次序，decreasing＝FALSE 指定数据按升序排序，decreasing＝TRUE 指定数据按降序排序，默认为 FALSE。

实例 5-24 对小明的期末考试成绩进行排序。

```
score <-c(85, 78, 81, 68, NA, 90, 72, 65)
sort(score)                          #对成绩按升序排序
sort(score, decreasing=TRUE)         #对成绩按降序排序
sort(score, na.last=FALSE)           #对成绩按升序排序, 同时把缺失值放在最前面
```

输出结果如图 5-16 所示。

```
> sort(score)                        #对成绩按升序排序
[1] 65 68 72 78 81 85 90
> sort(score, decreasing=TRUE)       #对成绩按降序排序
[1] 90 85 81 78 72 68 65
> sort(score, na.last=FALSE)         #对成绩按升序排序, 同时把缺失值放在最面
[1] NA 65 68 72 78 81 85 90
```

图 5-16 小明的期末考试成绩排序结果

2. rank()函数

rank()函数也是对向量进行排序，而返回的是向量中各数据的秩，执行格式为

```
rank(x,, na.last=TRUE, ties.method=c("average", "first", "random", "max", "min"))
```

其中，x 和 na.last 与 sort()函数中的定义相同。ties.method 是指如何处理数据集中的重复数据的秩，常用的方法有 5 种：ties.method＝"average"指定取重复数据秩的平均值作为它们共同的秩；ties.method＝"first"指定重复数据的秩依次递增，排在最前面的数据，其秩的取值最小；ties.method＝"random"指定重复数据的秩取值随机；ties.method＝"max"指定取重复数据秩的最大值作为它们共同的秩；ties.method＝"min"指定取重复数据秩的最小值作为它们共同的秩。

实例 5-25 对某班数学成绩进行排序。

```
mathscore <-c(75, 68, 70, 87, 94, 70, 85, 75, 68, 50, 94, 85, 68, 75, 85, 80, 68, 50,
80, 80)
rank(mathscore)                           #求 mathscore 的秩
rank(mathscore, ties.method='first')      #求 mathscore 的秩, ties.method="first"
rank(mathscore, ties.method='max')        #求 mathscore 的秩, ties.method="max"
```

排序结果如图 5-17 所示。

3. order()函数

order()函数同样是对数据对象进行排序，但返回的是按升序（或降序）给出各数据在原

```
> rank(mathscore)                              #求mathscore的秩
 [1] 10.0  4.5  7.5 18.0 19.5  7.5 16.0 10.0  4.5  1.5 19.5 16.0  4.5
[14] 10.0 16.0 13.0  4.5  1.5 13.0 13.0
> rank(mathscore, ties.method = 'first')  #求mathscore的秩，ties.method =
"first"
 [1]  9  3  7 18 19  8 15 10  4  1 20 16  5 11 17 12  6  2 13 14
> rank(mathscore, ties.method = 'max')     #求mathscore的秩，ties.method ="max"
 [1] 11  6  8 18 20  8 17 11  6  2 20 17  6 11 17 14  6  2 14 14
```

图 5-17　三种排序结果

数据集中的位置下标，执行格式为

```
order(x, na.last=TRUE, decreasing=FALSE)
```

其中，各参数的含义与 sort()函数中的定义相同。与前两个函数不同的是，order()函数除了可以对向量进行排序之外，还可以对数据框进行排序。

实例 5-26　对示例中问卷汇总表 invest 含变量 Q5 进行排序。

```
order(invest$Q5)          #对 invest$Q5 按升序排序，返回的是对应值在原列的位置
order(invest$Q5, decreasing=TRUE)        #对 invest$Q5 按降序排序
```

也可以在变量前加"-"将升序改为降序。

```
order(-invest$Q5)                        #对 invest$Q5 按降序排序
```

5.6　数据集的合并

在数据分析的过程中，除了对数据进行简单的排序之外，很多时候需要对数据集进行合并，如将公司对两个不同部门的业务数据进行合并分析等。

数据集的合并本质上就是对数据集进行连接，常见的合并方式包括按列合并和按行合并两种情况。按列合并是指将一个数据集添加到另一个数据集最后一列之后，相当于代数上的列增广，如 $\boldsymbol{A}_{3\times4}$ 和 $\boldsymbol{B}_{3\times5}$ 合并以后的矩阵是 $\boldsymbol{C}_{3\times9}$。按行合并是指将一个数据集添加到另一个数据集最后一行的下方，相当于代数上的行增广，如 $\boldsymbol{A}_{4\times4}$ 和 $\boldsymbol{B}_{3\times4}$ 合并以后的矩阵是 $\boldsymbol{C}_{7\times4}$。

在 R 语言中，常用 cbind()函数和 rbind()函数来实现两个数据集的合并。其中，cbind()函数是将数据集按列合并。rbind()函数是将数据集按行合并。需要注意的是，这两个函数都需要数据集满足特定的要求，cbind()函数要求两个数据集有相同的行数，即两个数据集的各列的维数相同，而 rbind()函数要求两个数据集有相同的列数，即两个数据集的各行的维数相同。

cbind()函数的执行格式为

```
cbind(A, B)
```

其中，A 和 B 是两个具有相同行数(A 和 B 各列的维数相同)，合并之后数据集 A 在前，数据集 B 在后。

rbind()函数的执行格式为

```
rbind(A, B)
```

其中,A和B是两个具有相同列数(A和B各行的维数相同),合并之后数据集A在上,数据集B在下。

实例5-27 将两个矩阵合并成一个矩阵。

```
A <-matrix(31: 50, 5, 4)          #创建一个5行4列的矩阵A
B <-matrix(11: 30, 5, 4)          #创建一个5行4列的矩阵B
D <-cbind(A, B)                   #将矩阵A, B按列合并成矩阵D
E <-rbind(A, B)                   #将矩阵A, B按行合并成矩阵E
```

矩阵A、B按列合并成矩阵D,如图5-18(a)所示;按行合并成矩阵E,如图5-18(b)所示。

```
> D
     [,1] [,2] [,3] [,4] [,5] [,6] [,7] [,8]
[1,]   31   36   41   46   11   16   21   26
[2,]   32   37   42   47   12   17   22   27
[3,]   33   38   43   48   13   18   23   28
[4,]   34   39   44   49   14   19   24   29
[5,]   35   40   45   50   15   20   25   30
```

(a) 按列合并

```
> E
      [,1] [,2] [,3] [,4]
 [1,]   31   36   41   46
 [2,]   32   37   42   47
 [3,]   33   38   43   48
 [4,]   34   39   44   49
 [5,]   35   40   45   50
 [6,]   11   16   21   26
 [7,]   12   17   22   27
 [8,]   13   18   23   28
 [9,]   14   19   24   29
[10,]   15   20   25   30
```

(b) 按行合并

图5-18 矩阵合并结果

实例5-28 将两个数据框合并成一个数据框。

```
#按列合并两个数据框
inform <-data.frame(student, time, area, age, gender, stringsAsFactors=FALSE)
quest<-data.frame(Q1, Q2, Q3, Q4, Q5, stringsAsFactors=FALSE)
invest <-cbind(inform, quest)
#按行合并两个数据框
student <-c(1, 2, 3, 4, 5)
time <-c('morning', 'morning', 'noon', 'noon', 'noon')
area <-c('this Pr', 'other Pr', 'this Pr', 'other Pr', 'this Pr')
age <-c(18, 21, 9, 20, 22)
gender <-c('M', 'F', 'M', 'M', 'F')
Q1 <-c(3, 4, 4, 5, 4)
Q2 <-c(4, 5, 3, 4, 5)
Q3 <-c(3, 5, 5, 5, 5)
Q4 <-c(3, 3, 4, NA, 3)
Q5 <-c(3, 4, 5, 5, NA)
invest1 < - data. frame (student, time, area, age, gender, Q1, Q2, Q3, Q4, Q5,
stringsAsFactors=FALSE)
invest2 <-data.frame(c(6, 7), c('evening', 'evening'), c('this Pr', 'other Pr'),
c(20, 72), c('M', 'F'), c(3, 5), c(4, 4), c(5, 5), c(3, 4), c(4, 5))
invest12 <-rbind(invest1, invest2)
```

结果与图5-1相同。

在R语言中,数据合并还有一个更为智能的函数——merge()函数,该函数可以实现两个数据集按列(或行)的合并,且对数据集的维数没有太高的要求,但一般情况下是在合并两个有相同的列(或行)的数据集时使用较多。merge()函数的书写格式为

```
merge(x, y, by=intersect(names(x), names(x), by.x=by, by.y=by, all=FALSE,
    all.x=all, all.y=all, sort=TRUE, suffixes=c(".x", ".y"), incomparables=
    NULL, ...))
```

其中,x和y表示待合并的两个数据集。by,by.x和by.y用于指定按哪些行(或列)来合并数据框,默认为x和y行名(或列名)相同的行(或列)。all,all.x和all.y都是逻辑值,用于指定x和y的列(或行)是否全保留在输出文本中,默认值为FALSE。sort为逻辑值,用于指定by中的列是否排序,默认值为TRUE。suffixes是一个字符型向量,用于指定by中相同列名的后缀。incomparables用于指定by中哪些地方不合并,默认为NULL。

需要指出的是,merge()函数只能合并两个数据集。

实例5-29 合并两个矩阵。

```
a <-matrix(1:15, nrow=5, dimnames=list(c("x1", "x2", "x3", "x4", "x5"),c("A",
"B","C")))
b <-matrix(16:23, nrow=4, dimnames=list(c("x1", "x2", "x3", "x4"),c("A","B")))
#a, b的行数和列数都不相同,要求所有数据都要合并
merge(a, b, all=TRUE)
```

输出结果如图5-19所示。

```
> merge(a, b, all = TRUE)
   A  B  C
1  1  6 11
2  2  7 12
3  3  8 13
4  4  9 14
5  5 10 15
6 16 20 NA
7 17 21 NA
8 18 22 NA
9 19 23 NA
```

图5-19 合并结果

如果不要求所有数据合并,可以执行下述命令:

```
merge(a, b)
d <-matrix(1:12, nrow=4, dimnames=list(c("x1", "x2", "x3", "x4"),c("A","B",
"C")))
```

如果要求输出两个矩阵中按相同的行合并数据,可以执行下述命令:

```
merge(a, d, by=colnames(a))
```

也可以合并全部数据:

```
merge(a, d, by=colnames(d), all=TRUE)
```

输出结果如图5-20所示。

```
> merge(a, d, by=colnames(d), all=TRUE)
  A  B  C
1 1  5  9
2 1  6 11
3 2  6 10
4 2  7 12
5 3  7 11
6 3  8 13
7 4  8 12
8 4  9 14
9 5 10 15
```

图 5-20　按相同的行合并全部数据

需要注意的是，如果只需要对一个数据集添加一行(或一列)，这时一般不会使用 merge()函数来完成这样的操作，因为 merge()函数会将有相同数据的行(或列)自动合并为一行(或一列)。

5.6.1　数据框添加列

有时需要对一个数据集添加一列，如一个学校教不同科目的老师在一个数据框中输入各科的成绩——添加列，常使用的函数是 cbind()函数和 transform()函数。

1. cbind()函数

cbind()函数可以直接在数据框的尾列之后添加一列，也可以在指定的某列后添加一列，如果是直接添加列到数据框的列尾，书写格式为

```
cbind(dataframe, y)
```

其中，dataframe 为被添加列的数据框，y 为添加列。

实例 5-30　在示例中添加问题 Q6=$(4,3,5,4,4,3,4)^T$。

```
Q6 <-c(4, 3, 5, 4, 4, 3, 4)
cbind(invest, Q6)           #将 Q6 添加到 invest 数据框的最后一列之后
```

添加后的结果如图 5-21 所示。

```
  student    time       area age gender Q1 Q2 Q3 Q4 Q5 Q6
1       1 morning  this Pr  18      M  3  4  3  3  3  4
2       2 morning other Pr  21      F  4  5  5  3  4  3
3       3    noon  this Pr   9      M  4  3  5  4  5  5
4       4    noon other Pr  20      M  5  4  5 NA  5  4
5       5    noon  this Pr  22      F  4  5  5  3 NA  4
6       6 evening  this Pr  20      M  3  4  5  3  4  3
7       7 evening other Pr  72      F  5  4  5  4  5  4
```

图 5-21　在 invest 后添加一列

但有些时候，需要在数据框的指定列后插入一列，就需要在 cbind()函数中指定添加列的位置，格式如下：

```
cbind(dataframe[, 1:k], y, dataframe[, k+1: ncol(dataframe)])
```

其中，dataframe 为被添加列的数据框，y 为添加列，k 为 y 添加的前一列的列数。

实例 5-31　在示例的第 4 列后添加一列元素：("one","three","one","two","four","three","four")。

```
y <-c("one", "three", "one", "two", "four", "three", "four")
invest1 <-cbind(invest[, 1:4], y, invest[, 5:ncol(invest)])
```

添加后的结果如图 5-22 所示。

	student	time	area	age	y	gender	Q1	Q2	Q3	Q4	Q5
1	1	morning	this Pr	18	one	M	3	4	3	3	3
2	2	morning	other Pr	21	three	F	4	5	5	3	4
3	3	noon	this Pr	9	one	M	4	3	5	4	5
4	4	noon	other Pr	20	two	M	5	4	5	NA	5
5	5	noon	this Pr	22	four	F	4	5	5	3	NA
6	6	evening	this Pr	20	three	M	3	4	5	3	4
7	7	evening	other Pr	72	four	F	5	4	5	4	5

图 5-22　在第 4 列后添加一列

2. transform()函数

transform()函数的功能与 cbind()函数相同，只是 transform()函数只能在列尾添加新列，执行格式为

```
transform(dataframe, y)
```

其中，dataframe 为被添加列的数据框，y 为添加列。

实例 5-32　在示例中添加问题 Q6=(4,3,5,4,4,3,4)^{T}。

```
Q6 <-c(4, 3, 5, 4, 4, 3, 4)
transform(invest, Q6)                    #将 Q6 添加到 invest 数据框的最后一列之后
```

当然，transform()函数还可以修改数据框中某列的值，也可以通过将某列的值赋值为空(NULL)来直接将某一列删除(这个功能与 within()函数相同)。

5.6.2　数据框添加行

有时候需要对一个数据集添加一行，如一个学校某班的班主任需要补充某个同学的成绩——添加行，常使用的函数是 rbind()函数。

实例 5-33　在示例中添加学生 8 的问卷结果(8,evening,this Pr,23,M,4,5,4,4,4)。

```
a <-data.frame(8,'evening', 'this Pr', 23, 'M', 4, 5, 4, 4, 4)
investT <-rbind(invest, a)
```

有时候，需要在数据框的指定行下插入一行，就需要在 rbind()函数中指定添加行的位置，格式如下：

```
rbind(dataframe[1:k, ], x, dataframe[k+1: nrow(dataframe), ])
```

其中，dataframe 为被添加列的数据框，x 为添加行，k 为 x 添加的前一行的行数。

实例 5-34　在示例的第 3 行前添加行元素(3,"morning","this Pr",21,"F",3,4,4,3,3)。

```
x <-data.frame(3,"morning", "this Pr", 21, "F", 3, 4, 4, 3, 3)
invest1 <-rbind(invest[1:2,], x, invest[3:nrow(invest),])
```

除了上述的操作,有时还会对数据框进行删除列(或行)的操作,在 5.7 节中会详述。

5.7 数据集取子集

在前面的内容中,已经介绍了一些基本的数据的读取方法,在此主要介绍一些在一个数据集中取子集数据的方法,以方便后续的数据分析。常见的数据集取子集包括选入、剔除和随机抽样 3 种操作。

5.7.1 选入(保留)变量

1. 使用行标(或列标)直接选取子集

选入变量的常见方法有数据索引和 subset()函数,subset()函数将在 5.7.3 节中专门介绍,此处重点介绍数据索引方法。

在 R 语言中,如果需要选取数据集 dateframe 的部分列(或行)的数据构成一个子集,只需执行下列命令:

```
dateframe[rowin, columin]
```

其中,rowin 表示需要选取的行标(从列名开始计数),columin 表示需要选取的列标(从行名开始计数)。如果只选取行(或列),只需将对应的地方取空值即可,如 dateframe[rowin,]表示只选取行标 rowin 的数据构成子集,dateframe[,columin]表示只选取列标 columin 的数据构成子集。

实例 5-35 在示例汇总数据集中选取第 6~10 列数据构成子集 invest_c。

```
invest_c <-invest[, c(6:10)]
```

还可以用 head(dateframe(rowin, columin))来实现,这里的 rowin 和 columin 描述同上。

```
head(dateframe(,c[k:n]))              #选取数据集 dateframe 的第 k~n 列数据
head(dateframe(c[k:n],))              #选取数据集 dateframe 的第 k~n 行数据
```

其中,head 的作用是在计算行数(或列数)时将行名(或列名)对应的行(或列)排除在计数范围外。

实例 5-36 在示例汇总数据集中选取第 4 至 7 行的数据构成子集 invest_r。

```
head(invest(c[4:7],))
```

2. 使用行名(或列名)直接选取子集

除此之外,还可以用列名(或行名)来实现选取子集的操作,如实例 5-35 中还可以执行下述命令:

```
invest _c <-invest[c("Q1", "Q2", "Q3", "Q4", "Q5")]
```

在矩阵中还可以直接选取其一行(或一列)的数据,在数据框中,可以使用列名直接选取一列的数据,这些在前面的章节里已经做了介绍,在此就不再赘述。

3. 使用逻辑比较法选取子集

逻辑比较法的核心思想是借助 which()函数来选取满足分析要求的子集,当然这一切是在原数据集中进行的,所以这种方法比较适合在矩阵和数据框等数据集中使用,这与 subset()函数类似。由于实际应用中数据框比较常见,以数据框为例来解释该方法。逻辑比较的书写格式为

```
newset <-dateframe[which(dateframe$colname...), ]
```

其中,which()函数的括号内为 dateframe 的某列(列名形式给出)满足某些要求,which()函数将满足条件的下标返回。而前面的 dateframe 将选取满足条件的行构成一个 dateframe 的子集。

实例 5-37 在示例中选取年龄大于 20 的男生的问卷信息。

```
invest_new <-invest[which(invest$gender=="M"  &  invest$age>20), ]
```

如果想要选取列的数据,只需将 which()函数放在“,”后即可。

5.7.2 剔除(丢弃)变量

与选取相反,如果想将数据集中不满足的信息剔除,只需在上述方法中选取条件前加一个“-”即可。例如:

dateframe[-rowin,]表示在数据集 dateframe 中剔除 rowin 行(从列名开始计数),而 dateframe[,-columin]表示在数据集 dateframe 中剔除 columin 列(从行名开始计数)。

head(dateframe(,-c[k:n]))——剔除数据集 dateframe 的第 k~n 列数据。

head(dateframe(-c[k:n],))——选取数据集 dateframe 的第 k~n 行数据。

在逻辑比较法中,只需将 which()函数的条件进行否定即可。

还可以直接将数据框的对应列赋值为空(NULL)

实例 5-38 在示例中剔除 Q5 列的数据。

```
invest_b <-invest[, -11]
```

或

```
invest_c <-head(invest(, -10))
```

或

```
invest_d <-invest[-invest$Q5]
```

或

```
invest <-NULL
```

5.7.3　subset()函数

在 R 语言中，还可以借助 subset()函数来选取子集，subset()函数主要用来选取满足特定添加的数据（或相关的列），书写格式为

```
subset(x, subset, select1, select2, ....)
```

其中，x 是指数据集，可以是矩阵或数据框；subset 是一个逻辑值，用于指定选取的是数据集中的元素还是数据集的列；select1，select2，… 用来指定需要选取的列。

实例 5-39　在示例中选择 Q5 评分大于平均值的问卷，再选择 Q5 评分低于平均值并将性别列删除之后的问卷。

Q5 评分大于平均值的问卷：

```
newdate <-subset(invest, Q5>mean(invest$Q5))
```

Q5 评分低于平均值并将性别列删除之后的问卷：

```
newdate <-subset(invest, Q5>mean(invest$Q5), select=-gender)
```

5.7.4　随机抽样

还可以使用随机抽样的方法在数据集中随机选取元素构成子集，这样选取的子集的数据是从原样本数据集中通过随机抽样的方式来选取的样本子集，一般具有较强的代表性。

在 R 语言中，可以使用 sample()函数来实现，执行格式为

```
sample(x, size, replace=FALSE, prob=NULL)
```

其中，x 表示数据集；size 为一个自然数，用以指定随机抽样的样本子集的大小；replace 为一个逻辑值，指定随机抽样是否可以重复，replace＝TRUE 表示可以重复抽样，而 replace＝FALSE 表示不可以重复抽样；prob 为一个概率向量，向量的元素之和为 1，用于指定数据集中各元素被抽取的权重，默认值为 NULL，表示均匀抽样。

实例 5-40　在示例中，随机选取 3 份问卷。

```
set.seed(999)
nrow(invest)
invest_sub <-invest[sample(1:7, size=3), ]
```

运行结果如图 5-23 所示。

```
  student    time      area age gender Q1 Q2 Q3 Q4 Q5
3       3    noon  this Pr    9      M  4  3  5  4  5
4       4    noon other Pr   20      M  5  4  5 NA  5
1       1 morning  this Pr   18      M  3  4  3  3  3
```

图 5-23　随机选取 3 份问卷

5.8　使用 SQL 语句操作数据框

在 R 语言中，可以在加载 sqldf 包之后，直接使用 SQL 语句来操作数据框，完成许多对数据框的直接操作，这就在 R 语言与数据库之间架起了一座桥梁，使得 SQL 语句在 R 语言

中处理数据也能够得心应手。

具体过程为先加载 sqldf 包,然后执行 sqldf()函数,在函数内直接输入 SQL 语句即可。下面用一个实例来详细介绍。

实例 5-41 在示例中,选取年龄小于 20 岁的男生学号。

```
install.ackages(sqldf)
library(sqldf)
answer <-sqldf("select number, age from invest where gender=='F' and age<20")
```

5.9 小结

本章介绍了基本的数据管理方法,主要介绍了实际问题中较为常用的基本数据管理函数及其适用环境,并给出了实例演示,鉴于实际的数据中以矩阵和数据框形式多见,实例中使用数据框较多。

第 6 章介绍高级数据管理方法和常用函数。

习题

1. 列举缺失值的判断函数。

2. 列举缺失值的几种处理方法。

3. 下面是贵阳市某中学高一(1)和(2)班部分学生期末考试成绩表,根据表格信息完成以下各题。

表 5-5 高一(1)班部分成绩

姓名	学号	数学	语文	英语
李*晟	20190101	127	119	142
王*	20190102	132	105	133
张*海	20190103	123	108	128
田*斌	20190104	142	124	137
陈*	20190105	109	112	131

表 5-6 高一(2)班部分成绩

姓名	学号	数学	语文	英语
纪*	20190201	122	129	131
石*琦	20190202	134	123	139
林*	20190203	108	129	98
李*昭	20190204	133	126	141
顾*旭	20190205	98	131	143

（1）将表 5-5 和表 5-6 的表头重命名为 Name，ID，Math，Chinese，English。

（2）将物理成绩添加在表 5-5 和表 5-6 的最后一列，表头命名为 Physics，成绩如下：

```
C1<-c(89,91,78,86,82), C2<-c(79,77,169,91,88)
```

（3）已知物理科目的总分为 100 分，请将表 5-5 和表 5-6 中出错的成绩标记为 NA，并使用本科成绩的均值进行填充。

（4）创建一个新变量 sum 存储上述 4 科成绩的总分，再创建一个新变量 means 存储 4 科成绩的平均分。

（5）按平均成绩对成绩表进行排序，给出表 5-5 和表 5-6 中各科成绩的中位数、均值和方差。

（6）对物理成绩按如下表述进行重编码。

＞＝90	优
80～89	良
70～79	好
60～69	及格
＜60	不及格

（7）将两个班级的成绩合并成一个数据框。

（8）在表 5-5 和表 5-6 最后添加一行统计各科的平均成绩。

（9）按总分给出排名，并统计在最后一列。

4. 将字符型日期 dates＜-c("2019-05-01","2019-06-29")转换成对应的日期值，并计算两个日期值相差多少天。

第6章

思政案例

高级数据管理

本章介绍常用的数值和字符处理函数。另外，还会介绍循环语句和条件语句，最后介绍如何整合数据。

6.1　数值和字符处理函数

本节介绍数学函数、统计函数、概率函数和字符处理函数，使读者能够处理大部分常见的数据。

6.1.1　数学函数

在现实世界中，每天都会产生大量数据，从早上的闹钟响应时间，到中午去吃饭的餐馆人流量，再到晚上的电灯耗电量，数据是无处不在的。如果想要从数据中得到有价值的信息，就需要对数据进行处理，接下来介绍一些常用的数学函数。

1. 绝对值函数

绝对值函数，即一个数到零点的距离。举例如下。

```
>abs(-4)
[1]4
```

2. 平方根函数

平方根函数，即若一个数代表了一个正方形的面积，那么其平方根就代表了该正方形的边长。举例如下。

```
>sqrt(4)
[1] 2
```

3. 取整函数

取整函数，即若要取得一个大于或等于该数据的整数，可以使用 ceiling()函数；若要取得一个小于或等于该数据的整数，可以使用 floor()函数；若要取得向零点方向的整数部分，可以使用 trunc()函数。举例如下。

```
>ceiling(4.2)
[1] 5
```

```
>floor(4.2)
[1] 4
>floor(-4.2)
[1] -5
>trunc(4.2)
[1] 4
>trunc(-4.2)
[1] -4
```

若需要保留该数值到几位小数，可以使用 round()函数；若指定保留几位数字，可以使用 signif()函数，这两种方法均是把保留到的最后一位四舍五入。

```
>round(4.23554, digits=3)
[1] 4.236
>signif(4.23554, digits=3)
[1] 4.24
```

4. 三角函数

三角函数，正弦函数是 sin()函数，余弦函数是 cos()函数，正切函数是 tan()函数。举例如下。

```
>cos(pi/6)
[1] 0.8660254
>sin(pi/6)
[1] 0.5
>tan(pi/6)
[1] 0.5773503
```

若要求角度的话，就需要使用反三角函数，反正弦函数是 asin()函数，反余弦函数是 acos()函数，反正切函数是 atan()函数。举例如下。

```
>acos(-1)
[1] 3.141593
>asin(-1)
[1] -1.570796
>atan(-1)
[1] -0.7853982
```

5. 对数函数和指数函数

对数函数和指数函数，取以 n 为底的对数可以使用 log()函数，括号里面用 base=n；若取 ln()函数，则直接使用 log()函数；若取 lg()函数，则使用 log10()函数；而指数函数可以使用 exp()函数。举例如下。

```
>log(4, base=2)
[1] 2
>log(4)
```

```
[1] 1.386294
>log10(4)
[1] 0.60206
>exp(2)
[1]7.389056
```

6.1.2 统计函数

以R语言自带的women数据集为例,第一个涉及的函数就是平均值函数,即把所有的数值求和后再除以数据的个数;另外一个函数是中位数函数,即把所有数据按照大小排列后,取得位置最中间的那个数据;还有一种函数叫作绝对中位差,即先找出原数据集的中位数,然后让原数据集的每个数据减去中位数形成一个新数据集,找出的新数据集的中位数就是绝对中位差,而R语言里面的mad()函数是估计的标准差。

```
>attach(women)
>mean(weight)
[1] 136.7333
>median(weight)
[1]135
>mad(weight)
[1] 17.7912
```

另外一个很常用的统计函数是方差函数,即数据离总体数据平均值的距离的平方;以及标准差函数,即对方差函数开方。

```
>var(weight)
[1] 240.2095
>sd(weight)
[1] 15.49869
```

另外一个函数是分位数,即将一个随机变量的概率分布范围分为几个等份的数值点,可以用quantile()函数表示,括号里面包括两项:前面一项表示数据,后面一项表示概率值组成的数值向量。

```
>quantile(weight, 0.25)
  25%
124.5
```

对于求数据集范围的函数有range()函数;求数据最大值的函数有max()函数;求数据最小值的函数有min()函数。

```
>range(weight)
[1] 115 164
>min(weight)
[1] 115
>max(weight)
[1] 164
```

求和数据集的函数有 sum()函数：

```
>sum(weight)
[1] 2051
```

另外还有一个滞后差分的函数，为 diff(x,lag)函数。其中 x 为数据集，lag 为取几项差分项，默认为 1。滞后项一般是指该变量的前一期的值，而差分则是当期值与前一期的值之差。

```
>diff(weight)
[1] 2 3 3 3 3 3 3 4 3 4 4 4 5 5
```

最后一个要介绍的函数是标准化函数，即 scale(x,center＝T,scale＝T)函数，x 是数据集，center 是中心化，scale 是标准化。做标准化的目的是消除变量间的量纲关系，从而使数据具有可比性；而数据中心化指的是原数据减去改组数据的平均值，让原数据的坐标平移至中心点。

```
>scale(weight, center=T, scale=T)
            [,1]
 [1,] -1.4022687
 [2,] -1.2732255
 [3,] -1.0796608
 [4,] -0.8860962
 [5,] -0.6925315
 [6,] -0.4989668
 [7,] -0.3054021
 [8,] -0.1118374
 [9,]  0.1462489
[10,]  0.3398136
[11,]  0.5978998
[12,]  0.8559861
[13,]  1.1140723
[14,]  1.4366802
[15,]  1.7592880
attr(,"scaled:center")
[1] 136.7333
attr(,"scaled:scale")
[1] 15.49869
```

6.1.3　概率函数

对于连续性随机变量而言，其概率可以由概率密度函数表示，设 $F(x)$是随机变量 X 的分布函数，如果存在非负可积函数 $f(x)$，使得：

$$F(x)=\int_{-\infty}^{x} f(t)\mathrm{d}t$$

则称 X 是连续性随机变量，$f(x)$是 X 的概率密度函数，简称概率密度[1]。

在R语言中，有

d=密度函数(density)；

p=分布函数(distribution function)；

q=分位数函数(quantile function)；

r=生成随机数(随机偏差)。

常用的概率密度函数如表6-1所示。

表6-1 常用的概率密度函数

分布名称	缩写	分布名称	缩写
Beta分布	beta	逻辑分布	logis
二项分布	binom	多项分布	multinom
柯西分布	cauchy	负二项分布	nbinom
(非中心)卡方分布	chisq	正态分布	norm
指数分布	exp	泊松分布	pois
F分布	f	Wilcoxon符号秩分布	signrank
Gamma分布	gamma	t分布	t
几何分布	geom	均匀分布	unif
超几何分布	hyper	Weibull分布	weibull
对数正态分布	lnorm	Wilcoxon秩和分布	wilcox

以正态分布为例，密度函数为dnorm()，分布函数为pnorm()，分位数函数为qnorm()，随机数生成函数为rnorm()。其中正态分布的密度函数图如图6-1所示。

```
>x <-pretty(c(-10, 10), 100)
>y <-dnorm(x)
>plot(x, y, type='l',
+xlab='正态偏差', ylab='概率密度')
```

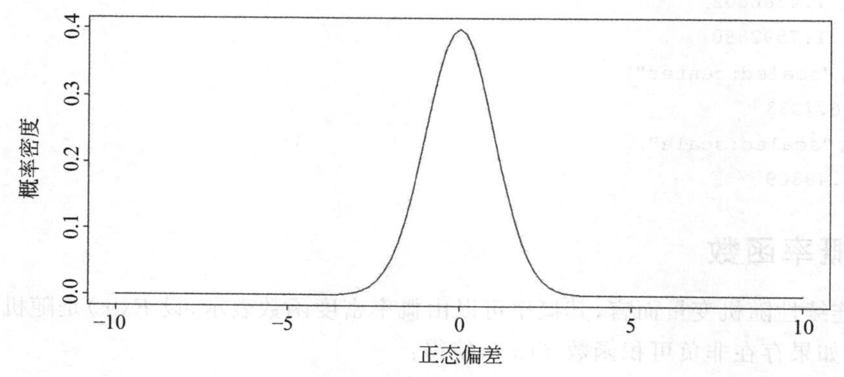

图6-1 正态分布的密度函数图

其中，pretty()函数是用来创建美观的分割点，通过选取 n+1 个等间距的取整值，将一个连续型变量 x 分割为 n 个区间。

6.1.4 字符处理函数

先任意输入一堆字符作为处理对象，方便介绍接下来的各类函数。首先介绍字符串的统计函数 nchar()。

```
>x <-c("jshj", "djij", "hu")
>nchar(x)
[1]4 4 2
```

如果要提取所有字符串中第几位到第几位的字符，可以使用 substr()函数。对于不满足条件的字符串，则会显示为空。

```
>substr(x, 3, 5)
[1]"hj" "ij" ""
```

如果要提取出包含某一个字符的字符串，则需要用到 grep()函数。

```
>grep("j", x, value=T)
[1]"jshj" "djij"
>grep("j", x, value=F)
[1] 1 2
```

grep()函数的第三项如果设置的值为真，则返回满足条件的字符串；而如果设置为假，则返回满足条件的字符串的位置。对于第一项，可以使用正则表达式来优化处理，感兴趣的读者可以自行了解，这里不再赘述。正则表达式的符号与定义如表 6-2 所示。

表 6-2 正则表达式

符 号	定 义
^	匹配字符串的开始
$	匹配字符串的结尾
.	匹配除换行符以外的任意字符
*	匹配 0 或多个正好在它之前字符
?	匹配 0 或 1 个正好在它之前的那个字符
+	匹配 1 或多个正好在它之前的那个字符
|	逻辑的或
[]	匹配多个字符
[-]	匹配一个范围
.*	匹配任意字符

当需要替换字符串时，使用 sub()函数。

```
>sub("i", "k", x)
```

```
[1]"jshj" "djkj" "hu"
```

当需要划分字符串时,使用 strsplit()函数。

```
>strsplit(x, "i")
[[1]]
[1] "jshj"

[[2]]
[1] "dj" "j"

[[3]]
[1]"hu"
```

当需要连接字符串时,使用 paste()函数。如 paste()函数中包含向量 A 和其他向量,它会按照向量 A 中的每个元素对应着其他向量中的每个元素,一一匹配并相互连接。

```
>paste(x, sep="*", x)
[1]"jshj*jshj" "djij*djij" "hu*hu"
```

最后介绍转换大小写的函数,toupper()函数是把字符串全部转换为大写,而 tolower()函数是把字符串全部转换为小写。

```
>toupper(x)
[1] "JSHJ" "DJIJ" "HU"
>tolower("JNXSJNJ")
[1]"jnxsjnj"
```

6.1.5 其他实用函数

如果要计算一个列向量里面有几个元素,可以使用 length()函数。

```
>x <-c("jshj", "djij", "hu")
>length(x)
[1]3
```

在数据处理中,会经常遇到步长的设置问题,尤其是要进行循环的处理,或者是要进行画图的设置时,可以使用 seq()函数,第一项是起始值,第二项是终点值,第三项是步长,如果除数没有除尽,数据只会把后面没有除尽的数据删除。

```
>seq(1, 100, 6)
[1] 1  7 13 19 25 31 37 43 49 55 61 67 73 79 85 91 97
```

如果要复制、粘贴一个数据,可以使用 rep()函数。

```
>rep("A", 8)
[1]"A" "A" "A" "A" "A" "A" "A" "A"
```

要划分区间时,可以考虑 cut()函数。为了结果复现,使用随机种子数,先随机取 1000 个数值,通过 cut()函数处理为 20 个区间,再通过 table()函数看出每一个区间有多少个数据。

```
>set.seed(190707)
>num <-stats::rnorm(1000)
>table(cut(num, breaks=-10:10))

(-10,-9] (-9,-8] (-8,-7] (-7,-6] (-6,-5] (-5,-4] (-4,-3] (-3,-2]
(-2,-1] (-1,0] (0,1] (1,2] (2,3]
  0       0       0       0       0       0       1      19
 131     353     325     152     18
 (3,4]   (4,5]   (5,6]   (6,7]   (7,8]   (8,9]   (9,10]
   1       0       0       0       0       0       0
```

Pretty()函数是用来创建美观的分割点。通过选取 n+1 个等间距的取整值，将一个连续型变量 x 分割为 n 个区间。这个函数在 6.1.3 节画正态图的时候使用过了，这里不再举例。

最后介绍 cat()函数，这也是一个连接字符串的函数。与 paste()函数不同，cat()函数无须把数据按照元素一一对应着来连接，只是把数据单纯地接在后面即可。

```
>cat(x, sep="*", x)
jshj*djij*hu*jshj*djij*hu
```

6.1.6 将函数应用于矩阵和数据框

当数据形成为表格的形式时，即满足矩阵或者是数据框的形式时，会经常涉及相关的处理。为了使得结果复现，采用取随机种子数的办法。通过使用 runif()函数，获得一定的随机数。

```
>set.seed(190708)
>matrix <-matrix(runif(15), nrow=3)
>matrix
          [,1]      [,2]      [,3]      [,4]      [,5]
[1,] 0.6747694 0.1845796 0.2399200 0.1910700 0.8703706
[2,] 0.8292687 0.6406935 0.5175990 0.2396186 0.2953762
[3,] 0.4707356 0.4056607 0.7219512 0.8836472 0.3363630
```

如果要让矩阵中的所有元素均被四舍五入，可以考虑 round()函数。

```
>round(matrix)
     [,1] [,2] [,3] [,4] [,5]
[1,]    1    0    0    0    1
[2,]    1    1    1    0    0
[3,]    0    0    1    1    0
```

如果要让矩阵中的所有元素均被 ln()函数处理，可以考虑 log()函数。

```
>log(matrix)
          [,1]        [,2]        [,3]        [,4]        [,5]
```

```
[1,] -0.3933843 -1.6896745 -1.4274497 -1.6551154 -0.1388362
[2,] -0.1872111 -0.4452041 -0.6585544 -1.4287068 -1.2195055
[3,] -0.7534588 -0.9022382 -0.3257977 -0.1236974 -1.0895643
```

如果要得出矩阵中的所有元素的均值,可以考虑 mean()函数。

```
>mean(matrix)
[1]0.5001082
```

当只需要处理每一行的均值时,可以采用 apply()函数,把第二项设置为 1,就是处理每一行的均值;把第二项设置为 2,就是处理每一列的均值。

```
>apply(matrix, 1, mean)
[1] 0.4321419 0.5045112 0.5636715
>apply(matrix, 2, mean)
[1]0.6582579 0.4103113 0.4931568 0.4381119 0.5007033
```

同样地,对于数据框也是如此,以 mtcars 的数据集为例,算出每一列的均值,依旧是使用 apply()函数,把第二项设置为 2 即可。

```
>apply(mtcars, 2, mean)
    mpg        cyl       disp         hp       drat         wt       qsec
     vs         am       gear       carb
20.090625  6.187500  230.721875  146.687500  3.596563  3.217250  17.848750
 0.437500  0.406250    3.687500    2.812500
```

6.2 控制流

本节介绍循环语句操作和条件语句操作,通过本节的讲解,读者应该能够利用循环和条件语句解决问题。

6.2.1 重复和循环

对于循环语句而言,有 while 循环和 for 循环。while 循环的特点是指定一个边界条件,除非不满足边界条件,否则循环会一直进行;而 for 循环则是在设定的条件中循环,该条件是一个范围。

while 循环的语法规则如下:

```
while (test_expression) {
    statement
}
```

以经典的 1 至 100 的求和为例,来理解 while 循环。

```
>x <-1
>sum <-1
>while(x<100){
+    x=x+1
```

```
+   sum=sum+x
+}
>sum
[1]5050
```

而 for 循环的规则为

```
for(var in seq) {
  expression
}
```

同样地,还是以经典的 1 至 100 的求和为例,来理解 for 循环。

```
sum <-0
for(x in 1:100){
  sum <-sum+x
}
```

6.2.2 条件执行

对于需要执行判断的语句,就需要使用到 if 语句。其格式如下:

```
if(test_expression 1) {
   statement
} else if(test_expression 2) {
   statement
} else if(test_expression 3) {
   statement
} else {
   statement
}
```

需要注意的是,对于最后一个 else 而言,必须紧挨着右括号,否则程序会报错。以一个例子予以说明,通过设定随机种子数,使结果能够复现;利用 runif()函数获得一组随机数,通过利用 if 语句使数据实现分类。

```
set.seed(190712)
num <-runif(30)
```

为了使分类出的数据能够有存储的位置,可以利用 rep()函数,通过设定 NA 值,建立存储数据的空间。之所以采用 NA 值,而不采用具体数值,是为了避免处理的数据与空间的数值产生混淆。利用 length()函数可以使数据长度与 num 的数据长度一致,避免报错。

```
>small <-rep('NA', length(num))
>middle <-rep('NA', length(num))
>large <-rep('NA', length(num))
>small
[1] "NA" "NA" "NA" "NA" "NA" "NA" "NA" "NA" "NA" "NA" "NA" "NA" "NA" "NA" "NA""NA"
"NA" "NA" "NA" "NA" "NA" "NA" "NA"
```

```
[24] "NA" "NA" "NA" "NA" "NA" "NA" "NA"
```

利用6.2.2节才说明的for语句，便可以实现数据的分类。

```
>for(i in 1:length(num)){
+   if(num[i]<=0.3){
+     small[i]<-num[i]
+   }
+   else if(num[i]<=0.6&num[i]>0.3){
+     middle[i]<-num[i]
+   }else{
+     large[i]<-num[i]
+   }
+}
>small
[1] "0.0790166174992919"  "NA"  "NA"  "0.214092011097819"  "NA"
[6] "0.146596165839583"  "0.118895563529804"  "0.110301222885028"  "NA"
    "0.148205913137645"
[11] "NA"  "NA"  "NA"  "NA"  "0.122266941936687"
[16] "0.147584639722481" "0.280723870964721"  "0.00834864121861756"  "NA"
     "0.116699160309508"
[21] "0.253538861637935"  "NA"  "NA"  "NA"  "NA"
[26] "NA"  "0.154812495457008"  "0.255484039196745"  "NA"  "NA"
>middle
[1] "NA"  "0.324374987045303"  "0.42175356624648"  "NA"  "NA"
[6] "NA"  "NA"  "NA"  "NA"  "NA"
[11] "0.367826812667772"  "0.445977668045089"  "NA"  "0.319872500142083"  "NA"
[16] "NA"  "NA"  "NA"  "NA"  "NA"
[21] "NA"  "0.484526045620441"  "NA"  "0.546013804385439"  "NA"
[26] "0.505660549970344"  "NA"  "NA"  "NA"  "NA"
>large
[1] "NA"  "NA"  "NA"  "NA"  "0.746990154730156"
[6] "NA"  "NA"  "NA"  "0.657577657839283"  "NA"
[11] "NA"  "NA"  "0.891100717009977"  "NA"  "NA"
[16] "NA"  "NA"  "NA"  "0.985034413170069"  "NA"
[21] "NA"  "NA"  "0.716933564981446"  "NA"  "0.937926286133006"
[26] "NA"  "NA"  "NA"  "0.881612709490582"  "0.68265372607857"
```

另外要介绍的一个函数是switch()函数，它的作用是查看。以上面运行的结果为例，为了使small，middle和large整合在一起，方便于查看并使用switch()函数，其switch()函数的格式如下。

```
switch(vector, expression1, expression2, ...)
```

switch()函数的第一项指的是选定查看第几项，后面的几项就是所指定的表达式，即可以被查看的内容。若把small，middle和large按顺序排列，要查看small的内容，则使用switch()函数的第一项，并赋值为1；要查看middle的内容，则使用switch()函数的第一项，并赋值为 2；要查看 large 的内容，则使用 switch()函数的第一项，并赋值为 3。

```
>switch(1, small, middle, large)
[1] "0.0790166174992919" "NA" "NA" "0.214092011097819" "NA"
[6] "0.146596165839583" "0.118895563529804" "0.110301222885028" "NA"
    "0.148205913137645"
[11] "NA" "NA" "NA" "NA" "0.122266941936687"
[16] "0.147584639722481" "0.280723870964721" "0.00834864121861756" "NA"
     "0.116699160309508"
[21] "0.253538861637935" "NA" "NA" "NA" "NA"
[26] "NA" "0.154812495457008" "0.255484039196745" "NA" "NA"
>switch(2, small, middle, large)
[1] "NA" "0.324374987045303" "0.42175356624648" "NA" "NA"
[6] "NA" "NA" "NA" "NA" "NA"
[11] "0.367826812667772" "0.445977668045089" "NA" "0.319872500142083" "NA"
[16] "NA" "NA" "NA" "NA" "NA"
[21] "NA" "0.484526045620441" "NA" "0.546013804385439" "NA"
[26] "0.505660549970344" "NA" "NA" "NA" "NA"
>switch(3, small, middle, large)
[1] "NA" "NA" "NA" "NA" "0.746990154730156"
[6] "NA" "NA" "NA" "0.657577657839283" "NA"
[11] "NA" "NA" "0.891100717009977" "NA" "NA"
[16] "NA" "NA" "NA" "0.985034413170069" "NA"
[21] "NA" "NA" "0.716933564981446" "NA" "0.937926286133006"
[26] "NA" "NA" "NA" "0.881612709490582" "0.68265372607857"
```

6.3 用户自编函数

大部分时候需要自己编写相应的函数，以便于具体问题具体分析，因此在本节介绍如何自己编写自定义的函数。用户自编函数的格式如下：

```
myfunction <-function(argument1, argument2, ...){
Statement
Return{object}
}
```

以例子来说明，为了方便对比，仍采用 1 至 100 的求和为例。

```
add <-function(input){
  total <-0
  for(x in 1:input)
  {
    total <-total+x
  }
  return(total)
}
```

```
>add(100)
[1]5050
```

这个自编函数的规则便是当输入自变量后，进入函数内部运行，通过使用 return()函数，输出变量。使用的时候只需要变量名称，括号里面输入自变量的数值即可。函数中的对象是任意的，返回对象的数据类型是任意的，从列表到向量皆可。使用用户自编函数有一个好处，因为函数是被封装好的，所以对于用户而言，只需要把数值输进去，马上就能够出来结果，而不需要调整编程代码。

```
>add(20)
[1] 210
```

但就总体而言，用户自编函数也可以用循环和条件语句实现，两者是等价的。至于要采取何种形式，则由读者自行决定。

6.4 整合与重构

本节介绍矩阵和数据框的相关操作。

6.4.1 转置

对于转置命令，用 t()函数即可。转置的意思是把矩阵或者是数据框的行与列进行交换，如把第二行第一列的数据，通过转置命令，就可以变换到第一行第二列的位置。需要注意一点，转置命令是把整个矩阵和数据框的数据进行全部转置，不可以只进行某一行或者是某一列的转置。如果需要这么做，可以把需要的行或者是列提取出来，再进行转置操作。

以一个例子来说明转置，通过 R 语言自带的数据库 data()可以查看内置的数据库，在这里使用的是 rock 数据库，这是关于岩石样本的数据，里面包含了 4 个变量，分别为岩石样品的渗透率（perm）、每个横截面具有总的孔隙面积（area）、总的孔隙周长（peri）和形状（shape）。

```
>head(rock)
  area    peri     shape  perm
1 4990 2791.90 0.0903296   6.3
2 7002 3892.60 0.1486220   6.3
3 7558 3930.66 0.1833120   6.3
4 7352 3869.32 0.1170630   6.3
5 7943 3948.54 0.1224170  17.1
6 7979 4010.15 0.1670450  17.1
```

如果转置的话，就有：

```
>t(rock)
                 [,1]         [,2]         [,3]         [,4]         [,5]
                 [,6]         [,7]         [,8]         [,9]        [,10]
area  4.99000e+03  7002.000000  7558.000000  7352.000000  7943.000000
      7979.000000  9333.000000  8209.000000  8393.000000  6425.000000
```

```
peri  2.79190e+03 3892.600000 3930.660000 3869.320000 3948.540000
      4010.150000 4345.750000 4344.750000 3682.040000 3098.650000
shape 9.03296e-02 0.148622    0.183312    0.117063    0.122417
      0.167045    0.189651    0.164127    0.203654    0.162394
perm  6.30000e+00  6.300000   6.300000    6.300000    17.100000
      17.100000   17.100000   17.100000   119.000000  119.000000
           [,11]       [,12]       [,13]       [,14]       [,15]
           [,16]       [,17]       [,18]       [,19]       [,20]
area  9364.000000 8624.000000 1.06510e+04 8868.000000 9417.000000
      8874.000000 1.09620e+04 1.07430e+04 1.18780e+04 9867.00000
peri  4480.050000 3986.240000 4.03654e+03 3518.040000 3999.370000
      3629.070000 4.60866e+03 4.78762e+03 4.86422e+03 4479.41000
shape 0.150944    0.148141    2.28595e-01 0.231623    0.172567
      0.153481    2.04314e-01 2.62727e-01 2.00071e-01 0.14481
perm  119.000000  119.000000  8.24000e+01 82.400000   82.400000
      82.400000   5.86000e+01 5.86000e+01 5.86000e+01 58.60000
          [,21]       [,22]       [,23]       [,24]       [,25]
          [,26]       [,27]       [,28]       [,29]       [,30]
area  7838.000000 1.18760e+04 1.22120e+04 8233.000000 6360.000000
      4193.000000 7416.000000 5246.000000 6509.000000 4895.000000
peri  3428.740000 4.35314e+03 4.69765e+03 3518.440000 1977.390000
      1379.350000 1916.240000 1585.420000 1851.210000 1239.660000
shape 0.113852    2.91029e-01 2.40077e-01 0.161865    0.280887
      0.179455    0.191802    0.133083    0.225214    0.341273
perm  142.000000  1.42000e+02 1.42000e+02 142.000000  740.000000
      740.000000  740.000000  740.000000  890.000000  890.000000
          [,31]       [,32]       [,33]       [,34]       [,35]
          [,36]       [,37]       [,38]       [,39]       [,40]
area  6775.000000 7894.000000 5980.000000 5318.000000 7392.000000
      7894.000000 3469.000000 1468.000000 3524.000000 5267.000000
peri  1728.140000 1461.060000 1426.760000 990.388000  1350.760000
      1461.060000 1376.700000 476.322000  1189.460000 1644.960000
shape 0.311646    0.276016    0.197653    0.326635    0.154192
      0.276016    0.176969    0.438712    0.163586    0.253832
perm  890.000000  890.000000  950.000000  950.000000  950.000000
      950.000000  100.000000  100.000000  100.000000  100.000000
          [,41]       [,42]       [,44]       [,44]       [,45]
          [,46]       [,47]       [,48]
area  5048.000000 1016.000000 5605.000000 8793.000000 3475.000000
      1651.000000 5514.000000 9718.000000
peri  941.543000  308.642000  1145.690000 2280.490000 1174.110000
      597.808000  1455.880000 1485.580000
shape 0.328641    0.230081    0.464125    0.420477    0.200744
      0.262651    0.182453    0.200447
perm  1300.000000 1300.000000 1300.000000 1300.000000 580.000000
      580.000000  580.000000  580.000000
```

6.4.2　整合数据

根据rock数据库,若想求解渗透率为6.3时,其余各项指标的平均值大小。这时候就需要使用aggregate()函数,第一项为数据集,第二项为需要指定的变量,第三项是针对变量所采取的操作。

```
>attach(rock)
>aggregate(rock, by=list(perm), FUN=mean)
   Group.1   area      peri      shape      perm
1  6.3      6725.50   3621.120  0.1348316  6.3
2  17.1     8366.00   4162.297  0.1608100  17.1
3  58.6     10862.50  4684.977  0.2029805  58.6
4  82.4     9452.50   3795.755  0.1965665  82.4
5  100.0    3432.00   1171.861  0.2582747  100.0
6  119.0    8201.50   3811.745  0.1662832  119.0
7  142.0    10039.75  3999.492  0.2017057  142.0
8  580.0    5089.50   1178.344  0.2115738  580.0
9  740.0    5803.75   1714.600  0.1963068  740.0
10 890.0    6518.25   1570.017  0.2885372  890.0
11 950.0    6646.00   1307.242  0.2386240  950.0
12 1300.0   5115.50   1169.091  0.3608310  1300.0
```

6.4.3　reshape2包

reshape2包是由Hadley Wickham开发的用于数据重构的包,其主要功能函数为melt()和cast(),实现了长数据和宽数据之间的转换,其功能类似于Excel的数据透视表。

可以通过melt()函数实现把原数据变为长数据,第一项为数据集,第二项为指定的变量。

```
>library(reshape2)
>wdata <-melt(rock, measure.vars=c('shape', 'area'))
>wdata
   peri      perm    variable   value
1  2791.900  6.3     shape      9.03296e-02
2  3892.600  6.3     shape      1.48622e-01
3  3930.660  6.3     shape      1.83312e-01
4  3869.320  6.3     shape      1.17063e-01
5  3948.540  17.1    shape      1.22417e-01
6  4010.150  17.1    shape      1.67045e-01
7  4345.750  17.1    shape      1.89651e-01
8  4344.750  17.1    shape      1.64127e-01
9  3682.040  119.0   shape      2.03654e-01
10 3098.650  119.0   shape      1.62394e-01
11 4480.050  119.0   shape      1.50944e-01
12 3986.240  119.0   shape      1.48141e-01
```

```
13   4036.540   82.4    shape   2.28595e-01
14   3518.040   82.4    shape   2.31623e-01
15   3999.370   82.4    shape   1.72567e-01
16   3629.070   82.4    shape   1.53481e-01
17   4608.660   58.6    shape   2.04314e-01
18   4787.620   58.6    shape   2.62727e-01
19   4864.220   58.6    shape   2.00071e-01
20   4479.410   58.6    shape   1.44810e-01
21   3428.740   142.0   shape   1.13852e-01
22   4353.140   142.0   shape   2.91029e-01
23   4697.650   142.0   shape   2.40077e-01
24   3518.440   142.0   shape   1.61865e-01
25   1977.390   740.0   shape   2.80887e-01
26   1379.350   740.0   shape   1.79455e-01
27   1916.240   740.0   shape   1.91802e-01
28   1585.420   740.0   shape   1.33083e-01
29   1851.210   890.0   shape   2.25214e-01
30   1239.660   890.0   shape   3.41273e-01
31   1728.140   890.0   shape   3.11646e-01
32   1461.060   890.0   shape   2.76016e-01
33   1426.760   950.0   shape   1.97653e-01
34   990.388    950.0   shape   3.26635e-01
35   1350.760   950.0   shape   1.54192e-01
36   1461.060   950.0   shape   2.76016e-01
37   1376.700   100.0   shape   1.76969e-01
38   476.322    100.0   shape   4.38712e-01
39   1189.460   100.0   shape   1.63586e-01
40   1644.960   100.0   shape   2.53832e-01
41   941.543    1300.0  shape   3.28641e-01
42   308.642    1300.0  shape   2.30081e-01
43   1145.690   1300.0  shape   4.64125e-01
44   2280.490   1300.0  shape   4.20477e-01
45   1174.110   580.0   shape   2.00744e-01
46   597.808    580.0   shape   2.62651e-01
47   1455.880   580.0   shape   1.82453e-01
48   1485.580   580.0   shape   2.00447e-01
49   2791.900   6.3     area    4.99000e+03
50   3892.600   6.3     area    7.00200e+03
51   3930.660   6.3     area    7.55800e+03
52   3869.320   6.3     area    7.35200e+03
53   3948.540   17.1    area    7.94300e+03
54   4010.150   17.1    area    7.97900e+03
55   4345.750   17.1    area    9.33300e+03
56   4344.750   17.1    area    8.20900e+03
57   3682.040   119.0   area    8.39300e+03
```

```
58  3098.650  119.0  area  6.42500e+03
59  4480.050  119.0  area  9.36400e+03
60  3986.240  119.0  area  8.62400e+03
61  4036.540  82.4   area  1.06510e+04
62  3518.040  82.4   area  8.86800e+03
63  3999.370  82.4   area  9.41700e+03
64  3629.070  82.4   area  8.87400e+03
65  4608.660  58.6   area  1.09620e+04
66  4787.620  58.6   area  1.07430e+04
67  4864.220  58.6   area  1.18780e+04
68  4479.410  58.6   area  9.86700e+03
69  3428.740  142.0  area  7.83800e+03
70  4353.140  142.0  area  1.18760e+04
71  4697.650  142.0  area  1.22120e+04
72  3518.440  142.0  area  8.23300e+03
73  1977.390  740.0  area  6.36000e+03
74  1379.350  740.0  area  4.19300e+03
75  1916.240  740.0  area  7.41600e+03
76  1585.420  740.0  area  5.24600e+03
77  1851.210  890.0  area  6.50900e+03
78  1239.660  890.0  area  4.89500e+03
79  1728.140  890.0  area  6.77500e+03
80  1461.060  890.0  area  7.89400e+03
81  1426.760  950.0  area  5.98000e+03
82  990.388   950.0  area  5.31800e+03
83  1350.760  950.0  area  7.39200e+03
84  1461.060  950.0  area  7.89400e+03
85  1376.700  100.0  area  3.46900e+03
86  476.322   100.0  area  1.46800e+03
87  1189.460  100.0  area  3.52400e+03
88  1644.960  100.0  area  5.26700e+03
89  941.543   1300.0 area  5.04800e+03
90  308.642   1300.0 area  1.01600e+03
91  1145.690  1300.0 area  5.60500e+03
92  2280.490  1300.0 area  8.79300e+03
93  1174.110  580.0  area  3.47500e+03
94  597.808   580.0  area  1.65100e+03
95  1455.880  580.0  area  5.51400e+03
96  1485.580  580.0  area  9.71800e+03
```

如果需要还原数据，可以使用 dcast()函数，其第一项为数据集，第二项为指定的变量。

```
>ndata <-dcast(wdata, peri+perm~variable)
>ndata
  peri     perm    shape      area
1 308.642  1300.0  0.2300810  1016
```

```
2   476.322    100.0    0.4387120  1468
3   597.808    580.0    0.2626510  1651
4   941.543    1300.0   0.3286410   5048
5   990.388    950.0    0.3266350   5318
6   1145.690   1300.0   0.4641250   5605
7   1174.110   580.0    0.2007440   3475
8   1189.460   100.0    0.1635860   3524
9   1239.660   890.0    0.3412730   4895
10  1350.760   950.0    0.1541920   7392
11  1376.700   100.0    0.1769690   3469
12  1379.350   740.0    0.1794550   4193
13  1426.760   950.0    0.1976530   5980
14  1455.880   580.0    0.1824530   5514
15  1461.060   890.0    0.2760160   7894
16  1461.060   950.0    0.2760160   7894
17  1485.580   580.0    0.2004470   9718
18  1585.420   740.0    0.1330830   5246
19  1644.960   100.0    0.2538320   5267
20  1728.140   890.0    0.3116460   6775
21  1851.210   890.0    0.2252140   6509
22  1916.240   740.0    0.1918020   7416
23  1977.390   740.0    0.2808870   6360
24  2280.490   1300.0   0.4204770   8793
25  2791.900   6.3      0.0903296   4990
26  3098.650   119.0    0.1623940   6425
27  3428.740   142.0    0.1138520   7838
28  3518.040   82.4     0.2316230   8868
29  3518.440   142.0    0.1618650   8233
30  3629.070   82.4     0.1534810   8874
31  3682.040   119.0    0.2036540   8393
32  3869.320   6.3      0.1170630   7352
33  3892.600   6.3      0.1486220   7002
34  3930.660   6.3      0.1833120   7558
35  3948.540   17.1     0.1224170   7943
36  3986.240   119.0    0.1481410   8624
37  3999.370   82.4     0.1725670   9417
38  4010.150   17.1     0.1670450   7979
39  4036.540   82.4     0.2285950   10651
40  4344.750   17.1     0.1641270   8209
41  4345.750   17.1     0.1896510   9333
42  4353.140   142.0    0.2910290   11876
43  4479.410   58.6     0.1448100   9867
44  4480.050   119.0    0.1509440   9364
45  4608.660   58.6     0.2043140   10962
46  4697.650   142.0    0.2400770   12212
```

```
47  4787.620    58.6      0.2627270    10743
48  4864.220    58.6      0.2000710    11878
```

6.5 高级数据管理实例

本节使用的数据集来自 UCI 机器学习数据库，其网址为 http://archive.ics.uci.edu/ml/datasets/Real+estate+valuation+data+set。房地产估价的市场历史数据集来自中国台湾新北市新店区。其中，该数据集的各项属性如表 6-3 所示。

表 6-3 房地产估价的市场历史数据集各项属性

列 名	定 义
X1 transaction date	交易日期
X2 house age	房屋已经使用年限
X3 distance to the nearest MRT station	距离最近的捷运站
X4 number of convenience stores	步行生活圈内便利店的数量
X5 latitude	纬度
X6 longitude	经度
Y house price of unit area	单位面积房价

对数据集进行整合操作，可以了解以交易日期为自变量时，其他变量在当日的平均状况水平。在该实例中，会使用到 3 个安装包，分别为 xlsx、reshape2 和 ggplot2，利用 aggregate()函数可以实现需求。

```
>library(xlsx)
>library(ggplot2)
>library(reshape2)
>price <-read.xlsx("Real estate valuation data set.xlsx", sheetIndex=1)
>attach(price)
>test <-aggregate(price, by=list(X1.transaction.date), FUN=mean)
```

为了使数据可视化，可以利用 melt()函数，把自变量和因变量分别归类，利于后面的作图。

```
>final <-melt(test[, -c(1, 2)], id.vars="X1.transaction.date")
>final
  X1.transaction.date  variable                                value
1   2012.667           X2.house.age                           18.623333
2   2012.750           X2.house.age                           15.525926
3   2012.833           X2.house.age                           13.203226
4   2012.917           X2.house.age                           19.421053
5   2013.000           X2.house.age                           17.814286
6   2013.083           X2.house.age                           20.873913
7   2013.167           X2.house.age                           18.960000
```

```
8   2013.250             X2.house.age                               17.437500
9   2013.333             X2.house.age                               16.555172
10  2013.417             X2.house.age                               16.810345
11  2013.500             X2.house.age                               16.465957
12  2013.583             X2.house.age                               21.208696
13  2012.667             X3.distance.to.the.nearest.MRT.station    886.457681
14  2012.750             X3.distance.to.the.nearest.MRT.station    1030.894067
15  2012.833             X3.distance.to.the.nearest.MRT.station    1317.537378
16  2012.917             X3.distance.to.the.nearest.MRT.station    982.405168
17  2013.000             X3.distance.to.the.nearest.MRT.station    1682.461376
18  2013.083             X3.distance.to.the.nearest.MRT.station    632.106062
19  2013.167             X3.distance.to.the.nearest.MRT.station    982.685982
20  2013.250             X3.distance.to.the.nearest.MRT.station    671.432675
21  2013.333             X3.distance.to.the.nearest.MRT.station    978.119259
22  2013.417             X3.distance.to.the.nearest.MRT.station    1008.776071
23  2013.500             X3.distance.to.the.nearest.MRT.station    1689.490683
24  2013.583             X3.distance.to.the.nearest.MRT.station    1200.279331
25  2012.667             X4.number.of.convenience.stores            5.000000
26  2012.750             X4.number.of.convenience.stores            3.777778
27  2012.833             X4.number.of.convenience.stores            3.129032
28  2012.917             X4.number.of.convenience.stores            4.473684
29  2013.000             X4.number.of.convenience.stores            2.785714
30  2013.083             X4.number.of.convenience.stores            4.086957
31  2013.167             X4.number.of.convenience.stores            4.440000
32  2013.250             X4.number.of.convenience.stores            4.687500
33  2013.333             X4.number.of.convenience.stores            4.344828
34  2013.417             X4.number.of.convenience.stores            4.500000
35  2013.500             X4.number.of.convenience.stores            3.489362
36  2013.583             X4.number.of.convenience.stores            4.260870
37  2012.667             X5.latitude                                24.970383
38  2012.750             X5.latitude                                24.967809
39  2012.833             X5.latitude                                24.968283
40  2012.917             X5.latitude                                24.968934
41  2013.000             X5.latitude                                24.960375
42  2013.083             X5.latitude                                24.970957
43  2013.167             X5.latitude                                24.969376
44  2013.250             X5.latitude                                24.971360
45  2013.333             X5.latitude                                24.969744
46  2013.417             X5.latitude                                24.972362
47  2013.500             X5.latitude                                24.966641
48  2013.583             X5.latitude                                24.968508
49  2012.667             X6.longitude                               121.533285
50  2012.750             X6.longitude                               121.535601
51  2012.833             X6.longitude                               121.529171
52  2012.917             X6.longitude                               121.534236
```

```
53  2013.000    X6.longitude                    121.533325
54  2013.083    X6.longitude                    121.536794
55  2013.167    X6.longitude                    121.533144
56  2013.250    X6.longitude                    121.536365
57  2013.333    X6.longitude                    121.535439
58  2013.417    X6.longitude                    121.533455
59  2013.500    X6.longitude                    121.527294
60  2013.583    X6.longitude                    121.533808
61  2012.667    Y.house.price.of.unit.area      38.543333
62  2012.750    Y.house.price.of.unit.area      35.581481
63  2012.833    Y.house.price.of.unit.area      35.683871
64  2012.917    Y.house.price.of.unit.area      35.557895
65  2013.000    Y.house.price.of.unit.area      31.057143
66  2013.083    Y.house.price.of.unit.area      40.493478
67  2013.167    Y.house.price.of.unit.area      38.304000
68  2013.250    Y.house.price.of.unit.area      41.293750
69  2013.333    Y.house.price.of.unit.area      41.562069
70  2013.417    Y.house.price.of.unit.area      38.453448
71  2013.500    Y.house.price.of.unit.area      38.119149
72  2013.583    Y.house.price.of.unit.area      39.604348
```

通过利用 ggplot()函数,可以把多条折线绘制在一张图中,便于分析,如图 6-2 所示。

```
>ggplot(final, aes(x=X1.transaction.date, y=value))+
+geom_line(aes(color=variable))
```

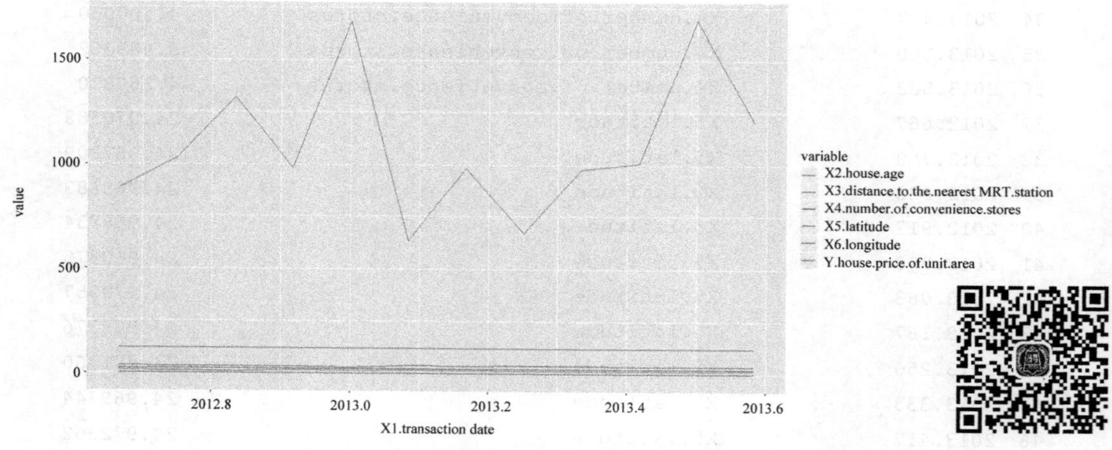

图 6-2 房地产估价的市场历史数据集回归分析图

通过分析图 6-2 可知,随着时间的推移,每平方米的售价基本没有太大变化。因此,可以得出一个结论:该区的房价受捷运站距离远近的影响因子很小,然而可能与房屋已经使用年限和周围便利店的数量相关程度较高。

6.6　小结

本章介绍了基本的数值函数和字符处理函数，读者应能够使用函数处理相应的数据类型。还介绍了条件语句和循环语句，读者应能够根据自身的需求编写用户自编函数，最后介绍了类似于 Excel 的数据透视表作用的 reshape2 安装包，读者可以根据该安装包，对数据集进行相应的转置和提取操作。

习题

1. 数据框的列表对象有什么限制条件？

2. 判断以某个名字命名的变量是否存在，可以使用什么函数？

3. 在退出函数后，函数内的赋值操作还存在吗？

4. 若要让函数内的赋值一直存在，应当怎么做？

5. 对于一些大型的数组和矩阵，出于打印方面的目的，经常需要按照紧凑的区块形式，省略数组名称和编号打印。若要完成该操作，应当采用什么函数？

6. if 语句中 && 和 & 的区别是什么？

7. 如何得到一个列向量？

8. R 语言如何进行复数计算？

9. 如何生成对角矩阵？

10. 求矩阵的特征值和特征向量的函数是什么？

11. 如何构造上(下)三角矩阵？

12. 如何求矩阵各行(列)的均值？

13. 如何计算组合数或得到所有组合？

14. 如何在 R 语言里面求(偏)导数？

15. 如何求一元方程的根？

16. 如何模拟高斯(正态)分布数据？

17. 若有一数列[1,3,5,7,9]，需要猜数字 7，请使用二分法，计算该数字在数列中的位置。

18. 若有一数列[5,3,6,2,10]，请使用选择排序法，把该数列按从小到大的方式进行排序。

19. 若有一数列[5,6,2,7,9]，请使用快速排序法，把该数列按从小到大的方式进行排序。

第 7 章 基本统计分析

思政案例

第 6 章介绍了高级数据管理的相关内容，本章介绍基本统计分析的相关知识，包括描述性分析、相关性分析和检验方法三部分。

7.1 描述性统计分析

7.1.1 统计分析概述

在对实际数据进行分析时，一般是先对数据进行初步的特征分析——描述性统计分析，以便从宏观上初步观察数据的各种主体特征，进而观测其代表的总体的特征。

描述性统计分析是对样本数据的初步分析，是对样本数据的大致集中趋势、离散程度以及大致所服从的概率分布进行分析。

- 描述集中趋势的统计量：均值（mean）、中位数（median）、众数（mode）、频数（frequency）和百分位数（quantile）；
- 描述离散程度的统计量：方差（var）、标准差（sd）、极差（range）、四分位差（qd）、平均差、变异系数（CV）、样本校正平方和（CSS）以及样本未校正平方和（USS）；
- 描述大致分布情况的统计量：偏度（skewness）和峰度（kurtosis）。

表 7-1 给出了描述性统计量及其执行函数（包）。

表 7-1 描述性统计量及其执行函数（包）

统计量	程序包或函数
均值	mean(x,trim=0,na.rm=FALSE,...)
中位数	median(x,trim=0,na.rm=FALSE,...)
百分位数	quantile(x,probs,na.rm,...)
频数	table(x,...)
众数	可以使用 which()函数自编，或使用 which.max(table(x))
描述统计	summary(x,...)或 fivenum(x,...)
方差	var(x,na.rm=FALSE)
标准差	sd(x,na.rm=FALSE)
极差	range(x,na.rm=FALSE)
偏度	加载 moments 包(或 fBasic 包)后执行 skewness()函数
峰度	加载 moments 包(或 fBasic 包)后执行 kurtosis()函数

下面给出部分统计量的详细介绍及其在 R 语言中的计算方法，首先，从描述集中趋势的统计量说起。

1. 均值

在 R 语言中，求均值一般执行 mean()函数，其书写格式为

```
mean(x, trim=0, na.rm=FALSE)
```

其中，x 是数据对象，如向量、矩阵、数组或数据框，而参数 trim 表示需要剔除的异常值比例，即若数据对象 x 中有异常值时，可以通过设置 trim 值来调整实际计算的样本数据在剔除异常值后再计算均值，trim 的取值范围为 0～0.5，表示在计算均值前需要去掉异常值的比例(剔除个数为 length(data) * trim)，剔除方式为对排序后的数据从头到尾剔除相同个数元素。参数 na.rm 用以区分是否删除数据对象中的缺失值 NA，na.rm＝TRUE 表示删除缺失值 NA，否则设置 na.rm＝FALSE。当 mean 作用于矩阵或数值型数据框时，返回为一个值，即所有数值的平均值。

有时候只想计算数据对象的行(或列)均值，此时可以执行 apply()函数，书写格式为

```
apply(x, i, mean)
```

其中，x 为数据对象，i＝1 或 2，1 表示求行的均值，2 表示求列的均值，mean 表示求均值。

也可以执行 colMeans(data)函数和 rowMeans(data)函数，如执行 rowMeans(iris[,1:3])与执行 apply(iris[,1:3],2,mean)结果相同。

如果需要计算数据的加权均值，可以执行 weighted.mean()函数，格式为

```
weighted.mean(x,wt,na.rm=FALSE)
```

其中，x 表示矩阵和数组，wt 为权重向量，与 x 同维度，与时间相关的模型比较常用，na.rm 用以处理 x 中的缺失值 NA，na.rm＝TRUE 表示删除缺失值 NA，否则设置 na.rm＝FALSE。需要指出的是，该函数不能处理数据框。

实例 7-1 某班 36 名学生数值计算分析的成绩为 88,79,66,71,95,73,41,75,70,62,91,84,81,81,64,73,75,68,30,77,92,85,83,64,75,74,79,83,80,73,75,76,91,88,70,66,68,51,55,71。请计算该班级数值计算分析课程的平均成绩。

```
x<-c(88, 79, 66, 71, 95, 73, 41, 75, 70, 62, 91, 84, 81, 81, 64, 73, 75, 68, 30, 77, 92,
85, 83, 64, 75, 74, 79, 83, 80, 73, 75, 76, 91, 88, 70, 66, 68, 51, 55, 71)
mean(x)
```

输出结果：

```
[1] 73.575
```

2. 中位数

中位数用以描述数据中心位置的数字特征，当样本数据服从对称分布时，均值与中位数较靠近，但当数据服从的是偏态分布，均值与中位数则相去较远。需要指出的是，中位数是不受异常值影响的，具有较强的稳健性。在 R 语言中，可以通过执行 median()函数来求数

据的中位数，执行格式为

```
median(x, na.rm=FALSE)
```

其中，x 表示向量型数据对象，参数 na.rm 用以处理 x 中的缺失值 NA，na.rm＝TRUE 表示删除缺失值 NA，否则设置 na.rm＝FALSE。

实例 7-2　计算实例 7-1 中的中位数。

```
median(x)
```

输出结果：

```
[1] 75
```

3. 众数

众数是指一组数据中出现次数最多（或在数据中占比最大）的数，众数不受极端值的影响，但是若数据不具有明显的集中趋势时，众数极有可能是不存在的；如果数据具有明显的两个最高峰点，则有两个众数。众数适用于对数据量较大、数据分布偏斜程度较大且有明显峰值时的数据进行集中趋势分析。在 R 语言中，没有专门用以计算众数的函数，但是可以通过自编函数来实现该功能，如将 which()函数与 table()函数结合就可以自编成计算数据的众数函数 which.max(table(x))。

4. 频数

频数又称"次数"，是指某个数在样本数据中出现的次数，用以描述各个数据在样本数据中的重复程度，亦可用来计算众数，反映了数据分布的偏斜程度和峰值位置。在 R 语言中，可以执行 table()函数来计算数据的频数，调用格式为

```
table(data)
```

其中，data 为数据对象，可以是向量、矩阵、数据框等。

实例 7-3　计算实例 7-1 的频数。

```
table(x)
```

输出结果如图 7-1 所示。

```
x
30 41 51 55 62 64 66 68 70 71 73 74 75 76 77 79 80 81 83 84 85 88 91 92 95
 1  1  1  1  1  2  2  2  2  2  3  1  4  1  1  2  1  2  2  1  1  2  2  1  1
```

图 7-1　实例 7-1 的各个数据的频数

5. 百分位数

百分位数是中位数的推广（又称 p 分位数或 100p 百分位数），描述了数据按从小到大次序排列后，位于数据比例为 p 的数，如 0.5 分位数就是中位数。在百分位数中，0.75 分位数与 0.25 分位数（即位于第 75 百分位数与第 25 百分位数）是比较重要的，分别称为上、下四

分位数,分别记为 Q3 和 Q1。因为,Q1 是数据组下半部分的中位数,Q3 是数据组上半部分的中位数,它们是对中位数的有力补充,一起构成了数据组的四分位数。在 R 语言中,可以通过执行 quantile()函数来计算数据的百分位数,调用格式为

```
quantile(x,probs,na.rm, ...)
```

其中,x 为向量型数据对象,probs 为 p 的取值(0<p<1),na.rm 为逻辑值,默认为 FALSE,用以判断是否删除 x 中的缺失值,na.rm=TRUE 表示删除,na.rm=FALSE 表示不删除。

实例 7-4　计算实例 7-1 的上、下四分位数。

```
quantile(x, 0.25)
```

输出结果:

```
25%  68
```

```
quantile(x, 0.75)
```

输出结果:

```
75%  81.5
```

接下来介绍描述离散程度的统计量。

6. 方差与标准差

方差是最常用的描述数据离散程度的统计量,是指数据与其均值的差的平方和的均值,记为 S^2,方差的计算公式如下:

$$S^2 = \frac{1}{n}\sum_{k=1}^{n}(x_k - \bar{x})^2 \tag{7-1}$$

方差是用所有样本数据来描述数据的分散度,反映了数据的稳定程度,在 R 语言中,可以执行 var()函数来计算数据的方差,其执行格式为

```
var(x,na.rm=FALSE,...)
```

其中,x 为向量,na.rm 为逻辑值,默认为 FALSE,用以判断是否删除 x 中的缺失值,na.rm=TRUE 表示删除,na.rm=FALSE 表示不删除。

标准差是方差的算术平方根,也是反应数据稳定性的统计量,在 R 语言中,可以执行 sd()函数来计算标准差,格式为

```
sd(x,na.rm=FALSE,...)
```

其中,x 为向量,na.rm 为逻辑值,默认为 FALSE,用以判断是否删除 x 中的缺失值,na.rm=TRUE 表示删除,na.rm=FALSE 表示不删除。又因标准差是方差的算术平方根,所以还可以用 sqrt()函数来求标准差,即 sqrt(var(data))。

当样本是多变量问题时,在 R 语言中需执行 cov()函数来计算多元数据的协方差矩阵。

实例 7-5　计算实例 7-1 的方差与标准差。

```
var(x)
```

```
sd(x)  或  sqrt(var(x))
```

输出结果如图 7-2 所示。

```
> var(x)
[1] 174.9686
> sd(x)
[1] 13.22757
> sqrt(var(x))
[1] 13.22757
```

图 7-2　实例 7-1 的方差与标准差

7. 极差

极差(又称全距)是数据中两个极端值之差,在一定程度上可以反映数据的集散程度,一般数据越分散,极差越大。在 R 语言中,没有直接计算极差的函数,但是可以通过 max()函数和 min()函数来计算数据集的极差,如 max(data)-min(data)。

8. 四分位差

四分位差是数据的上、下四分位点之差,反映了数据集中间 50%数据的离散程度,极差越小说明样本数据越集中,反之说明样本数据分散。极差是将数据的前后 25%去除,免去了极端值的影响,但是极差由于没有充分的利用全部样本数据,所以四分位差不如方差那般充分反应数据的稳定性。同极差相同,在 R 语言中没有直接的函数,但可以用 Q3-Q1 来计算,即 quantile(x,0.75)-quantile(x,0.25)。

9. 变异系数

变异系数(又称离散系数)是数据的标准差与均值的比值,记为 CV。变异系数刻画了样本数据的相对分散性,由于变异系数是一个比值,去除了数据的单位,特别是在实际问题中免去了不同计量单位/不同平均水平所产生的影响,所以变异系数是无量纲统计量,一般用百分号表示。在 R 语言中,没有直接计算变异系数的函数,但是可以结合定义自编函数来计算,如 CV<-paste(round(100 * sd(data)/mean(data),'%',sep='')。

最后介绍描述变量大致分布的统计量。

10. 偏度

偏度描述了数据分布不对称的方向和程度,是描述数据分布非对称程度的统计量。偏度是变量的三阶中心矩与标准差的三次方的比值:

$$\text{skew}(X)=E\left[\left(\frac{X-\mu}{\sigma}\right)^{3}\right]=\frac{k^{3}}{\sigma^{3}} \tag{7-2}$$

若数据分布呈左偏分布,偏度<0,此时在数据图形中,左侧有一个大尾巴,变量的概率密度函数存在很多极小值,均值偏左,均值小于中位数。若数据分布呈右偏分布,偏度>0,此时在数据图形中,右侧有一个大尾巴,变量的概率密度函数存在很多极大值,均值偏右,均值大于中位数。若数据分布为对称分布(如正态分布),偏度=0,均值和中位数较接近。在 R 语言 moments 包(或 fBasics 包)中,anscombe.text()函数可以用样本对数据进行偏度检验,skewness()函数可以计算数据的偏度,调用格式为

```
anscombe.test(x)          #偏度检验
skewness(x)               #偏度系数
```

其中,x 为向量。

实例 7-6　对实例 7-1 进行偏度检验，并计算其偏度。

```
install.packages("moments")
library(moments)
anscombe.test(x)
skewness(x)
```

或

```
install.packages("fBasics")
library(fBasics)
anscombe.test(x)
skewness(x)
```

偏度检验结果为

```
kurt=4.9868, z=2.3009, p-value=0.0214
```

偏度为

```
[1] -1.137996
```

11. 峰度

峰度反映了数据分布图形的尖峭程度或扁平程度，是某变量所有取值分布形态陡峭程度与正态分布之间的比较，是变量的四阶中心矩与标准差的四次方的比值。

$$\text{kurt}(X)=E\left[\left(\frac{X-\mu}{\sigma}\right)^4\right]=\frac{k^4}{\sigma^4} \tag{7-3}$$

标准正态分布的峰度值是 3，而正态分布的峰度是 3，尖顶峰＞3，平顶峰＜3。在 R 语言 fBasics 包中，agostino.test()函数可以用样本对数据进行偏度检验，kurtosis()函数可以计算数据的偏度，调用格式为

```
agostino.test(x)                    #峰度检验
kurtosis(x)                         #峰度系数
```

其中，x 为向量。

实例 7-7　对实例 7-1 进行峰度检验，并计算其峰度。

```
library(fBasics)
agostino.test(x)
kurtosis(x)
```

峰度检验结果为

```
skew=-1.1380, z=-2.8911, p-value=0.003839
```

峰度为

```
[1]1.740558
```

或

```
library(moments)
agostino.test(x)
kurtosis(x)
```

峰度检验结果为

```
skew=-1.1380, z=-2.8911, p-value=0.003839
```

峰度为

```
[1]4.740558
```

对比可以发现，moments包比fBasics包结果大3，这是因为在moments包中计算的峰度没有减3。

7.1.2 方法云集

在R语言中，有很多函数都可以实现数据的描述性统计分析，下面给出能实现综合描述性统计分析的函数，如表7-2所示。

表7-2 描述性统计分析(一)

函数(包)	返回结果
summary()	返回数值型变量的位置度量指标，即最小值(min)，上四分位数(Q1)，中位数(median)，下四分位数(Q3)，最大值(max)
apply()或者sapply()	返回FUN()函数指定的任意描述统计量

下面对各函数的功能及使用方法做详细介绍。

1. summary()函数

基础包中的summary()函数是最常使用的描述性统计分析函数，可以计算最小值(min)、最大值(max)、上四分位数(Q1)、下四分位数(Q3)和中位数，这5项合称为图基五数，以及因子向量和逻辑向量的频数，执行格式为

```
summary(data)
```

其中，data为数据框、矩阵等数据对象。由于summary()函数为基础包中的函数，故无须加载包。

2. apply()函数和sapply()函数

基础包中的apply()函数和sapply()函数也是较常使用的描述性统计分析函数，与summary()函数一次性返回图基五数不同，apply()函数和sapply()函数每次只返回FUN所指定的统计量，执行格式为

```
apply(x,FUN, options)
sapply(x,FUN, options)
```

其中，x为数据框、矩阵等数据对象，FUN为任意一个描述性统计量的函数(如mean()，sd()，

var(),min(),max(),median(),length(),range(),quantile()及可以返回图基五数的函数fivenum()等),options 为 FUN 函数的参数,如果不需要参数可忽略。

7.1.3 更多方法

除此之外,还有更多的方法来实现描述性统计分析,更多的函数(包)如表 7-3 所示。

表 7-3 描述性统计分析(二)

函数(包)	返回结果
pastecs 包中的 stat.desc()函数	返回图基五数及正态分布统计量,包括偏度、峰度以及它们的限制性水平和 Shapiro-Wilk 正态检验结果等
psych 包中的 describe()函数	除常用的统计量外,也可以返回非缺失值的数量、截尾平均数、绝对中位数等
Hmisc 包中的 describe()函数	返回变量和观测的数量、缺失值和唯一值的数目、平均数、分位数及 5 个最大的值和 5 个最小的值

1. pastecs 包中的 stat.desc()函数

在 pastecs 包中提供了对数据进行描述性统计分析的函数——stat.desc()函数,返回图基五数及均值、方差、标准差、变异系数、偏度、峰度等正态分布统计量,在使用时可以通过设定各逻辑值来选取所需统计量。stat.desc()函数的执行格式为

```
stat.desc(x, basic=TRUE, desc=TRUE, norm=FALSE, p=0.95)
```

其中,x 为数据框或时间序列型数据对象,basic 为逻辑值,默认为 TRUE,计算 x 中所有值、空值、缺失值的数量,及最小值、最大值、值域和总和;desc 也是逻辑值,默认为 TRUE,计算中位数、平均数、平均数的标准误、置信度为 95%的平均数的置信区间、方差、标准差以及变异系数;norm 同样为逻辑值,默认为 FALSE,但当 norm=TRUE 时,则返回正态分布统计量,包括偏度、峰度及其统计显著程度和 Shapiro-Wilk 正态检验。p 为显著性水平参数,默认 p=0.05,表示计算平均数的置信区间的置信度为 0.95。

2. psych 包中的 describe()函数

在 psych 包中提供了进行描述性统计分析的 describe()函数,可以计算非缺失值的数量、平均数、标准差、中位数、截尾平均数、绝对中位差、最小值、最大值、值域、偏度、丰度和平均值的标准误,执行格式为

```
describe(x, na.rm=TRUE, interp=FALSE,skew=TRUE, ranges=TRUE,trim=.1, type=3,
check=TRUE, fast=NULL, quant=NULL,IQR=FALSE, omit=FALSE)
```

其中,x 为因子、字符的数值型变量,na.rm 为逻辑值,na.rm=TRUE 表示删除缺失值,na.rm=FALSE 表示不删除,默认为 FALSE;interp 为逻辑值,表示是否使用插值法补充缺失值,interp=TRUE 表示补充缺失值,interp=FALSE 表示不补充;skew 为逻辑值,表示是否返回偏度系数,skew=TRUE 表示返回偏度,skew=FALSE 表示不返回; ranges 是逻辑

值，表示是否返回极差，ranges＝TRUE 表示返回，ranges＝FALSE 表示不返回极差；trim 表示去除异常值比例，trim 的取值范围为 0～0.5；type 表示选择估计偏度和峰度的方法；check 为逻辑值，表示是否对数据进行检测；IQR 表示计算四分位数的取值范围。

3. Hmisc 包中的 describe()函数

在 Hmisc 包中提供了进行描述性统计分析的 describe()函数，可以计算变量和观测数据的数量、缺失值和唯一值的数目、平均数、分位数及 5 个最大的值和 5 个最小的值。执行格式与 psych 包中的 describe()函数相同，在此不再赘述。

需要注意的是，由于 hmis 包和 psych 包都含有 describe()函数，但 R 语言默认后加载的程序包在函数调用上优先被识别，如 hmis 包和 psych 包先后被加载，hmis 包中的 describe()函数会被掩蔽，假如想运行先加载的 hmis 包的函数，可以使用前缀代码来指定调用函数的包：hmisc::describe()。

除了上述函数(包)，还有其他的函数(包)可以进行描述性统计分析。如 str()函数可以显示数据对象的结构和内容，也可以查看数据框的每个变量的属性；attributes()函数可以提取数据对象除长度和模式以外的其他属性。

实例 7-8 对 R 语言中的 mtcars 数据进行描述性统计分析。

```
summary(mtcars)
apply(mtcars)
sapply(mtcars)
```

(1) 使用 pastecs 包中的 stat.desc()分析：

```
install.packages("pastecs")
library(pastecs)
vars<-c('mpg','hp','wt')
head(mtcars[vars])
stat.desc(mtcars[vars], basic=TRUE, desc=TRUE, norm=FALSE, p=0.95)
```

分析结果如图 7-3 所示。

	mpg	hp	wt
nbr.val	32.0000000	32.0000000	32.0000000
nbr.null	0.0000000	0.0000000	0.0000000
nbr.na	0.0000000	0.0000000	0.0000000
min	10.4000000	52.0000000	1.5130000
max	33.9000000	335.0000000	5.4240000
range	23.5000000	283.0000000	3.9110000
sum	642.9000000	4694.0000000	102.9520000
median	19.2000000	123.0000000	3.3250000
mean	20.0906250	146.6875000	3.2172500
SE.mean	1.0654240	12.1203173	0.1729685
CI.mean.0.95	2.1729465	24.7195501	0.3527715
var	36.3241028	4700.8669355	0.9573790
std.dev	6.0269481	68.5628685	0.9784574
coef.var	0.2999881	0.4674077	0.3041285

图 7-3 stat.desc()函数对 mtcars 数据的描述性统计分析

(2) 使用 psych 包中的 describe()分析：

```
install.packages("psych")
```

```
library(psych)
describe(mtcars[vars])
```

psych 包中的 describe()函数对 mtcars 数据的描述性统计分析结果如图 7-4 所示。

```
    vars  n   mean    sd median trimmed   mad   min    max  range skew
mpg    1 32  20.09  6.03  19.20   19.70  5.41 10.40  33.90  23.50 0.61
hp     2 32 146.69 68.56 123.00  141.19 77.10 52.00 335.00 283.00 0.73
wt     3 32   3.22  0.98   3.33    3.15  0.77  1.51   5.42   3.91 0.42
    kurtosis    se
mpg    -0.37  1.07
hp     -0.14 12.12
wt     -0.02  0.17
```

图 7-4　psych 包中的 describe()函数对 mtcars 数据的描述性统计分析

(3) 使用 Hmisc 包中的 describe()分析：

```
install.packages("Hmisc")
library(Hmisc)
describe(mtcars[vars])
```

Hmisc 包中的 describe()函数对 mtcars 数据的描述性统计分析结果如图 7-5 所示。

```
mtcars[vars]

 3  Variables     32  Observations
---------------------------------------------------------------------
mpg
       n  missing distinct     Info     Mean      Gmd      .05      .10
      32        0       25    0.999    20.09    6.796    12.00    14.34
     .25      .50      .75      .90      .95
   15.43    19.20    22.80    30.09    31.30

lowest : 10.4 13.3 14.3 14.7 15.0, highest: 26.0 27.3 30.4 32.4 33.9
---------------------------------------------------------------------
hp
       n  missing distinct     Info     Mean      Gmd      .05      .10
      32        0       22    0.997    146.7    77.04    63.65    66.00
     .25      .50      .75      .90      .95
   96.50   123.00   180.00   243.50   253.55

lowest :  52  62  65  66  91, highest: 215 230 245 264 335
---------------------------------------------------------------------
wt
       n  missing distinct     Info     Mean      Gmd      .05      .10
      32        0       29    0.999    3.217    1.089    1.736    1.956
     .25      .50      .75      .90      .95
   2.581    3.325    3.610    4.048    5.293

lowest : 1.513 1.615 1.835 1.935 2.140, highest: 3.845 4.070 5.250 5.345 5.4
24
---------------------------------------------------------------------
```

图 7-5　Hmisc 包中的 describe()函数对 mtcars 数据的描述性统计分析

7.1.4　分组计算描述性统计量

在对多组观测数据进行比较分析时，通常需要计算各组的描述性统计量，此时就需要对样本数据进行分组计算。在 R 语言中，主要有 3 种实现分组计算描述性统计量的方法，即 aggregate()函数、by()函数、doBy 包中的 summaryBy()函数和 psych 包中的 dexcribe.by()函数，详见表 7-4。

表 7-4　分组计算描述性统计量的函数(包)

函数(包)	返回结果
aggregate()函数	返回 FUN 函数指定的统计量
by()函数	返回指定任意函数的多个指定的统计量
doBy 包中的 summaryBy()函数	返回指定任意函数的多个指定的统计量
psych 包中的 dexcribe.by()函数	返回多个指定的统计量,但不能指定函数

下面详细介绍上述函数(包)的使用方法。

1. aggregate()函数

aggregate()函数可以将数据按行分组,再分别对每组数据按指定函数进行统计分析,最后将结果以表格形式返回。针对不同的数据对象,aggregate()函数有 3 种执行格式,分别应用于数据框(data.frame)、公式(formula)和时间序列(ts)。

```
aggregate(x, by, FUN, ..., simplify=TRUE)
aggregate(formula, data, FUN, ..., subset, na.action=na.omit)
aggregate(x, nfrequency=1, FUN=sum, ndeltat=1, ts.eps=getOption("ts.eps"), ...)
```

遗憾的是,aggregate()函数只允许在每次调用中使用平均数、标准差这样的单返回值函数,一次调用只能返回一个统计量。

2. by()函数

如果想要在调用中指定任意函数,或需要在一次调用中返回多个指定的统计量,可以使用 by()函数,但是 by()函数要求所执行的数据必须全是数据列,by()函数的执行格式为

```
by(data, INDICES, FUN)
```

其中,data 为一个数据框,INDICES 为一个因子或因子组成的列表,用来定义各分组,FUN 为任意指定函数。

需要指出的是,如果希望 INDICES 中的列变量标签友好易读,需对其重新命名,否则,列标签会自动被命名为 Group1,Group2…,如可以使用 Age=、by=list(name1=groupvar1,name2=groupvar2,…,nameN=groupvarN)等语句对列标签进行命名。

3. doBy 包中的 summaryBy()函数

summaryBy()函数和 by()函数的作用一样只是格式不一样,都可以指定任意函数并一次返回多个统计量,summaryBy()函数的使用格式为

```
summaryBy(formula,data=dataframe,FUN=function)
```

其中,formula 为分组表达式,格式为

```
var1+var2+var3+...+groupvar1+groupvar2+...
```

左侧为待分析的数值型变量,右边为进行分组的类别型变量;其中"data="和"FUN="

不可省略，data 为待分组的数据框，function 为任何 R 语言中的统计函数或个人自编的函数。

4. psych 包中的 describe.by()函数

在 psych 包中提供的 describe.by()函数会输出与 describe()函数相同的描述性统计量，如果样本数据有多个分组变量，可以使用列表来表示分组变量，即 list(name1 = groupvar1, name2=groupvar2,…, nameN=groupvarN)。describe.by()函数的执行格式为

```
describe.by(data, list)
```

其中，data 为数据框，list 为分组变量。

遗憾的是，describe.by()函数不可以指定返回的统计量，它输出的统计量与 psych 包中的 describe()函数输出的统计量相同，只是 describe.by()函数是分组计算的。

实例 7-9　对 R 语言中 mtcars 数据的 mpg、hp、wt 和 am 四列进行分组计算描述性统计量。

(1) 使用 aggregate()函数：

```
myvars <-c("mpg", "hp", "wt", "am")
aggregate(mtcars[myvars], by=list(am=mtcars$am), mean)
```

计算结果如图 7-6 所示。

```
  am      mpg       hp       wt
1  0 17.14737 160.2632 3.768895
2  1 24.39231 126.8462 2.411000
```

图 7-6　使用 aggregate()函数分组计算的描述性统计量

(2) 使用 summaryBy()函数：

```
install.packages("doBy")
library(doBy)
library(fBasics)
mystats <-function(x, na.omit=FALSE){
  if(na.omit)
    x <-x[!is.na(x)]
  m <-mean(x)
  sd <-sd(x)
  skew <-skewness(x)
  kurt <-kurtosis(x)
return(c(mean=m, SD=sd, skew=skew, kurt=kurt))}
summaryBy(mpg+hp+wt~am, data=mtcars, FUN=mystats)
```

计算结果如图 7-7 所示。

```
  am mpg.mean   mpg.SD   mpg.skew   mpg.kurt  hp.mean    hp.SD
1  0 17.14737 3.833966 0.01395038 -0.8031783 160.2632 53.90820
2  1 24.39231 6.166504 0.05256118 -1.4553520 126.8462 84.06232
      hp.skew    hp.kurt  wt.mean     wt.SD   wt.skew    wt.kurt
1 -0.01422519 -1.2096973 3.768895 0.7774001 0.9759294  0.1415676
2  1.35988586  0.5634635 2.411000 0.6169816 0.2103128 -1.1737358
```

图 7-7　使用 summaryBy()函数分组计算的描述性统计量

(3) 使用 by()函数：

```
dstats <-function(x)sapply(x,mystats)
by(mtcars[myvars], mtcars$am, dstats)
```

计算结果如图 7-8 所示。

```
mtcars$am: 0
           mpg           hp        wt  am
mean 17.14736842 160.26315789 3.7688947   0
SD    3.83396639  53.90819573 0.7774001   0
skew  0.01395038  -0.01422519 0.9759294 NaN
kurt -0.80317826  -1.20969733 0.1415676 NaN
-------------------------------------------------
mtcars$am: 1
           mpg          hp        wt  am
mean 24.39230769 126.8461538 2.4110000   1
SD    6.16650381  84.0623243 0.6169816   0
skew  0.05256118   1.3598859 0.2103128 NaN
kurt -1.45535200   0.5634635 -1.1737358 NaN
```

图 7-8 使用 by()函数分组计算的描述性统计量

(4) 使用 describe.by()函数：

```
library(psych)
describe.by(mtcars[myvars], list(am=mtcars$am))
```

计算结果如图 7-9 所示。

```
 Descriptive statistics by group
am: 0
    vars  n   mean    sd median trimmed   mad   min    max  range  skew
mpg    1 19  17.15  3.83  17.30   17.12  3.11 10.40  24.40  14.00  0.01
hp     2 19 160.26 53.91 175.00  161.06 77.10 62.00 245.00 183.00 -0.01
wt     3 19   3.77  0.78   3.52    3.75  0.45  2.46   5.42   2.96  0.98
am     4 19   0.00  0.00   0.00    0.00  0.00  0.00   0.00   0.00   NaN
    kurtosis    se
mpg    -0.80  0.88
hp     -1.21 12.37
wt      0.14  0.18
am       NaN  0.00
-----------------------------------------------------------
am: 1
    vars  n   mean    sd median trimmed   mad   min    max  range skew
mpg    1 13  24.39  6.17  22.80   24.38  6.67 15.00  33.90  18.90 0.05
hp     2 13 126.85 84.06 109.00  114.73 63.75 52.00 335.00 283.00 1.36
wt     3 13   2.41  0.62   2.32    2.39  0.68  1.51   3.57   2.06 0.21
am     4 13   1.00  0.00   1.00    1.00  0.00  1.00   1.00   0.00  NaN
    kurtosis    se
mpg    -1.46  1.71
hp      0.56 23.31
wt     -1.17  0.17
am       NaN  0.00
```

图 7-9 使用 describe.by()函数分组计算的描述性统计量

7.1.5 分组计算的扩展

在 R 语言中，除了上述 4 个函数可以计算分组统计量之外，还提供了其他的函数来计算这些统计量，也提供了计算许多其他的统计量的函数。因为 doBy 包中的 summaryBy()

函数与 psych 包中的 describe.by()函数的使用格式和输出结果完全一样，可以把 summaryBy()函数看作是 describe.by()函数的另外一种书写方式。

1. 分组函数 cut()

在对数据进行分布规律研究时，有时需将样本数据进行等距（或不等距）分组，以方便观察各组数据的分布规律。此时，可以通过执行 cut()函数来完成数据的分组工作，其执行格式为

```
cut(data,breaks,labels,right)
```

其中，data 表示需要分组的数据列。breaks 代表分组的条件要求，如果 breaks 为一个数，表示要对数据进行平均分组；如果 breaks 是一个数组，则按指定范围对数据进行分组。labels 为分组标签，表示分组后的组名。right 为逻辑值（默认为 TRUE），right＝TRUE 表示指定范围为右闭合，right＝FALSE 表示指定范围为左闭合。

2. 交叉分析函数 tapply()

与 Excel 中的数据透视表一样，有时需要对两个或两个以上的分组变量之间的关系，以交叉表形式来呈现变量间的关系，以方便后期的对比分析，这种分析变量间关系的方式被称为交叉分析。交叉分析的原理就是从数据的不同维度，综合进行分组细分，以进一步了解数据的构成、分布特征。R 语言提供了 tapply()函数来实现交叉分析，其执行格式为

```
tapply(x, list,FUN=function)
```

其中，x 为统计向量，list 为数据透视表中的行和列，function 为统计函数。

3. 统计占比函数 prop.table()

在对数据进行分组分析时，时常会对数据进行结构分析。结构分析是在分组的基础上，计算各组成部分所占的比重，进而分析总体内部特征的一种分析方法。R 语言提供了 prop.table()函数来统计分组数据的占比，执行格式为

```
prop.table(table,margin)
```

其中，table 表示使用 tapply()函数统计得到的分组计数或求和结果，margin 表示占比统计方式，具体为：1——按行统计占比，2——按列统计占比，NULL——按整体统计占比。

7.1.6 结果的可视化

R 语言提供了多种绘制分组数据的可视化方式，包括分组的离散型变量的条形图和分组的连续型变量的箱形图、小提琴图、散点图、误差条图等，以及这些图的相互组合并自动添加 p 值。下面重点介绍各种基于类别变量的分组数据的绘图方式，包括箱形图(box plots)、小提琴图(violin plots)、点图(dot plots)、一维散点图(stripcharts)、sinaplot、条形图及折线图等，以及各种图形的相互组合。

1. 分组的离散型变量——条形图

条形图主要用于描述分组的离散型变量，表示每组数据的频数或数据框中指定的列值。

在R语言中，ggplot2包中的geom_bar()函数可以绘制条形图，其执行格式为

```
geom_bar(mapping=NULL, data=NULL, stat="bin", position="stack",width=, ...)
```

其中，mapping、data默认为NULL。参数stat有两个有效值：count和identity，用以指定条形图中每组的高度的取值方式。stat="count"表示每组中的数据的频数为条形的高度；而stat="identity"表示数据框中列的值为条形的高度，默认为stat="count"。参数position有3个有效值：stack、dodge和fill，用以指定条形的位置。position=stack表示两个条形图进行堆叠摆放；position=dodge表示两个条形图进行并行摆放；position=fill表示按照比例来堆叠条形图，并要求每个条形图的高度标准化为1，默认值是stack(堆叠)。参数width表示条形图的宽度比例，由于是比值，所以取值为0～1，默认值是0.9。除此之外，常用的参数有用以指定条形图线条颜色的color，用以指定条形图填充色的fill等。

实例7-10 以diamonds数据为例，以cut属性和color属性为分组变量，绘制条形图。

(1) 对数据进行筛选，并统计各分组数据的数量。

```
install.packages("ggplot2")
library(ggplot2)
df<-diamonds %>%
filter(color %in%c("J", "D")) %>%
group_by(cut, color) %>%
summarise(counts=n())
head(df, 4)
```

输出结果：

```
#A tibble: 4 x 3
#Groups: cut[2]
  cut    color  counts
  <ord>  <ord>  <int>
1 Fair   D       163
2 Fair   J       119
3 Good   D       662
4 Good   J       307
```

(2) 使用geom_bar()函数绘制条形图，为方便观察，可以使用scale_color_manual()函数和scale_fill_manual()函数设置条形图的边框颜色和填充颜色。

```
ggplot(df, aes(x=cut, y=counts))+geom_bar(aes(color=color, fill=color), stat=
"identity", position= position_stack()) + scale_color_manual(values= c("#
0073C2FF", "#EFC000FF"))+scale_fill_manual(values=c("#0073C2FF", "#EFC000FF"))
```

(3) 可设置条形图的宽度比例。

```
pl <-ggplot(df, aes(x=cut, y=counts))+geom_bar(aes(color=color, fill=color),
stat="identity", position=position_dodge(0.8), width=0.8)+scale_color_manual
(values=c("#0073C2FF", "#EFC000FF"))+scale_fill_manual(values=c("#0073C2FF", "
#EFC000FF"))
```

分组条形图输出结果如图 7-10 所示。

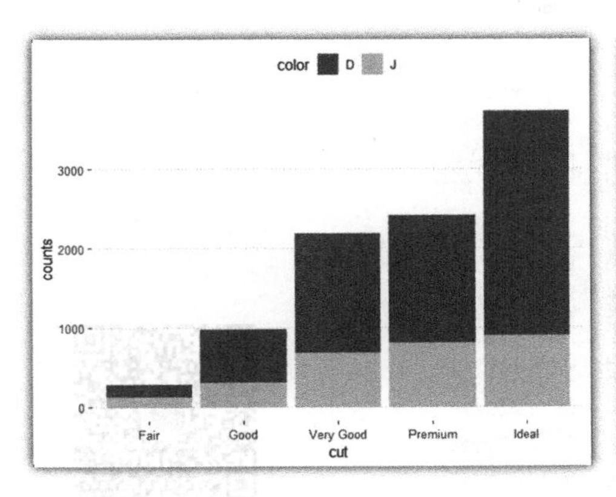

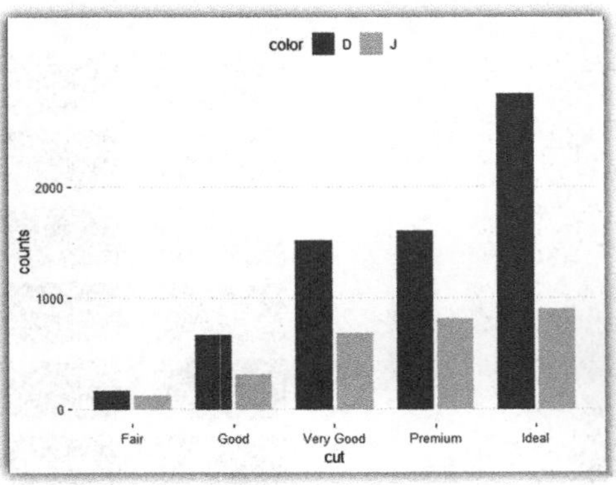

图 7-10 分组条形图

需要指出的是，如果设置 position＝position_stack(reverse＝TRUE)之后可以改变条形图的堆叠顺序，即可以改变 color 为 D 和 J 的两个组的堆叠次序，reverse＝FALSE 时 D 在上，而 reverse＝TRUE 时 J 在上。

除此之外，还可以用点的数量表示各组的记录数。此时，x 轴和 y 轴均代表一个分类变量，而每个点都归属于一个分组，这样对于给定的组，点数就与该组的记录数相对应。在 R 语言中，可以通过执行 geom_jitter()函数来实现上述操作，执行格式为

```
geom_jitter(mapping=NULL, data=NULL, stat=, position=, ..., width=NULL, height=
NULL, na.rm=FALSE, show.legend=NA, inherit.aes=TRUE)
```

其中，各参数与 geom_bar()函数相同，width 用于调节点波动的宽度，height 用于调节点波动的高度。

接下来，以实例 7-10 的 diamonds 中的 20%的数据为例。

```
diamonds.frac <-dplyr::sample_frac(diamonds 1/5)
ggplot(diamonds.frac, aes(cut, color))+geom_jitter(aes(color=cut),size=0.3)+
      ggpubr::color_palette("jco")  +  ggpubr::theme_pubclean()
```

输出结果如图 7-11 所示。

有时需要给条形图添加数值(如频率等)，以方便观察，如果是离散型的数据的条形图，可以直接添加，以实例 7-10 为例：

```
p1+geom_text(
  aes(label=counts, group=color),
  position=position_dodge(0.8),
  vjust=-0.3, size=3.5)
```

结果如图 7-12 所示。

如果想对堆叠条形图添加数值，就需要按如下 3 步实现。

第 1 步：将数据按 cut 和 color 排序，鉴于 position_stack()可能会颠倒顺序，设置 color 按降序排列。

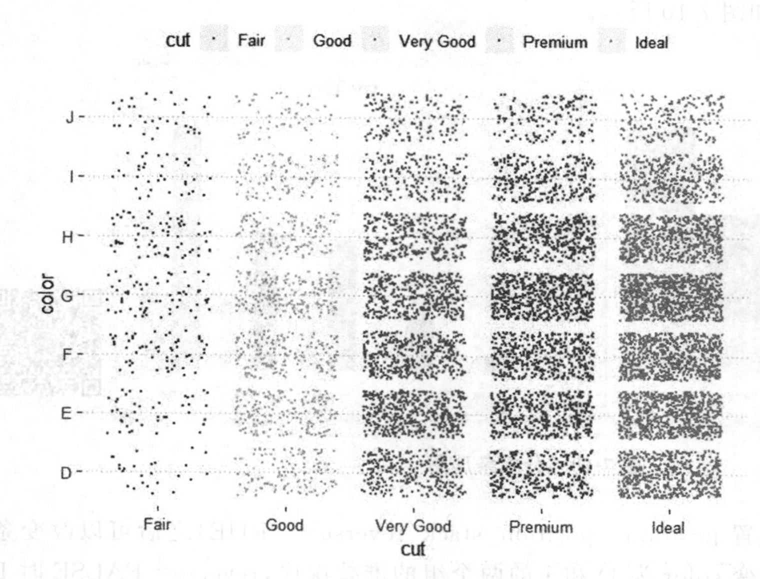

图 7-11　diamonds 中 20%的数据的点图

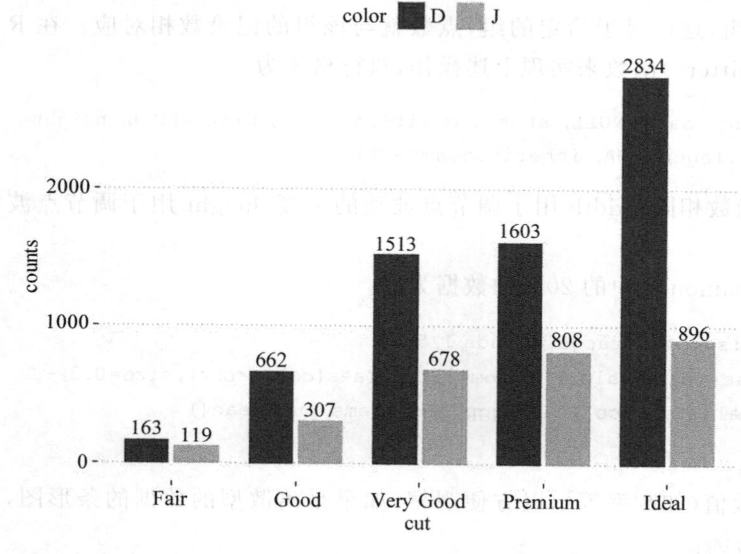

图 7-12　添加数值后的条形图

第 2 步：计算每个 cut 分类的频数，并作为数值显示在 y 轴上。一般将数值放在条形图的中间位置，即 cumsum(counts)－0.5＊counts 处。

第 3 步：创建条形图并添加数值。

例如：

```
df <-df %>%
arrange(cut, desc(color)) %>%
mutate(lab_ypos=cumsum(counts)-0.5 * counts)
```

```
head(df, 4)
```

输出结果：

```
A tibble: 4 x 4
#Groups: cut[2]
   cut    color  counts  lab_ypos
   <ord>  <ord>  <int>   <dbl>
1  Fair     J    119     59.5
2  Fair     D    163     200.
3  Good     J    307     154.
4  Good     D    662     638
```

在 ggpubr 包中提供了 ggbarplot()函数用以快速创建堆叠条形图并添加数值。

```
install.packages("ggpubr")
library(ggpubr)
ggbarplot(df, x="cut", y="counts",
          color="color", fill="color",
          palette=c("#0073C2FF", "#EFC000FF"),
          label=TRUE, lab.pos="in", lab.col="white",
          ggtheme=theme_pubclean())
```

输出结果如图 7-13 所示。

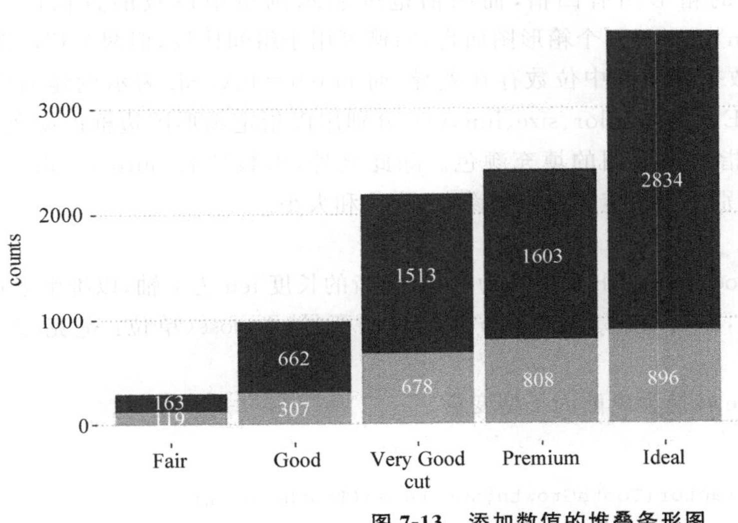

图 7-13　添加数值的堆叠条形图

2. 分组的连续变量

如果分组数据是连续变量，一般采用箱形图、小提琴图、点图等方式呈现分组连续变量的数据分布，详细的实现函数及其功能如表 7-5 所示。

表 7-5　ggplot2 包中的函数及其功能

函　数	功　能	函　数	功　能
geom_bar()	绘制条形图	geom_dotplot()	绘制点图
geom_boxplot()	绘制箱形图	geom_jitter()	绘制一维散点图
geom_violin()	绘制小提琴图	geom_line()	绘制折线图

需要指出的是，绘制上述图形的函数都是在 R 语言的 dplyr、ggplot2 和 ggpubr 包中，所以在执行程序前需要安装上述的程序包，并添加这些包。

```
install.packages("dplyr")
install.packages("ggplot2")
install.packages("ggpubr")
library(dplyr)
library(ggplot2)
library(ggpubr)
```

1）箱形图

箱形图是用来绘制类别和连续变量的组合，显示了图基五数。在 R 语言中可以使用 geom_boxplot()函数来绘制箱形图，执行格式为

```
geom_boxplot(x, width=, notch=, color=, size=, linetype=, fill=, ...)
```

其中，x 表示矩阵或数据库等数据对象；width 用来指定箱形图的宽度；notch 为逻辑值，如果 notch＝TRUE 表示创建的箱形图有凹槽，而凹槽范围表示围绕中位数的置信区间 median ± 1.58 * IQR/sqrt(n)。对于两个箱形图而言，凹槽可用于组间比较，但两个箱形图的凹槽不重叠，表明这两组数据的组间中位数存在差异，而 notch＝FALSE 表示创建的箱形图无凹槽，默认值为 TRUE。参数 color、size、linetype 分别用以指定箱形图边框的颜色、粗细和线型。参数 fill 用以指定箱形图的填充颜色。除此之外，参数还有 outlier.colour、outlier.shape、outlier.size，分别用以指定异常点的颜色、形状和大小。

(1) 创建基本的箱形图。

下面以 R 语言自带的 ToothGrowth 数据集为例，以牙齿的长度 len 为 y 轴，以维生素 C 的剂量水平 dose 为分类变量，作为 x 轴。这里 len 为连续型变量，而 dose(单位：毫克/天)的取值为 0.5，1，2。

为方便分析，首先将 dose 转换为离散因子型变量。

```
Data("ToothGrowth")
ToothGrowth$dose<-as.factor(ToothGrowth$dose) head(ToothGrowth)
```

下面创建一个带凹槽的箱形图：

```
dp<-ggplot(ToothGrowth, aes(x=dose,y=len))
dp+geom_boxplot(nothnotch=TRUE,fill="lightgray")+
stat_summary(fun.y=mean, geom="point", shape=18, size=2.5, color="#FC4E07")
```

输出结果如图 7-14 所示。

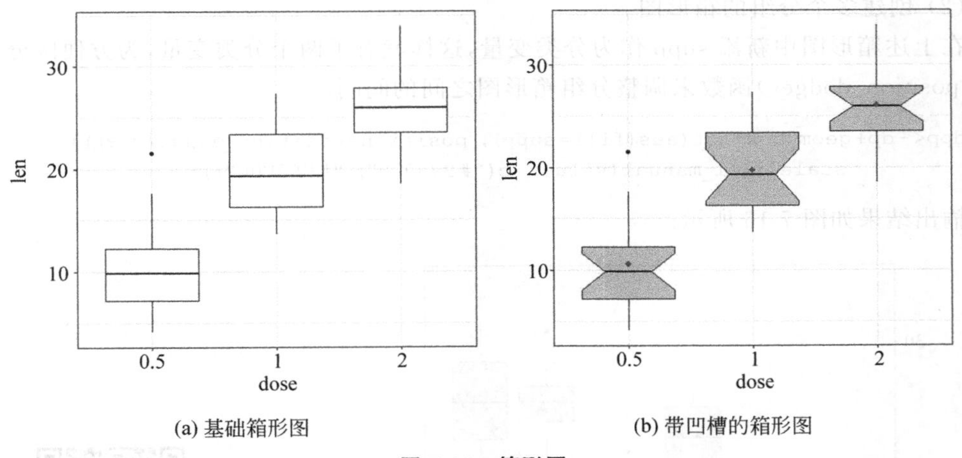

(a) 基础箱形图　　(b) 带凹槽的箱形图

图 7-14　箱形图

为了方便观察，可以依据组别改变箱形图的颜色：

```
dp+geom_boxplot(aes(color=dose))+
  scale_color_manual(values=c("#00AFBB", "#E7B800", "#FC4E07"))
```

还可以通过 scale_x_discrete()函数来设置 x 轴的显示信息和顺序，如：

```
e+geom_boxplot()+
  scale_x_discrete(limits=c("1", "2"))
```

表示仅显示 dose 为"1"和"2"的两个分组：

```
e+geom_boxplot()+
  scale_x_discrete(limits=c("1", "2", "0.5"))
```

表示 X 轴分类变量的显示顺序为“1”,“2”和“0.5”。

输出结果如图 7-15 所示。

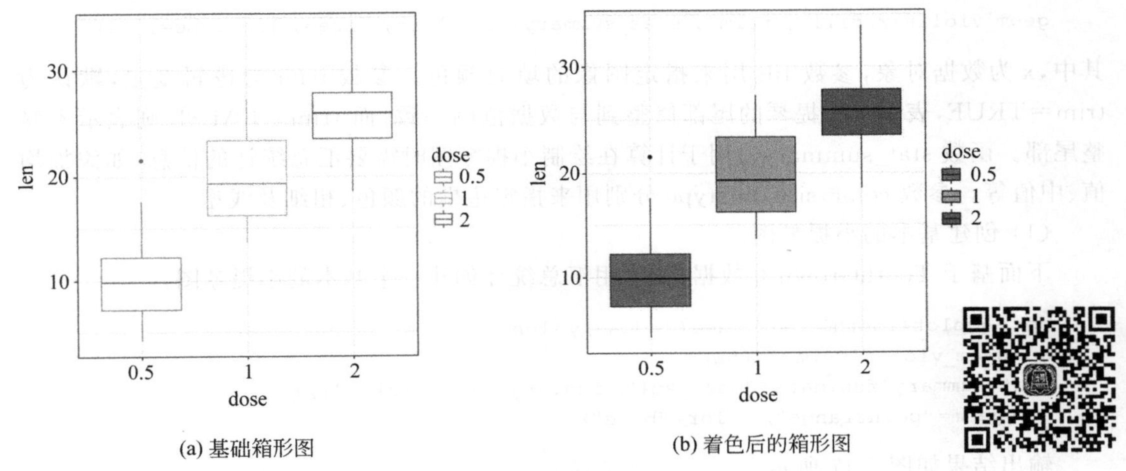

(a) 基础箱形图　　(b) 着色后的箱形图

图 7-15　着色的箱形图

（2）创建多个分组的箱形图。

在上述箱形图中新添 supp 作为分类变量，这样就有了两个分类变量，为方便区分，可以使用 position_dodge()函数来调整分组箱形图之间的间隔。

```
dpp<-dp+geom_boxplot(aes(fill=supp), position=position_dodge(0.9))+
        scale_fill_manual(values=c("#999999", "#E69F00"))
```

输出结果如图 7-16 所示。

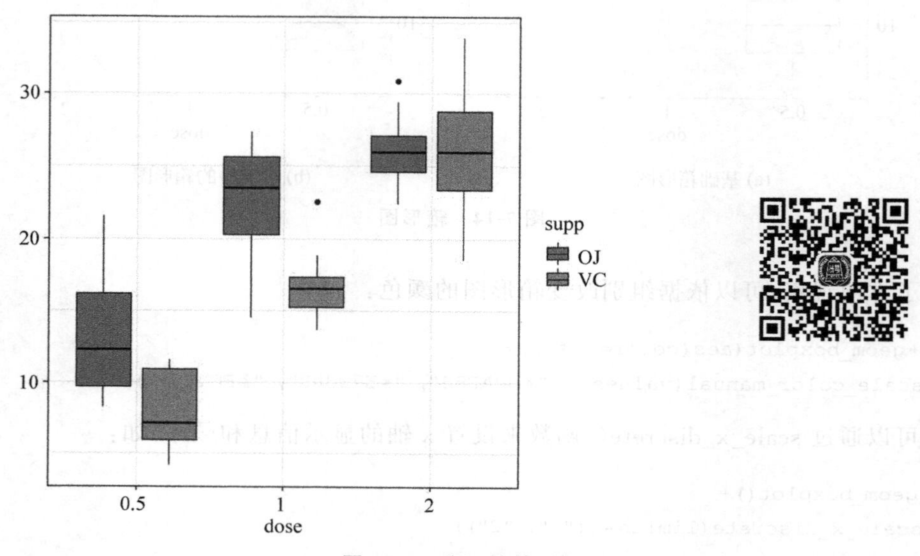

图 7-16　分组的箱形图

2）小提琴图

与箱形图类似，小提琴图也是以范围框和横线的形式显示图基五数，小提琴图还通过密度图宽（代表着数据的频率）来显示数据的核概率密度估计。在 R 语言中，可以使用 geom_violin()函数来绘制小提琴图，执行格式为

```
geom_violin(x,fill=, trim=, stat_summary(), color=, size=, linetype=, ...)
```

其中，x 为数据对象，参数 fill 用来指定图像的填充颜色。参数 trim 为逻辑变量，默认为 trim＝TRUE，表示将小提琴的尾部修整到与数据范围一致，而 trim＝FALSE 则表示不修整尾部。函数 stat_summary()用于计算在绘制小提琴图时需要汇总统计的信息，如添加均值、中值等。参数 color，size，linetype 分别用来指定边框的颜色、粗细及线型。

（1）创建基本的小提琴图。

下面基于 ToothGrownth 数据集，使用汇总统计创建一个基本的小提琴图。

```
dp<-ggplot(ToothGrowth, aes(x=dose,y=len))
dp+geom_violin(trim=FALSE)+
stat_summary(fun.data="mean_sdl", fun.args=list(mult=1),+
   geom="pointrange", color="blue")
```

输出结果如图 7-17 所示。

其中，mean_sdl()函数用于添加平均值和标准差，并以误差条形式显示均值±标准差。参

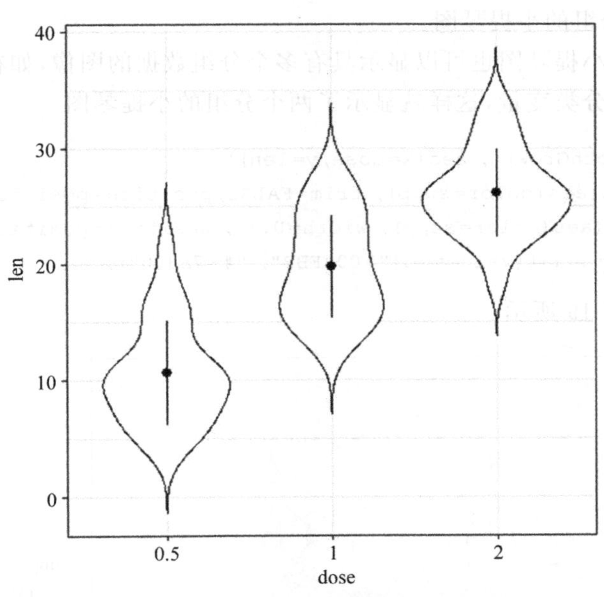

图 7-17　ToothGrownth 数据集的小提琴图

数 mult 需被设置为常数(默认为 2),在此设置为 mult＝1,表示均值±(1 倍)标准差。为方便观察,可以给小提琴图添加不同的背景颜色。如:

```
dp<-ggplot(ToothGrowth, aes(x=dose,y=len))
dp+geom_violin(aes(fill=dose), trim=FALSE)+
geom_boxplot(width=0.2)+
  scale_fill_manual(values=c("#00AFBB", "#E7B800", "#FC4E07"))+
  theme(legend.position="none")
```

输出结果如图 7-18 所示。

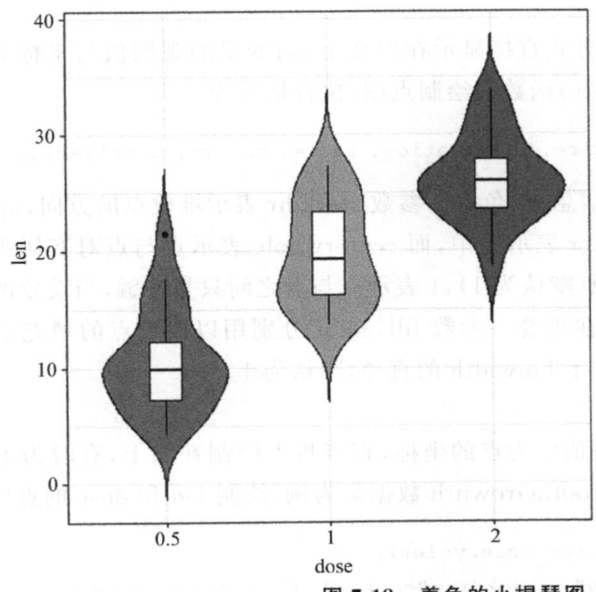

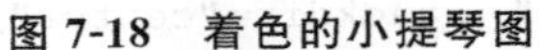

图 7-18　着色的小提琴图

（2）创建多个分组的小提琴图。

与箱形图一样，小提琴图也可以显示具有多个分组数据的图像，如在上述小提琴图中添加 supp 作为另一个分类变量，这样就显示了两个分组的小提琴图。

```
dp<-ggplot(ToothGrowth, aes(x=dose,y=len))
dp+geom_violin(aes(color=supp), trim=FALSE,position=position_dodge(0.9))+
  geom_boxplot(aes(color=supp), width=0.15, position=position_dodge(0.9))+
  scale_color_manual(values=c("#00AFBB", "#E7B800"))
```

输出结果如图 7-19 所示。

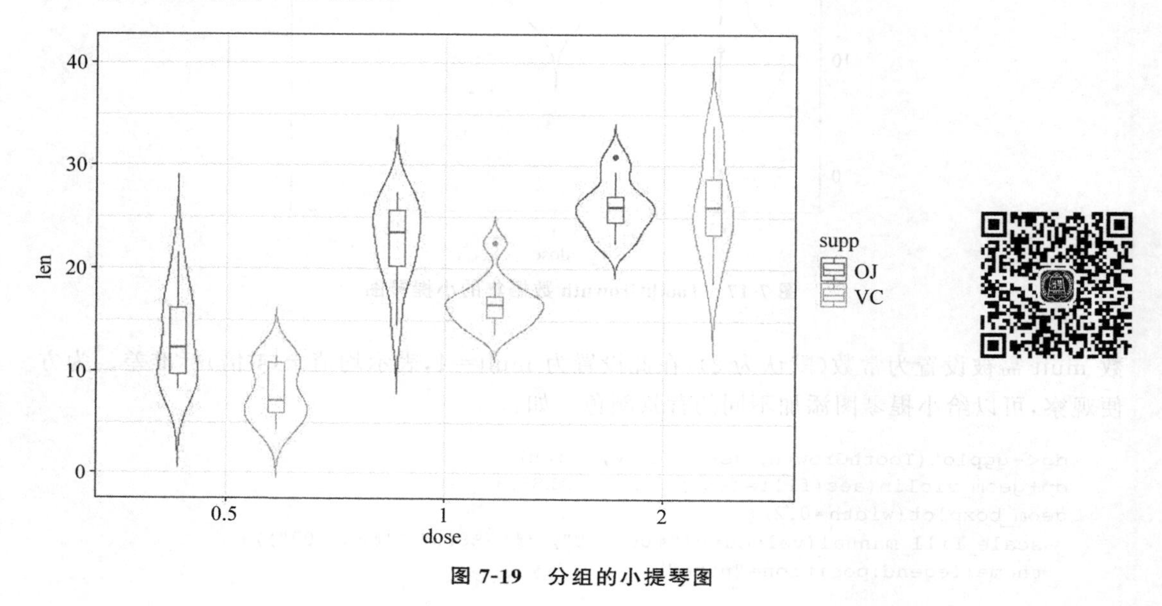

图 7-19　分组的小提琴图

3）点图

点图就是将观测数据以点的方式直接显示在图像上，而变量的观测值与坐标对应。在 R 语言中，可以执行 geom_dotplot()函数来绘制点图，执行格式为

```
geom_dotplot(aes(), stackdir=, stackratio=, fill=, color=, dotsize=,...)
```

其中，aes()用以指定图像的坐标信息、颜色等。参数 stackdir 表示堆放点的方向，up 表示向上（默认值），down 表示向下，center 表示居中，而 centerwhole 表示点与点对齐居中。参数 stackratio 表示堆放点之间的间距（默认为 1），1 表示点与点之间只是接触，当设置的值更小时，点与点之间靠得更近，甚至存在重叠。参数 fill，color 分别用以设置点的填充颜色和边缘颜色。参数 dotsize 表示点相对于 binwidth 的直径，默认为 1。

（1）创建基本的点图。

创建基本的点图，就是将观测值作为点的坐标，直接将点绘制在图上，有时为了方便观察，可以填充背景颜色等。仍以 ToothGrownth 数据集为例，绘制 len 和 dose 的点图。

```
dp<-ggplot(ToothGrowth, aes(x=dose,y=len))
dp+geom_dotplot(binaxis="y", stackdir="center", fill="lightgray")+
```

```
stat_summary(
  fun.data="mean_sdl", fun.args=list(mult=1), geom="pointrange", color=
  "black")
```

也可以将点图与箱形图结合在一起：

```
dp+geom_boxplot(width=0.5)+geom_dotplot(binaxis="y", stackdir="center", fill=
"gray")
```

还可以将点图与小提琴图结合在一起：

```
dp<-ggplot(ToothGrowth, aes(x=dose,y=len))
dp+geom_violin(trim=FALSE)+geom_dotplot(binaxis='y', stackdir='center', color
="red", fill="#999999")+
  stat_summary(fun.data="mean_sdl", fun.args=list(mult=2), geom="pointrange",
color="#FC4E07", size=0.5)
```

输出结果如图 7-20 所示。

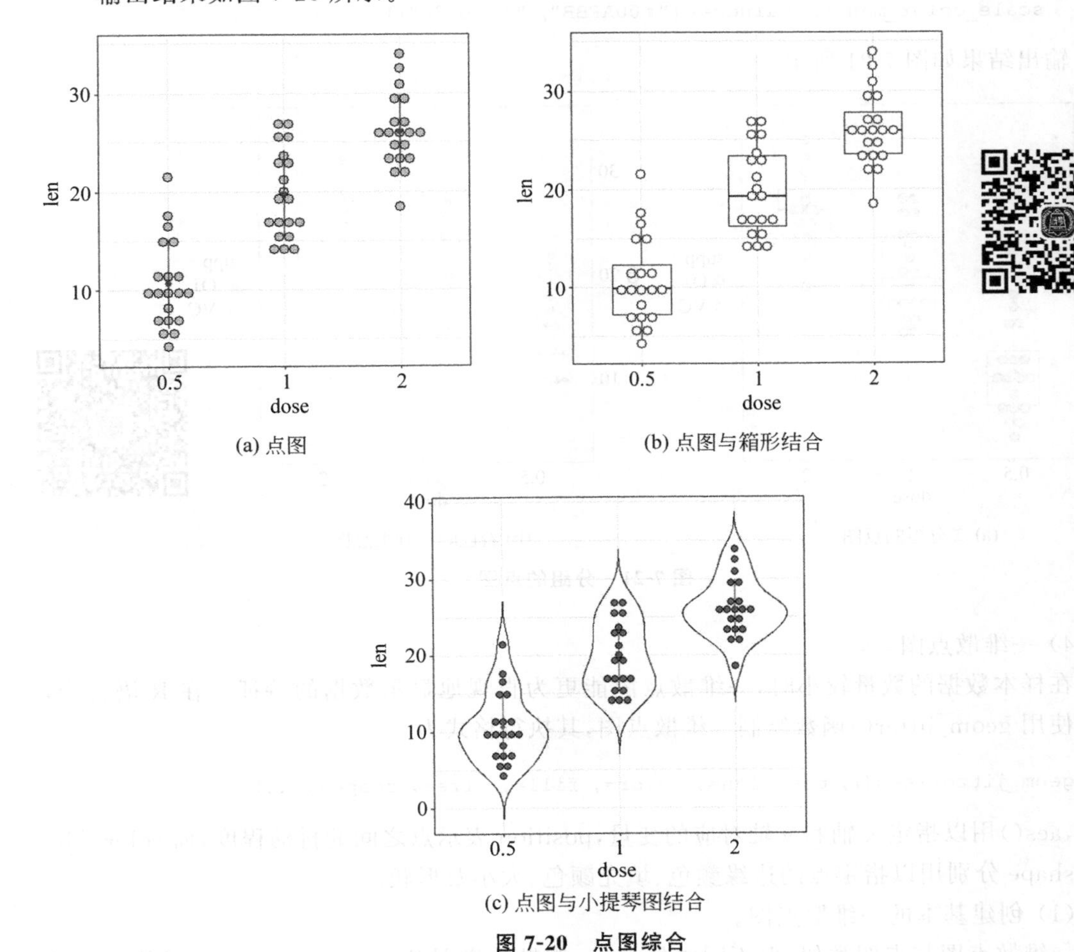

(a) 点图　(b) 点图与箱形结合

(c) 点图与小提琴图结合

图 7-20　点图综合

(2) 创建多个分组的点图。

如果需要将多个分组的观测值的点图绘制出来，就要注意不同分组的点要用不同颜色加以区分，同时还需要填充不同的背景颜色。如在上述的 len 与 dose 的点图中，加入 supp 分类变量，绘制二分组的点图。

```
dp<-ggplot(ToothGrowth, aes(x=dose,y=len))
dp+geom_boxplot(width=0.5, size=0.5)+
  geom_dotplot(aes(fill=supp), trim=FALSE, binaxis='y', stackdir='center')+
  scale_fill_manual(values=c("#00AFBB", "#E7B800"))
```

还可以将同一分组的数据放在同一个箱形图中，并标记上不同的颜色：

```
dp+geom_boxplot(aes(color=supp), width=0.5, size=0.5, position=position_
  dodge(1))+geom_dotplot(aes(fill=supp, color=supp), trim=FALSE, binaxis='y',
                      stackdir='center', dotsize=1, position=position_dodge(1))+
  scale_fill_manual(values=c("#00AFBB", "#E7B800"))+
  scale_color_manual(values=c("#00AFBB", "#E7B800"))
```

输出结果如图 7-21 所示。

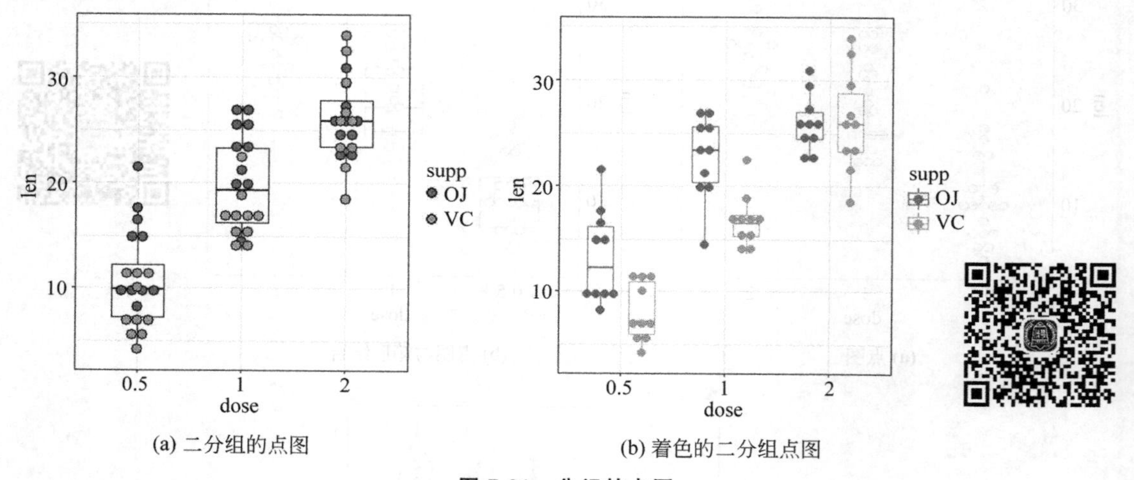

(a) 二分组的点图　　(b) 着色的二分组点图

图 7-21　分组的点图

4) 一维散点图

在样本数据的数量较小时，一维散点图能更为直观地显示数据的特征。在 R 语言中，可以使用 geom_jitter()函数绘制一维散点图，其执行格式为

```
geom_jitter(aes(), position=, color=, fill=, size=, shape=,...)
```

其中，aes()用以指定 x 轴和 y 轴对应的变量，position 表示点之间的抖动程度，而 color、fill、size、shape 分别用以指定点的边缘颜色、填充颜色、大小及形状。

(1) 创建基本的一维散点图。

一维散点图与点图类似，但不同之处是，一维散点图是用 position_jitter()函数来调整点的抖动程度的，而点图是用 position_dodge()函数来调整点的抖动的。

以上述 ToothGrowth 数据集的 dose 分类变量为例，要求按组别设置点的颜色及形状，设置点的抖动程度为 0.3，并在图中添加汇总统计。

```
dp<-ggplot(ToothGrowth, aes(x=dose,y=len))
dp+geom_jitter(aes(shape=dose, color=dose), position=position_jitter(0.3), size=1)+
  stat_summary(aes(color=dose), fun.data="mean_sdl", fun.args=list(mult=1),+
    geom="pointrange", size=0.5)+
  scale_color_manual(values=c("#00AFBB", "#E7B800", "#FC4E07"))
```

输出结果如图 7-22 所示。

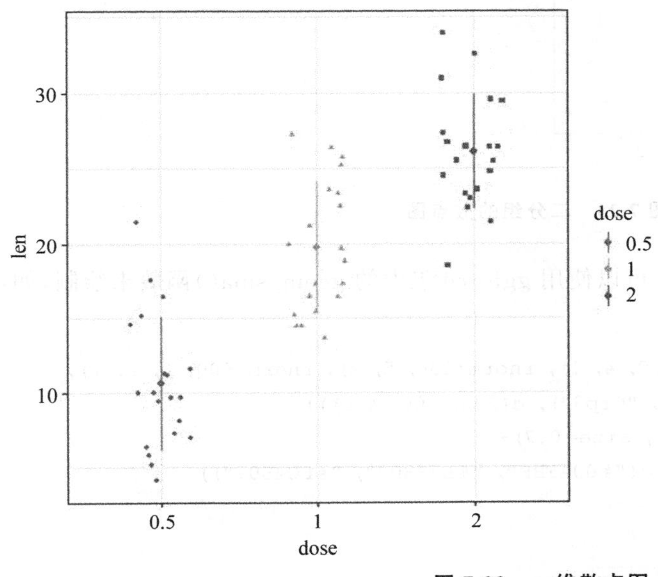

图 7-22　一维散点图

(2) 创建多个分组的一维散点图。

同点图一样，在多分组的一维散点图中一定要注意合理使用点的颜色和背景颜色，以方便观察。

如在上述的 dose 一维散点图中，加入 supp 分类变量，绘制二分组的散点图。

```
dp<-ggplot(ToothGrowth, aes(x=dose,y=len))
dp+geom_jitter(aes(shape=supp, color=supp),
  position=position_jitterdodge(jitter.width=0.3, dodge.width=1), size=1)+
  stat_summary(aes(color=supp), fun.data="mean_sdl", fun.args=list(mult=1),
    geom="pointrange", size=0.5, position=position_dodge(1))+
  scale_color_manual(values=c("#00AFBB", "#E7B800"))
```

输出结果如图 7-23 所示。

5) Sinaplot

Sinaplot 结合了一维散点图和小提琴图的特征，点的抖动沿 x 轴方向，抖动密度与数据的概率密度对应。Sinaplot 图像与小提琴图相像，只是以一维散点图的方式呈现。

Sinaplot 呈现了数据的分布信息，从图中可以直观地了解点数量、密度分布、离群值和

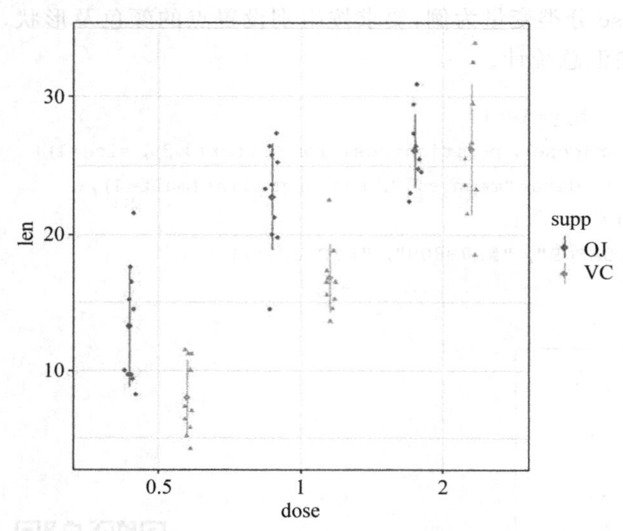

图 7-23 二分组的散点图

散布信息等。在R语言中，Sinaplot可以使用ggforce包中的geom_sina()函数来绘制，如：

```
library(ggforce)
df <-data.frame(y=c(rnorm(200, 4, 1), rnorm(200, 5, 2), rnorm(400, 6, 1.5)),
  group=rep(c("Grp1", "Grp2", "Grp3"), c(200, 200, 400)))
  geom_sina(aes(color=group), size=0.7)+
  scale_color_manual(values=c("#00AFBB", "#E7B800", "#FC4E07"))
```

输出结果如图 7-24 所示。

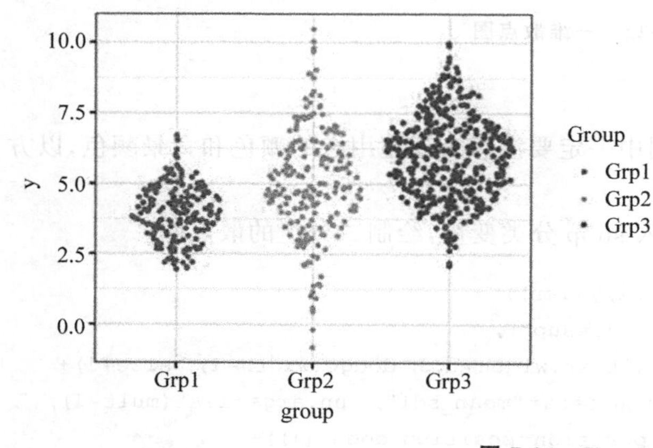

图 7-24 Sinaplot 图

6）带有误差条的均值和中位数图

这种图可以展示具有一个组别或多个组别的连续变量的汇总统计信息。在R语言中的ggpubr软件包提供了一种简单的方法，只需较少的输入即可创建均值/中位数图。

(1) 基本的均值/中位数图。

基本的均值/中位数图就是使用汇总统计信息(计算均值和方差)来创建误差条，并在此基础上将多个图形进行叠加。R 语言中均值/中位数图的实现函数如表 7-6 所示。

表 7-6 均值/中位数图的实现函数

函　　数	功　　能
geom_crossbar()	绘制中间带有水平线的 hollow bar
geom_errorbar()	绘制误差条
geom_errorbarh()	绘制水平误差条
geom_linerange()	绘制用垂直线表示的线段(区间)
geom_pointrange()	绘制用垂直线表示的线段(区间),且中间有一个点

在绘制图像之前需要使用汇总统计数据初始化 ggplot,指定 x 轴变量和 y 轴变量,计算 ymin 和 ymax,一般 ymin＝mean-sd,ymax＝mean＋sd,最后添加向上和向下的误差条(均值 ± 标准差)。当然,如果只需要一个方向的误差条,如仅需要向上的误差条而不需要向下的误差条,可设置 ymin＝mean,ymax＝mean＋sd 即可。

仍以 ToothGrowth 数据集为例,绘制按 dose 分组的 len 的均值/中位数图。

第 1 步：计算按 dose 分组的 len 的汇总统计量。

```
dT<-ToothGrowth
dT$dose <-as.factor(dT$dose)
dT.summary <-dT%>%
  group_by(dose) %>%
  summarise(sd=sd(len, na.rm=TRUE), len=mean(len))
```

第 2 步：使用汇总统计数据初始化 ggplot。

```
df <-ggplot(dT.summary, aes(x=dose, y=len, ymin=len-sd, ymax=len+sd))
```

第 3 步：创建简单的误差条。

```
df+geom_errorbar(width=0.5)+geom_point(size=1)
```

除此之外,也可以创建水平的误差条,如在上图中取 y 轴为变量 dose,x 轴为变量 len,当然还需要计算 xmin 和 xmax。

```
gf<-ggplot(dT.summary, aes(x=len, y=dose, xmin=len-sd, xmax=len+sd))
gf+geom_point(aes(color=dose))+geom_errorbarh(aes(color=dose), height=.2)+
theme_light()
```

第 4 步：在上述的均值/中位数图中还可以添加一维散点图或小提琴图。为此,需要使用 dT 初始化 ggplot 中的数据 data,以方便绘制一维散点图;将 dT.summary 汇总统计信息用作函数 geom_pointrange()的输入,以绘制小提琴图。

```
#添加一维散点图
gg<-ggplot(dT, aes(dose,len))
gg+geom_jitter(position=position_jitter(0.2), color="darkgray")+
        geom_pointrange(aes(ymin=len-sd, ymax=len+sd), data=dT.summary)
```

```
#添加小提琴图
ggplot(dT, aes(dose, len))+geom_violin(color="darkgray", trim=FALSE)+
        geom_pointrange(aes(ymin=len-sd, ymax=len+sd), data=dT.summary)
```

上述程序的输出结果如图 7-25 所示。

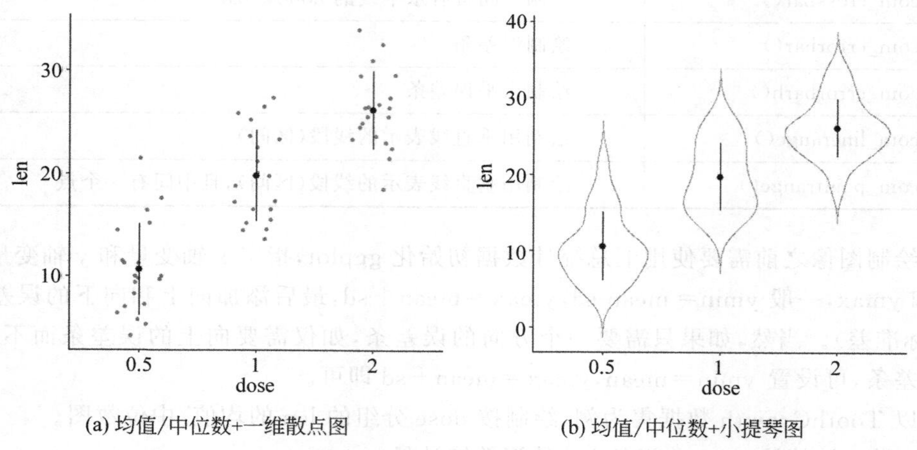

(a) 均值/中位数+一维散点图　　(b) 均值/中位数+小提琴图

图 7-25　均值/中位数图

第 5 步：为提高可观性，在图 7-25 中，可以通过添加误差条来创建均值±误差的基本折线图(或条形图)，当然需要使用 dT.summary 数据。

在绘制均值±误差的基本折线图时，需要为折线图添加向下或向上的误差条，计算 ymin＝len－sd 和 ymax＝len＋sd。

```
gt<-ggplot(dT.summary, aes(dose, len))
gt+geom_line(aes(group=1))+
  geom_errorbar(aes(ymin=len-sd, ymax=len+sd),width=0.5)+
  geom_point(size=1.5)
```

在绘制均值±误差的条形图时，只需添加向上的误差条，故 ymin＝len，ymax＝len＋sd。

```
gt+geom_bar(stat="identity", fill="lightgray", color="black")+
   geom_errorbar(aes(ymin=len, ymax=len+sd), width=0.2)
```

输出结果如图 7-26 所示。

注意，在图 7-26 中，由于只有一个分组，所以在 aes() 中只能设置 group＝1。

最后，如果需要进一步丰富图形的内容，如绘制折线图＋一维散点图＋误差条。将 dT 作为一维散点图的输入，而将 dT.summary 作为其他 geom 的输入，首先添加一维散点，再添加折线，再添加误差条，再添加均值点，就可以将上述的折线图和一维散点图合成一个图形。

```
gg+geom_jitter(position=position_jitter(0.4), color="darkgray")+
  geom_line(aes(group=1), data=dT.summary)+
  geom_errorbar(aes(ymin=len-sd, ymax=len+sd), data=dT.summary, width=0.2)+
```

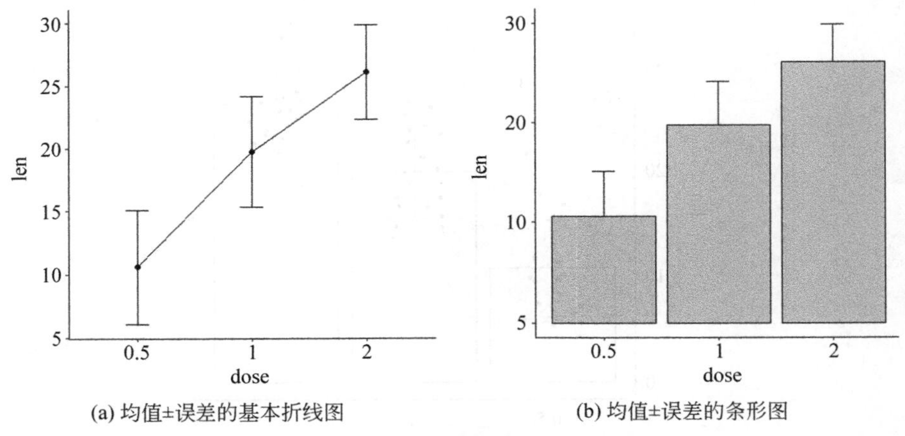

(a) 均值±误差的基本折线图　　(b) 均值±误差的条形图

图 7-26　均值±误差图

```
geom_point(data=dT.summary, size=2)
```

输出结果如图 7-27 所示。

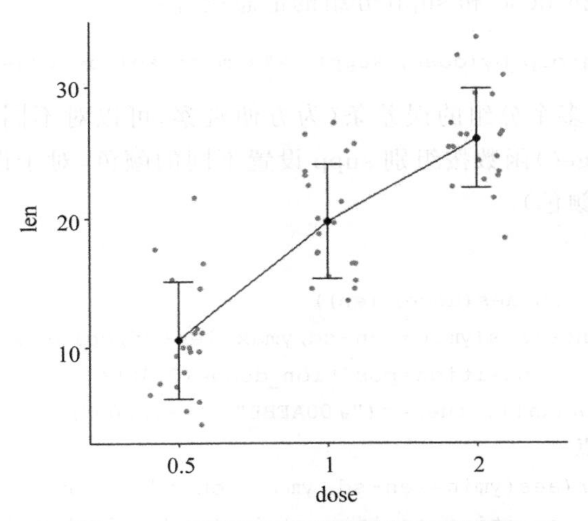

图 7-27　折线图+一维散点图+误差条

下面绘制条形图+一维散点图+误差条，首先添加条形图，再添加一维散点，再添加误差条。

```
gg+geom_bar(stat="identity", data=dT.summary, fill=NA, color="black")+
  geom_jitter(position=position_jitter(0.4), color="black")+
  geom_errorbar(aes(ymin=len-sd, ymax=len+sd), data=dT.summary, width=0.4)
```

输出结果如图 7-28 所示。

(2) 具有多个分组的均值/中位数图。

针对多个分组的数据，在绘制均值/中位数图时，首先需要对各分组数据进行汇总(计算均值和方差)，然后创建误差条，并在此基础上将多个图形进行叠加。

以 ToothGrowth 数据集中的 len、dose 和 supp 为例，其中 len 为连续变量，dose 和

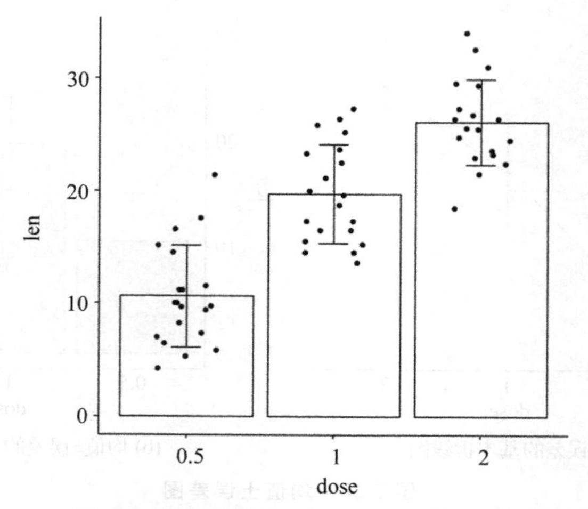

图 7-28 条形图十一维散点图十误差条

supp 为分组变量。

第 1 步：计算 len 按 dose 和 supp 分组的汇总统计：

```
dT.sum2 <-dT %>%group_by(dose, supp) %>%summarise(sd=sd(len), len=mean(len))
```

第 2 步：创建具有多个分组的误差条(为方便观察,可以对不同分组设置不同的颜色,如使用 geom_pointrange()函数按组别 supp 设置不同的颜色,对于误差条和均值点同样按组别 supp 设置不同的颜色)。

```
#上色
dg2<-ggplot(dT.sum2, aes(dose, len))
dg2+geom_pointrange(aes(ymin=len-sd,ymax=len+sd,color=supp),
                    position=position_dodge(0.4))+
    scale_color_manual(values=c("#00AFBB", "#E7B800"))
#绘制误差条和均值点
dg2+geom_errorbar(aes(ymin=len-sd, ymax=len+sd, color=supp),
                 position=position_dodge(0.4), width=0.3)+
    geom_point(aes(color=supp), position=position_dodge(0.4))+
    scale_color_manual(values=c("#00AFBB", "#E7B800"))
```

输出结果如图 7-29 所示。

第 3 步：创建具有多个分组的折线图或条形图。在创建折线图时,按组别 supp 来设置折线的不同线型;在创建条形图时,按组别 supp 来设置背景的不同填充颜色。

```
#误差条+折线图
dg2+geom_line(aes(linetype=supp, group=supp))+geom_point()+
    geom_errorbar(aes(ymin=len-sd, ymax=len+sd, group=supp), width=0.4)
#误差条+条形图
dg2+geom_bar(aes(fill=supp), stat="identity", position=position_dodge(1),
width=0.5)+
    geom_errorbar(aes(ymin=len, ymax=len+sd, group=supp), width=0.4,
```

```
        position=position_dodge(1))+
    scale_fill_manual(values=c("grey80", "grey30"))
```

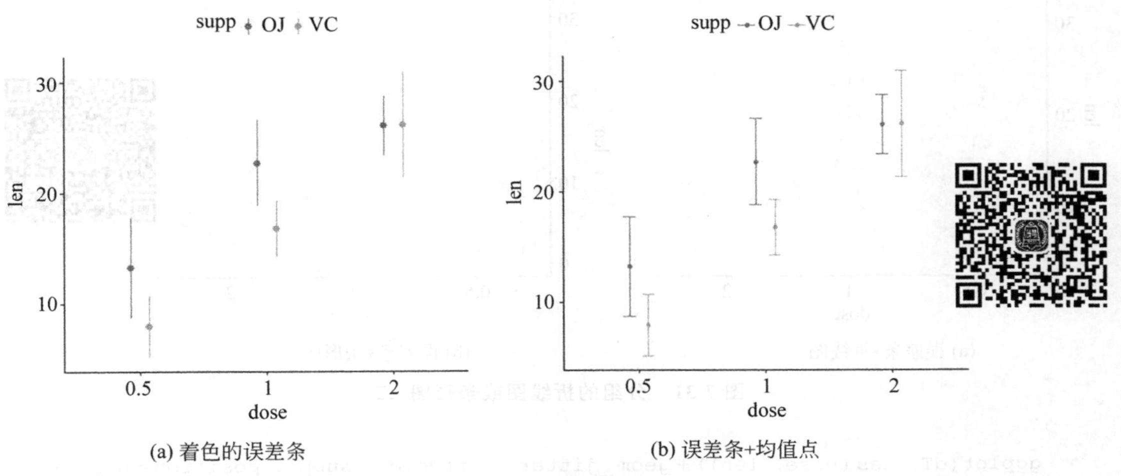

(a) 着色的误差条　　(b) 误差条+均值点

图 7-29　多分组的误差条

输出结果如图 7-30 所示。

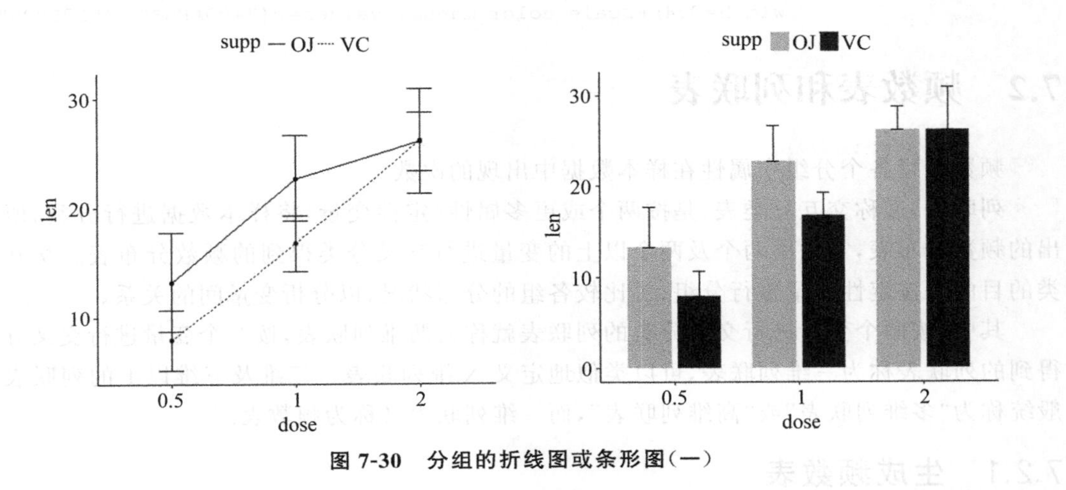

图 7-30　分组的折线图或条形图(一)

第 4 步：创建具有多个分组的均值±标准差图。此时可以使用 ggpubr 包来自动计算汇总统计信息并创建图形。

```
#绘制折线图
ggline(ToothGrowth, x="dose", y="len", add=c("mean_sd", "jitter"), color="supp",
    palette=c("#00AFBB", "#E7B800"))
#绘制条形图
ggbarplot(ToothGrowth, x="dose", y="len", add=c("mean_se", "jitter"), color="supp",
    palette=c("#00AFBB", "#E7B800"), position=position_dodge(1))
```

输出结果如图 7-31 所示。

也可以使用 ggplot2 包绘制图 7-31。

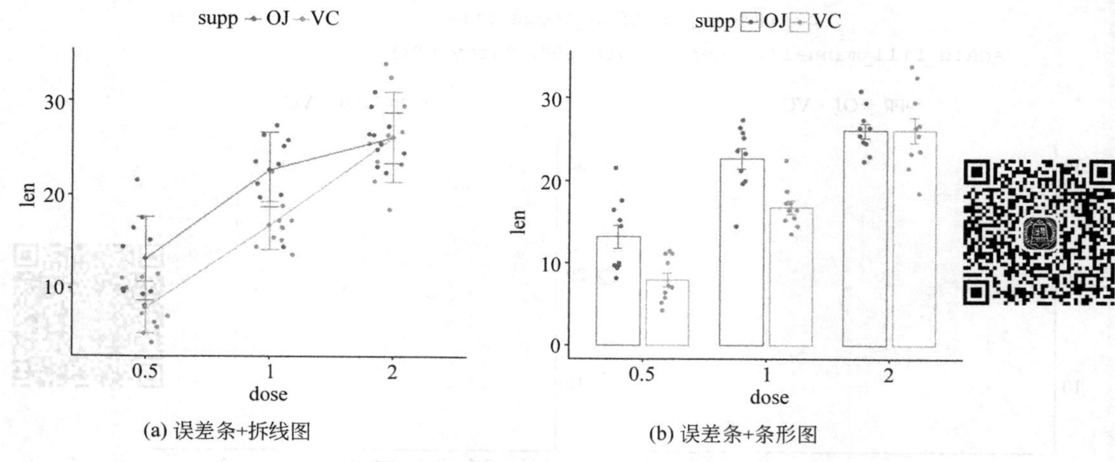

(a) 误差条+折线图

(b) 误差条+条形图

图 7-31 分组的折线图或条形图(二)

```
ggplot(dT, aes(dose, len))+geom_jitter(aes(color=supp), position=position_
jitter(0.4))+
  geom_line(aes(group=supp, color=supp), data=dT.sum2)+
  geom_errorbar(aes(ymin=len-sd, ymax=len+sd, color=supp), data=dT.sum2,
            width=0.4)+scale_color_manual(values=c("#00AFBB", "#E7B800"))
```

7.2 频数表和列联表

频数是指各个分组中属性在样本数据中出现的次数。

列联表,又称交互分类表,是按两个或更多属性(定性变量)将样本数据进行分类,所列出的频数分布表,它是由两个及两个以上的变量进行交叉分类得到的频数分布表。交互分类的目的是按定性变量进行分组,再比较各组的分布状况,以分析变量间的关系。

其中,按两个变量进行交叉分类的列联表就称为两维列联表,按3个变量进行交叉分类得到的列联表称为三维列联表,可以类似地定义N维列联表。三维及三维以上的列联表一般统称为"多维列联表"或"高维列联表",而一维列联表又称为频数表。

7.2.1 生成频数表

表7-7给出了R语言中可以生成频数表的函数。

表 7-7 频数表的相关函数

函 数	功 能 说 明
table(var1,var2,…,varN)	使用N个类别型变量(因子)创建一个N维列联表
xtabs(formula,data)	根据一个公式和一个矩阵或数据框创建一个N维列联表
prop.table(table,margins)	依据margins定义的边际列表将表中条目表示为分数形式
margin.table(table,margins)	依据margins定义的边际列表计算表中条目的和
addmargins(table,margins)	将概述边margins(默认是求和结果)放入表中
ftable(table)	创建一个紧凑的"平铺"式列联表

下面详细介绍上述函数的功能及使用细节。

1. table(var1,var2,…,varN)函数

table(var1,var2,…,varN)函数可以生成简易的频数表,var1,var2,…,varN为N个类别型变量。需要注意的是,table()函数默认忽略缺失值(NA)。

2. xtabs(formula,data)函数

xtabs(formula,data)函数可以根据formula给出的公式创建列联表,data为数据框或矩阵,formula的格式为

```
~var1+var2+...+varN
```

要进行交叉分类的变量应出现在"～"的右侧,并以"+"分隔。但是如果某个变量写在"～"的左侧,则表示该变量为一个频数向量。

3. prop.table(table,margins)函数

prop.table(table,margins)函数可以根据margins所定义的边际将列联表中的频数转化为比例值,如果想让结果以百分数形式呈现,只需在函数后乘以100,即prop.table(table,margins)*100。table是一列联表,margins是边际列表,参数margins的输出结果中,1代表第一个分类变量,2代表第二个分类变量,以此类推。

4. margin.table(table,margins)函数

与prop.table(table,margins)函数一样,margin.table(table,margins)函数也是根据margins定义的边际列表,不同的是,margin.table(table,margins)函数是用来生成边际频数的。而table,margins的意义同上,在此不再赘述。

5. addmargins(table,margins)函数

addmargins(table,margins)函数可以为列联表添加边际和,既可以添加行(或列)的边际和,也可以说所有变量的边际和。而table,margins的意义同上。

6. ftable(table)函数

ftable(table)函数可以将已知的列联表转换成一个紧凑的"平铺"式列联表。

除了上述函数,在gmodels包中,CrossTable(var1,var2)函数可以生成一个二维列联表。

7.2.2 生成列联表

下面介绍几种重要的列联表的创建方法。

1. 一维列联表(又称为频数表)

一维列联表就是根据一个分类变量列出变量各个数值的频数,用于探索类别型变量,常

用 table()函数和 xtabs()函数来创建频数表。

以 R 语言 vcd 包中的 Arthritis 数据为例。

```
install.packages("vcd")
library(vcd)
with(Arthritis,table(Improved))
xtabs(~Improved,data=Arthritis)
```

输出结果如图 7-32 所示。

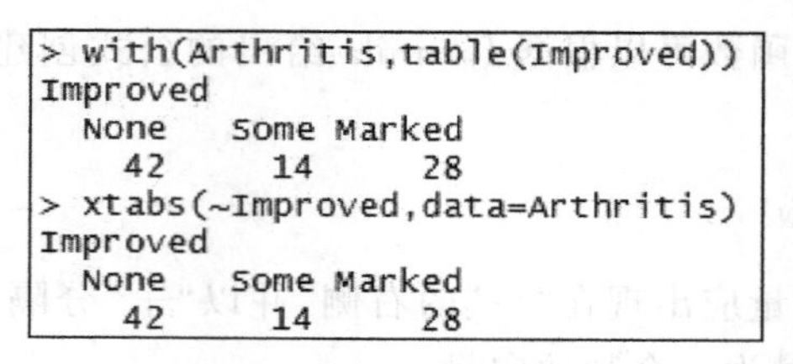

```
> with(Arthritis,table(Improved))
Improved
  None   Some Marked
    42     14     28
> xtabs(~Improved,data=Arthritis)
Improved
  None   Some Marked
    42     14     28
```

图 7-32　一维列联表

Improved 为分类变量，None、Some 和 Marked 是变量的数值，即各个变量值出现的频数。

2. 二维列联表

二维列联表是指按照两个分类变量列出的频数表，在 R 语言中，常用 table()函数和 xtabs()函数来创建二维列联表，也可以使用 gmodels 包中的 CrossTable()函数来创建。

下面仍以 R 语言的 Arthritis 数据为例。

```
with(Arthritis,table(Improved,Sex))
Arthnew<-xtabs(~Improved+Sex,data=Arthritis)
Arthnew
```

或

```
table(Improved,Sex)
```

或

```
library(gmodels)
CrossTable(Arthritis$Treatment, Arthritis$Improved)
```

输出结果如图 7-33 所示。

```
         Sex
Improved Female Male
  None       25   17
  Some       12    2
  Marked     22    6
```

图 7-33　二维列联表

3. 高维列联表

高维列联表又称为多维列联表，是按照 3 个及 3 个以上的分类变量列出的频数表，R 语言中的 table()函数和 xtabs()函数都可以基于 3 个或更多的类别型变量生成多维列联表。

以 R 语言的 Arthritis 数据为例。

```
with(Arthritis,table(Improved,Sex,Treatment))
newtable <-xtabs(~Improved+Sex+Treatment , data=Arthritis)
```

或

```
table(Improved,Sex,Treatment)
```

输出结果如图 7-34 所示。

```
, , Treatment = Placebo

         Sex
Improved Female Male
  None       19   10
  Some        7    0
  Marked      6    1

, , Treatment = Treated

         Sex
Improved Female Male
  None        6    7
  Some        5    2
  Marked     16    5
```

图 7-34　多维列联表

可以用 margin.table()函数、prop.table()函数和 addmargins()函数对频数表做进一步处理，如将频数表转换成比例表（或百分比表）、生成边际频数表等。下面以 Arthritis 数据的二维频数表为例详述这些操作。

4. 可以使用 margin.table()生成边际频数

行和：

```
margin.table(Arthnew, 1)
```

列和：

```
margin.table(Arthnew, 2)
```

输出结果：

```
Improved
  None   Some  Marked
    42     14     28
Sex
Female   Male
    59     25
```

5. 使用 prop.table()函数生成比例

行比：

```
prop.table(Arthnew, 1)
```

列比：

```
prop.table(Arthnew, 2)
```

也可以使用 prop.table() * 100 将比例表转化为百分比：

```
prop.table(Arthnew) * 100
```

输出结果如图 7-35 所示。

```
> prop.table(Arthnew, 1)
        Sex
Improved    Female      Male
  None   0.5952381 0.4047619
  Some   0.8571429 0.1428571
  Marked 0.7857143 0.2142857
> prop.table(Arthnew, 2)
        Sex
Improved    Female      Male
  None   0.4237288 0.6800000
  Some   0.2033898 0.0800000
  Marked 0.3728814 0.2400000
> prop.table(Arthnew) * 100
        Sex
Improved    Female      Male
  None   29.761905 20.238095
  Some   14.285714  2.380952
  Marked 26.190476  7.142857
```

图 7-35 比例表和百分比

6. 使用 addmargins()函数为这些表格添加边际和

```
addmargins(Arthnew)
```

或

```
addmargins(prop.table(Arthnew))
```

如果仅需添加各行的和：

```
addmargins(prop.table(Arthnew, 1), 2)
```

如果仅需添加各列的和：

```
addmargins(prop.table(Arthnew, 2), 1)
```

输出结果如图 7-36 所示。

备注：上述程序中的 1 表示 table()中的第一个分类变量，2 表示表示 table()中的第二个分类变量。其他的 N 维频数表也可以做上述处理，在此不再赘述。

```
> addmargins(Arthnew)
        Sex
Improved Female Male Sum
  None       25   17  42
  Some       12    2  14
  Marked     22    6  28
  Sum        59   25  84
> addmargins(prop.table(Arthnew))
        Sex
Improved     Female       Male        Sum
  None   0.29761905 0.20238095 0.50000000
  Some   0.14285714 0.02380952 0.16666667
  Marked 0.26190476 0.07142857 0.33333333
  Sum    0.70238095 0.29761905 1.00000000
> addmargins(prop.table(Arthnew, 1), 2)
        Sex
Improved    Female      Male       Sum
  None   0.5952381 0.4047619 1.0000000
  Some   0.8571429 0.1428571 1.0000000
  Marked 0.7857143 0.2142857 1.0000000
> addmargins(prop.table(Arthnew, 2), 1)
        Sex
Improved    Female      Male
  None   0.4237288 0.6800000
  Some   0.2033898 0.0800000
  Marked 0.3728814 0.2400000
  Sum    1.0000000 1.0000000
```

图 7-36　边际和

7.2.3　生成列联表的扩展

在很多实际问题中，根据分类变量来生成的频数表并不能满足问题的实际需要（如根据年龄段来生成频数表，每 10 年为一个年龄段）。由于 Arthritis 数据中并没有年龄段这一分类变量，此时就需要自定义区间间隔，并按区间对数据进行分组来生成频数表。

自制频数表的步骤归纳如下。

（1）求极差（又称全距）。在数据中求出最大值和最小值，Rang＝max－min，极差可以了解数据的跨度，为组距和组数的决定提供了决策的重要依据。

（2）确定组距与组数。通过极差的计算，选择一个合适的组距 K，进而确定组数 D，注意 D≥Rang/K。

（3）计算组限。组限（又称为分点），是每组数据两端的边界值，其中每组数据的起点值称为下限，记为 R_L；每组数据的终点称为上限，记为 R_U，而区间一般为左闭右开型 $[R_L, R_U)$。

（4）制作频数表。统计各分组内的数据量，得到各分组的频数（一般记为 f），执行 table()函数生成频数表。

下面以 Arthritis 数据为例，根据一个合适的年龄段进行分组，生成合适的频数表。

第 1 步：求年龄的极差。

```
Age_Rang<-max(Arthritis$Age)-min(Arthritis$Age)
```

第 2 步：年龄最大值为 74，最小值为 23，极差为 51，组距为 9，组数为 $\lceil 51/9 \rceil = 6$。

第3步：设置断点向量breaks，及各区间的标签labels。

```
breaks <-c(1, 32, 41, 50, 59, 68, 100)
labels <-c("<32","32-41","41-50","50-59","59-68",">=68")
```

第4步：用cut()函数按断点向量对数据进行分隔，得到各分组，再用table()函数生成频数表。

```
newtable <-cut(Arthritis$Age, breaks=breaks, labels=labels, right=TRUE)
df <-as.data.frame(table(Age=newtable))
```

输出结果如图7-37所示。

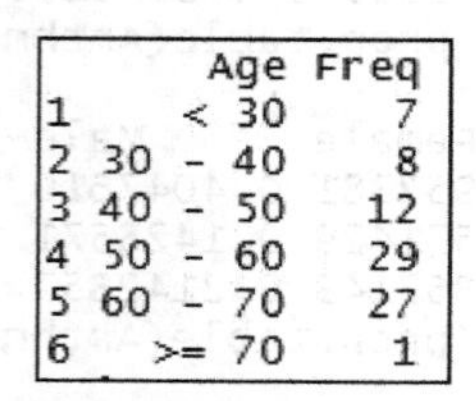

	Age	Freq
1	< 30	7
2	30 - 40	8
3	40 - 50	12
4	50 - 60	29
5	60 - 70	27
6	>= 70	1

图7-37　分组的频数表

7.2.4　独立性检验

R语言提供了多种对类别型变量独立性的检验方法，常用的独立性检验方法为：χ^2独立性检验、Fisher精确性检验和CMH(Cochran-Mantel-Haenszel)检验，其函数和功能如表7-8所示。

表7-8　独立性检验方法的函数和功能

名　　称	函数(包)	功　　能
χ^2独立性检验	vcd包的chisq.test()函数	对二维列联表(或频数表)的行变量和列变量进行χ^2独立性检验
Fisher精确性检验	vcd包的fisher.test()函数	对任意行(列)数大于或等于2的二维列联表进行Fisher精确检验，但2×2列表除外
CMH检验	vcd包的mantelhaen.test()函数	检验两个名义变量在第三个变量的每一水平中是否都满足条件独立

下面对各独立性检验及具体的函数调用进行介绍。

1. χ^2独立性检验

在vcd包中的chisq.test()函数可以对二维表的行变量和列变量进行χ^2独立性检验，需要指出的是，chisq.test()函数对二维列联表或二维频数表均可进行独立性检验，即不管是table()函数得到的数据还是xtabs()函数得到的数据框都可以直接作为chisq.test()函数的输入。chisq.test()函数的执行格式为

```
chisq.test(table)
```

其中，table 为 table()函数得到的数据或 xtabs()函数得到的数据框。

chisq.test()函数返回的结果有 3 个数值：χ^2 值、自由度以及 p 值。χ^2 检验的原假设 H_0 为两个变量独立，H_1 为两个变量相关。判断依据为 p 值较小则表示 χ^2 检验拒绝原假设 H_0，接受假设 H_1，即变量间存在一定的关系；p 值较大则表示接受原假设 H_0，拒绝假设 H_1，即变量间不存在联系。如果 p=0.05，表示变量间相互独立的可能性小于 5%，也就是两变量相关的概率超过 95%，显然拒绝原假设。

2. Fisher 精确性检验

在 vcd 包中的 fisher.test()函数可以对任意行(列)数大于或等于 2 的二维列联表进行 Fisher 精确性检验，执行格式与 chisq.test()函数一样。

Fisher 精确性检验的原假设 H_0 为在边界固定的列联表中行和列是相互独立的。fisher.test()函数的结果为 p 值，判断依据为 p 值较小则表示 Fisher 精确性检验拒绝原假设 H_0，接受假设 H_1，即列联表中行和列是相关的；p 值较大则表示接受原假设 H_0，拒绝假设 H_1，即列联表中行和列是相互独立的。如果 p=0.05，表示行和列相互独立的可能性小于 5%，也就是行和列相关的概率超过 95%，显然拒绝原假设。需要指出的是，fisher.test()函数不能用于 2×2 的列联表。

3. CMH 检验

mantelhaen.test()函数可以用来进行 CMH 检验，它检验的是在第三个变量(第三列)，或 talbe 的列表第三维度的各水平下，其他两个名义变量的独立性，即条件独立。

mantelhaen.test()函数原假设 H_0 为两个名义变量在第三个变量的每一层中都是条件独立的。同 chisq.test()函数一样，mantelhaen.test()函数返回的结果也为 3 个数值：χ^2 值、自由度及 p 值，判断依据为若 p 值很小，表示第三变量划分后，第一、第二变量仍然是具有一定关系的(即不独立)，若第三变量划分后，p 值很大(p>0.05)，则表明把相关因素去除(即去除第三变量)后，使得剩下的两个名义变量满足相互独立(即不相关)，该检验适用于检验多维变量数据中，各维度是否对相关具有显著的影响。

实例 7-11 对 Arthritis 数据集中的 Treatment、Improved、Sex 变量进行独立性检验。

```
library(vcd)
mytable1 <-xtabs(~Treatment+Improved, data=Arthritis)
#变量 Treatment 与 Improved 进行 χ² 独立性检验
chisq.test(mytable1)
mytable2 <-xtabs(~Improved+Sex, data=Arthritis)
#变量 Improved 与 Sex 进行 χ² 独立性检验
chisq.test(mytable2)
```

输出结果如图 7-38 所示。

```
#变量 Treatment 与 Improved 进行 Fisher 精确性检验
fisher.test(mytable1)
#变量 Improved 与 Sex 进行 Fisher 精确性检验
fisher.test(mytable2)
```

```
> mytable1 <- xtabs(~Treatment+Improved, data=Arthritis)
> chisq.test(mytable1)

        Pearson's Chi-squared test

data:  mytable1
X-squared = 13.055, df = 2, p-value = 0.001463

> mytable2 <- xtabs(~Improved+Sex, data=Arthritis)
> chisq.test(mytable2)

        Pearson's Chi-squared test

data:  mytable2
X-squared = 4.8407, df = 2, p-value = 0.08889
```

图 7-38 χ^2 独立性检验

```
> fisher.test(mytable1)

        Fisher's Exact Test for Count Data

data:  mytable1
p-value = 0.001393
alternative hypothesis: two.sided

> fisher.test(mytable2)
        Fisher's Exact Test for Count Data
data:  mytable2
p-value = 0.1094
alternative hypothesis: two.sided
```

图 7-39 Fisher 精确性检验

输出结果如图 7-39 所示。

```
mytable3 <-xtabs(~Treatment+Improved+Sex, data=Arthritis)
#CMH检验
mantelhaen.test(mytable3)
```

输出结果如图 7-40 所示。

```
        Cochran-Mantel-Haenszel test

data:  mytable3
Cochran-Mantel-Haenszel M^2 = 14.632, df = 2, p-value =
0.0006647
```

图 7-40 CMH 检验

7.2.5 相关性的度量

7.2.4 节介绍了名义变量之间的独立性检验，如果两个变量之间不存在独立性，它们必然存在一定的关系。接下来介绍两个变量之间的相关性强弱。

采用 vcd 包中的 assocstats()函数计算二维列联表的相关系数，返回值为 Phi 系数、列联系数和 Cramer's V 系数。其中，Phi 系数适用于 2×2 列联表，而列联系数和 Cramer's V 系数适用于大于 2×2 的列联表。下面详述这些系数的具体意义。

(1) Phi 系数：Phi 系数越接近 1，表明变量越相关。Phi 系数越接近 0，表明变量越不相关，Phi=1 表明变量完全相关，而 Phi=0 表明变量相互独立。

(2) 列联系数：当表中两变量相互独立时，列联系数为 0。其最大值依赖于行数和列数，但是不可能大于 1。

(3) Cramer's V 系数：两个变量相互独立时，Cramer's V 系数等于 0；两个变量完全相关时，Cramer's V 系数等于 1。

实例 7-12　以 Arthritis 数据集为例讨论 Treatment 与 Improved 变量的相关性。

```
library(vcd)
Rtable <-xtabs(~Treatment+Improved, data=Arthritis)
assocstats(Rtable)
```

输出结果如图 7-41 所示。

```
                    X^2 df  P(> X^2)
Likelihood Ratio 13.530  2 0.0011536
Pearson          13.055  2 0.0014626

Phi-Coefficient   : NA
Contingency Coeff.: 0.367
Cramer's V        : 0.394
```

图 7-41　Treatment 与 Improved 的相关性分析

7.3　相关分析

相关性分析就是通过定量指标描述变量之间的强弱、直接或间接的联系。

相关系数可以用来描述定量、变量之间的关系。取值范围为 −1 到 1 的数值，其中 0 表示不相关，−1 表示负相关，1 表示正相关，也就是说相关性的绝对值越趋近于 1，变量间的相关性就越强。

7.3.1　相关的类型

相关分析包括 Pearson 相关系数(积差相关)、Spearman 相关系数(等级相关)、Kendall 相关系数、偏相关系数、多分格(polychoric)相关系数和多系列(polyserial)相关系数。其中最常使用的是 Pearson 相关系数、Spearman 相关系数、Kendall 相关系数和偏相关系数。

Pearson 相关系数适用于描述两个正态分布的连续性变量间的线性相关程度，是两个具有线性关系的变量间的相关关系密切程度和相关方向的统计指标。Pearson 相关系数取值介于 −1 到 1 之间，绝对值越接近 0 表示相关性越低，绝对值越接近 1 表示相关性越高。正、负号表明相关方向，正号为正相关、负号为负相关。

Spearman 相关系数，又称为秩相关系数，利用两变量的秩次大小来进行分析，属于非参数统计方法。Spearman 相关系数适用于不满足 Pearson 相关系数正态分布要求的连续变量或有序分类变量之间的相关性测量。

Kendall相关系数也是一种非参数的等级相关度量，适用于描述两个有序分类变量间的相关关系。如高考评卷过程中，判断几位评卷专家评阅多篇作文的评分标准是否一致(即评分者信度)时，可以使用Kendall系数。

偏相关系数是指在对多变量数据进行分析时，通过控制一个或多个定量、变量，从而单独分析两个定量、变量之间的相关关系。

需要指出的是，对于有序的数据而言，Spearman相关系数与Pearson相关系数的作用是相同的，但是当一个变量为定量数据，而另一个变量却是有序数据时，可以直接计算Spearman相关系数或将定量数据转换为定序数据后再计算Pearson相关系数。而Kendall相关系数最便于解释，如果Kendall相关系数等于1/3，则表明一致情况的出现频率是不一致的两倍(1+t/1−t)。

在R语言中，cor()函数可以计算Pearson相关系数、Spearman相关系数和Kendall相关系数，执行格式为

```
cor(x,use=,method=)
```

其中，x表示矩阵或数据框。参数use用以指定缺失值的处理方式，可取值为all.obs、everything、complete.obs和pairwise.complete.obs。all.obs表示数据中无缺失值，若遇到缺失值时将立即报错；everything表示若遇到缺失值，将相关系数的结果设为missing；而complete.obs表示将存在缺失值的行整体删除；pairwise.complete.obs则表示对缺失值进行成对的删除(pair wise deletion)。参数method用以指定所计算的相关系数的类型，取值为pearson、spearman或kendall。

偏相关分析又称净相关分析，是指在控制其他变量的线性影响的条件下分析两变量间的线性相关性，适用于描述在考虑第三方影响下的两个变量间的相关关系。

R语言的ggm包中的pcor()函数可以计算偏相关，调用格式为

```
pcor(u,Σ)
```

其中，u是数值向量，前两个数值表示要计算相关系数的变量下标，其余的数值为条件变量(即要排除影响的变量)的下标；Σ为变量的协方差阵(可直接用cov()函数计算)。

实例7-13 以state.x77数据为例计算Population、Income、Illiteracy与其他变量间的相关系数。

```
install.packages("ggm")
library(ggm)
states <-state.x77[, 1:6]
cov(states)
```

输出结果如图7-42所示。

```
#在不指定method时计算的是Pearson相关系数
cor(states)
#指定method为Spearman相关系数
cor(states,method="spearman")
#指定method为Kendall相关系数
```

```
           Population        Income    Illiteracy      Life Exp
Population 19931683.7588 571229.7796  292.8679592 -407.8424612
Income       571229.7796 377573.3061 -163.7020408  280.6631837
Illiteracy      292.8680   -163.7020    0.3715306   -0.4815122
Life Exp       -407.8425    280.6632   -0.4815122    1.8020204
Murder         5663.5237   -521.8943    1.5817755   -3.8694804
HS Grad       -3551.5096   3076.7690   -3.2354694    6.3126849
               Murder       HS Grad
Population 5663.523714 -3551.509551
Income     -521.894286  3076.768980
Illiteracy    1.581776    -3.235469
Life Exp     -3.869480     6.312685
Murder       13.627465   -14.549616
HS Grad     -14.549616    65.237894
```

图 7-42　变量间的相关系数分析

```
cor(states,method="kendall")
```

上述程序输出结果如图 7-43 所示。

```
> cor(states)
            Population     Income Illiteracy    Life Exp     Murder
Population  1.00000000  0.2082276  0.1076224 -0.06805195  0.3436428
Income      0.20822756  1.0000000 -0.4370752  0.34025534 -0.2300776
Illiteracy  0.10762237 -0.4370752  1.0000000 -0.58847793  0.7029752
Life Exp   -0.06805195  0.3402553 -0.5884779  1.00000000 -0.7808458
Murder      0.34364275 -0.2300776  0.7029752 -0.78084575  1.0000000
HS Grad    -0.09848975  0.6199323 -0.6571886  0.58221620 -0.4879710
               HS Grad
Population -0.09848975
Income      0.61993232
Illiteracy -0.65718861
Life Exp    0.58221620
Murder     -0.48797102
HS Grad     1.00000000
> cor(states,method="spearman")
           Population     Income Illiteracy   Life Exp     Murder
Population  1.0000000  0.1246098  0.3130496 -0.1040171  0.3457401
Income      0.1246098  1.0000000 -0.3145948  0.3241050 -0.2174623
Illiteracy  0.3130496 -0.3145948  1.0000000 -0.5553735  0.6723592
Life Exp   -0.1040171  0.3241050 -0.5553735  1.0000000 -0.7802406
Murder      0.3457401 -0.2174623  0.6723592 -0.7802406  1.0000000
HS Grad    -0.3833649  0.5104809 -0.6545396  0.5239410 -0.4367330
              HS Grad
Population -0.3833649
Income      0.5104809
Illiteracy -0.6545396
Life Exp    0.5239410
Murder     -0.4367330
HS Grad     1.0000000
> cor(states,method="kendall")
            Population      Income Illiteracy    Life Exp     Murder
Population  1.00000000  0.08408163  0.2123063 -0.06865555  0.2364983
Income      0.08408163  1.00000000 -0.1970811  0.21904389 -0.1448450
Illiteracy  0.21230629 -0.19708113  1.0000000 -0.42852098  0.5155359
Life Exp   -0.06865555  0.21904389 -0.4285210  1.00000000 -0.5997547
Murder      0.23649826 -0.14484495  0.5155359 -0.59975465  1.0000000
HS Grad    -0.23539045  0.35798964 -0.5047401  0.39525368 -0.2884066
              HS Grad
Population -0.2353905
Income      0.3579896
Illiteracy -0.5047401
Life Exp    0.3952537
Murder     -0.2884066
HS Grad     1.0000000
```

图 7-43　Spearman 相关系数

```
x <-states[, c("Population", "Income", "Illiteracy", "HS Grad")]
y <-states[, c("Life Exp", "Murder")]
#计算 x 与 y 的 Pearson 相关系数
cor(x, y)
#计算偏相关系数
pcor(c(1, 5, 2, 3, 6), cov(states))
```

输出结果如图 7-44 所示。

```
> cor(x, y)
              Life Exp     Murder
Population -0.06805195  0.3436428
Income      0.34025534 -0.2300776
Illiteracy -0.58847793  0.7029752
HS Grad     0.58221620 -0.4879710
> pcor(c(1, 5, 2, 3, 6), cov(states))
[1] 0.3462724
```

图 7-44 Pearson 相关系数与偏相关系数

补充：多系列、多分格和四分相关系数都假设有序变量或二分变量由潜在的正态分布导出。polycor 包中的 hetcor()函数可以返回一个混合相关矩阵，包括数值型变量的 Pearson 相关系数、数值型变量和有序变量之间的多系列相关系数、有序变量之间的多分格相关系数以及二分变量之间的四分相关系数。

7.3.2 相关性的显著性检验

通过相关性度量的分析，可以知道变量间具有相关关系，但是这种关系是否显著，这就需要做相关性的显著性检验。进行统计显著性检验时，常用的原假设 H_0 为变量间不相关(即总体的相关系数为 0)。

在 R 语言的 psych 包中，提供了 3 个能进行相关性的显著性函数：cor.test()函数、corr.test()函数和 r.test()函数。下面详细介绍各函数的适用环境和执行格式。

1. cor.test()函数

cor.test()函数可以对 Pearson、Spearman 和 Kendall 相关系数中的一个进行检验。执行格式为

```
cor.test(x, y, alternative=, method=)
```

其中，x 和 y 为要检验相关性的变量；alternative 用以指定显著性检验为单侧检验还是双侧检验(对应的取值为 less、two.side 或 greater)，当原始假设为总体的相关系数小于 0 时，设置 alternative＝"less"，当原始假设为总体的相关系数大于 0 时，设置 alternative＝"greater"，当原始假设为总体的相关系数不等于 0 时，设置 alternative＝"two.side"(系统默认 alternative＝"two.side")；method 用以指定要计算的相关类型(pearson、kendall 或 spearman)。

遗憾的是，cor.test()每次只能对一种相关关系进行检验。而 psych 包的 corr.test()函数可以一次做更多事情。

2. corr.test()函数

corr.test()函数可以为 Pearson、Spearman 或 Kendall 相关关系计算相关矩阵并给出显著性水平。corr.test() 函数的执行格式为

```
corr.test(data, use=, adjust=)
```

其中，data 为观测数据对应的数据库；参数 use 代表缺失值的处理方法，use＝pairwise 表示对缺失值执行成对删除，use＝complete 表示对缺失值执行行删除；参数 adjust＝用以提供修正方法，但若不做修正，可设为 adjust＝"none"；参数 method＝的取值分别为 pearson(默认值)、spearman 或 kendall。

corr.test()函数返还的是相关系数矩阵和伴随概率矩阵，其中矩阵中的上三角部分为调整后的值，下三角为调整前的值。

3. pcor.test()函数

偏相关系数的显著性检验可以用 psych 包的另一个函数——pcor.test()函数实现，其执行格式为

```
pcor.test(r,q,n)
```

其中，r 为 pcor 得到的偏相关系数，q 为控制变量数，n 为样本大小。

4. r.test()函数

在 psych 包中还有一个 r.test()函数可以进行相关系数显著性检验，r.test()函数主要适用于下列情形。

(1) 某种相关系数的显著性。

(2) 两个独立相关系数的差异是否显著。

(3) 两个基于一个共享变量得到的非独立相关系数的差异是否显著。

(4) 两个基于完全不同的变量得到的非独立相关系数的差异是否显著。

实例 7-14 请对实例 7-13states 数据中的第 3 列与第 5 列进行相关性检测。

```
library(psych)
cor.test(states[,3], states[,5])
```

或

```
corr.test(x=states,use="complete")
```

或

```
pcor.test(pcor(c(1,5,2,3,6),cov(states)),c(2,3,6),n=states)
```

输出结果如图 7-45 所示。

```
        Pearson's product-moment correlation

data:  states[, 3] and states[, 5]
t = 6.8479, df = 48, p-value = 1.258e-08
alternative hypothesis: true correlation is not equal to 0
95 percent confidence interval:
 0.5279280 0.8207295
sample estimates:
      cor
0.7029752
```

图 7-45　显著性检验

7.3.3 相关关系的可视化

二元关系的相关系数可以用散点图和散点图矩阵实现可视化，相关图（correlogram）则为多变量的相关系数的比较提供了一种独特而强大的方法。

corrgram 包中的 corrgram()函数可以将相关系数矩阵以图形方式展示。corrgram()函数的执行格式为

```
corrgram(x,order=,panel=,text.panle=,diag.panel=)
```

其中，x 是观测数据的数据框。参数 order 为逻辑值，当 order＝TRUE 时，表示相关系数矩阵将使用主成分分析法对因子变量进行重排序，这样会使得二元变量的关系模式更为显著；当 order＝FALSE 时，变量则按原次序输出。参数 panel 用以设定非对角线面板的元素类型(具体见表 7-6 和表 7-7)，还可以通过选项 lower.panel 和 upper.panel 来分别实现主对角线下方和主对角线上方的元素类型的设置。参数 text.panel 和 diag.panel 则用以设置主对角线元素类型。

表 7-9　非对角线参数 panel 不同选项及其含义

非对角线参数 panel	含　义
panel.pie	用饼图的填充比例来表示相关性
panel.shade	用阴影的深度来表示相关性
panel.ellipse	绘制置信椭圆和平滑拟合曲线
panel.pts	绘制散点图

表 7-10　对角线参数 panel 不同选项及其含义

主对角线参数 panel	含　义
panel.minmax	输出变量的最大、最小值
panel.txt	输出的变量名字

除此之外，PerformanceAnalytics 包中的 chart.Correlation()函数也可以实现相关系数矩阵的可视化，从图上来看，其可以看作是 pairs()函数的加强。

```
chart.Correlation(states, method=)
```

其中，states 为数据框，参数 method 用以指定相关系数的类型，取值为 pearson、spearman 或 kendall。

以 mtcars 数据框中的变量相关性为例，它含有 11 个变量，对每个变量都测量了 32 辆汽车。

```
options(digits=2)
cor(mtcars)
```

相关系数矩阵如图 7-46 所示。

	mpg	cyl	disp	hp	drat	wt	qsec	vs	am	gear	carb
mpg	1.00	-0.85	-0.85	-0.78	0.681	-0.87	0.419	0.66	0.600	0.48	-0.551
cyl	-0.85	1.00	0.90	0.83	-0.700	0.78	-0.591	-0.81	-0.523	-0.49	0.527
disp	-0.85	0.90	1.00	0.79	-0.710	0.89	-0.434	-0.71	-0.591	-0.56	0.395
hp	-0.78	0.83	0.79	1.00	-0.449	0.66	-0.708	-0.72	-0.243	-0.13	0.750
drat	0.68	-0.70	-0.71	-0.45	1.000	-0.71	0.091	0.44	0.713	0.70	-0.091
wt	-0.87	0.78	0.89	0.66	-0.712	1.00	-0.175	-0.55	-0.692	-0.58	0.428
qsec	0.42	-0.59	-0.43	-0.71	0.091	-0.17	1.000	0.74	-0.230	-0.21	-0.656
vs	0.66	-0.81	-0.71	-0.72	0.440	-0.55	0.745	1.00	0.168	0.21	-0.570
am	0.60	-0.52	-0.59	-0.24	0.713	-0.69	-0.230	0.17	1.000	0.79	0.058
gear	0.48	-0.49	-0.56	-0.13	0.700	-0.58	-0.213	0.21	0.794	1.00	0.274
carb	-0.55	0.53	0.39	0.75	-0.091	0.43	-0.656	-0.57	0.058	0.27	1.000

图 7-46 相关系数矩阵

```
install.packages("corrgram")
library(corrgram)
corrgram(mtcars,order=TRUE,lower.panel=panel.shade,upper.panel=panel.pie)
```

变量的相关性如图 7-47 所示。

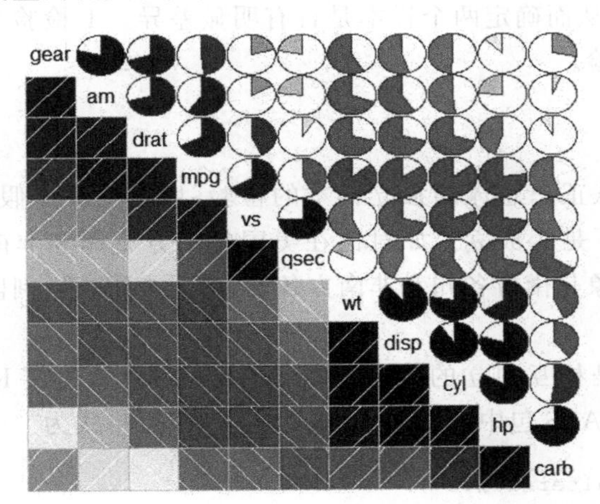

图 7-47 变量的相关性

除此之外，还可以用 corrplot()函数实现相关矩阵的可视化，执行格式为

```
corrplot(corr, method=)
```

其中，参数 corr 表示可视化矩阵，参数 method 用来指定可视化方法，包括 circle、square、ellipse、number、shade、color 及 pie。

```
corr<-cor(mtcars)
```

```
corrplot(corr, method="circle")
corrplot(corr, method="square")
corrplot(corr, method="ellipse")
corrplot(corr, method="number")
corrplot(corr, method="shade")
corrplot(corr, method="color")
corrplot(corr, method="pie")
library(PerformanceAnalytics)
chart.Correlation(corr, method="pearson")
```

结果的可视化效果大相径庭,读者可参照自己的视觉习惯来选择。

7.4　T 检验统计量

7.3.2 节介绍了类型变量的观察数据的显著性检验,下面介绍定义变量为连续型且服从正态分布的变量之间显著性检验——T 检验。如比较患者在接受一种新药物治疗和接受原药物的治疗后的显著情况等问题。

T 检验是样本检验中使用频率最多的统计量,在样本数量较大(＞＝45) 时,Z 检验与 T 检验相似。

T 检验(又称为 student t 检验),是指用 T 分布理论来推论差异发生的概率,从而比较两个平均数的差异是否显著。简而言之,T 检验就是对比两个样本数据的均值是否在置信区间内(一般取显著水平为 95%)相等,从而确定两个样本是否有明显差异。T 检验分为独立样本的 T 检验和非独立样本的 T 检验。

7.4.1　独立样本的 T 检验

独立样本的 T 检验是针对两组服从正态总体的独立样本的检验,用于检验原假设 H_0 为两组总体均值相等在给定显著水平下是否成立。如对比在美国的南方犯罪和非南方犯罪,哪里更有可能被判监禁?比较的对象是南方各州和非南方各州,而因变量为被判监禁的概率。

假设两组数据对应的自定义变量是相互独立的,并且来自一个正态总体。在 R 语言中,独立样本的 T 检验可以通过执行 MASS 包中的 t.test()函数实现,执行格式为

```
t.test(y~x , data=, var.equal=, alternative=)
```

或

```
t.test(y1,y2)
```

其中,y 是一个数值型变量,x 是一个二分变量;y1 和 y2 为数值型向量(即两组数据的观测变量);而可选参数 data 为一个包含了这些变量的矩阵或数据框。在 R 语言中,T 检验默认假定方差是不相等的(即 var.equal＝FALSE),如果想要假定方差相等,需使用 Welsh 来修正自由度,即添加参数 var.equal＝TRUE,同时需要使用合并方差估计。还可以通过添加参数 alternative 来指定 T 检验是单侧检验还是双侧检验,一般 alternative＝"two.side"表示双

侧检验、alternative="less"及 alternative="greater"用来指定有方向的检验。由于假设数据服从正态分布,故默认是双侧检验:alternative="two.side"(即均值不相等,且大小的方向不确定)。

实例 7-15 比较在美国的南方犯罪和非南方犯罪,哪里更有可能被判监禁?

```
#这里 var.equal=F, 即方差不相等, alternative="two.side", 即双侧检验
library(MASS)
t.test(Prob ~So, data=UScrime)
```

或

```
library(MASS)
t.test(UScrime$Prob ,UScrime$So)
```

检验结果如图 7-48 所示。

```
        Welch Two Sample t-test

data:  Prob by So
t = -3.8954, df = 24.925, p-value = 0.0006506
alternative hypothesis: true difference in means is not equal to 0
95 percent confidence interval:
 -0.03852569 -0.01187439
sample estimates:
mean in group 0 mean in group 1 
     0.03851265      0.06371269 
```

图 7-48 双侧检验

由于 p>0.01,所以拒绝南方各州监禁的概率和非南方各州监禁概率相等的假设。

7.4.2 非独立样本的 T 检验

非独立样本的 T 检验是假定组间的差异呈正态分布,通过设定参数 paired=TRUE,以实现配对样本的 T 检验。执行格式为

```
t.test(y1, y2, paired=TRUE)
```

其中,y1 和 y2 为两个非独立组的数值型向量。

实例 7-16 用实例 7-15 的数据分析年轻人与中年人的失业率有何差异?其中,U1 表示 14~24 岁城市男性的失业率,U2 表示 35~39 岁城市男性的失业率。

```
library(MASS)
t.test(UScrime$U1, UScrime$U2 , paired=TRUE)
```

输出结果如图 7-49 所示。

由此看出差异均值大约为 61.5,显得较大,因此 U1 和 U2 均值相等的原假设不接受。当然,实际算出的差异均值和检验出的差异均值一致。

```
sapply(UScrime[c("U1", "U2")], function(x) (c(mean=mean(x), sd=sd(x))))
with(UScrime, t.test(U1, U2, paired=TRUE))
```

输出结果如图 7-50 所示。

```
        Paired t-test

data:  UScrime$U1 and UScrime$U2
t = 32.407, df = 46, p-value < 2.2e-16
alternative hypothesis: true difference in means is not equal to 0
95 percent confidence interval:
 57.67003 65.30870
sample estimates:
mean of the differences
               61.48936
```

图 7-49 非独立样本的 T 检验

```
        Paired t-test

data:  U1 and U2
t = 32.407, df = 46, p-value < 2.2e-16
alternative hypothesis: true difference in means is not equal to 0
95 percent confidence interval:
 57.67003 65.30870
sample estimates:
mean of the differences
               61.48936
```

图 7-50 配对的 T 检验

事实上,若总体均值相等,获取一个差异如此大的样本的概率小于 $2.2\times e^{-16}$。

当样本数据为多组情形时,如果样本数据是通过独立的抽样方式从正态总体中随机抽样获得的,则执行方差分析(ANOVA)即可,但是当数据无法满足 T 检验和 ANOVA 分析时,还可以使用非参数检验。

7.5 组间差异的非参数检验

7.4 节介绍的 T 检验都有一个前提条件——总体服从正态分布,各组样本均是从正态总体中抽取所得的,但是当总体不服从正态分布时,是无法进行 T 检验的。此时,可以使用非参数检验来确定样本之间是否有显著的差异。

7.5.1 两组的比较

如果两组样本数据满足相互独立,可以使用 Wilcoxon 秩和检验来确定该两组样本数据是否有显著的差异。

Wilcoxon 秩和检验,又称为 Mann-Whitney U 检验,主要用于分析总体不服从正态分布时两组样本是否来自相同的概率分布总体,即一组观测数据是否比另一组观测数据的得分概率高。如果样本数据已经满足了正态性假设,使用 T 检验更容易检验出样本数据之间的差异性。在 R 语言中,可以使用 wilcox.test()函数来进行 Wilcoxon 秩和检验,执行格式为

```
wilcox.test(y~x,data)
```

或

```
wilcox.test(y1,y2)
```

其中,y 是数值型变量,x 是一个二分变量;y1 和 y2 为两组样本数据的结果变量;而可选参数 data 代表着一个涵盖上述所有变量的矩阵或数据框。同 t.test()函数一样,wilcox.test()函数也可以使用可选参数 alternative 来指定检验是单侧检验还是双侧检验(默认为双侧检验,即 alternative="two.side"),也可以指定 alternative="less"或 alternative="greater"表示有方向的检验。

实例 7-17 使用 Mann-Whitney U 检验分析实例 7-15 中的监禁概率的高低问题。

```
wilcox.test(UScrime$Prob ~UScrime$So)
```

或

```
wilcox.test(Prob ~So, data=UScrime)
```

输出结果如图 7-51 所示。

```
        Wilcoxon rank sum test

data:  UScrime$Prob by UScrime$So
W = 81, p-value = 8.488e-05
alternative hypothesis: true location shift is not equal to 0
```

图 7-51 Mann-Whitney U 检验

可以拒绝南方各州和非南方各州监禁率相同的假设($p<0.001$)。

需要指出的是,如果两组样本数据不相互独立时,可以使用 Wilcoxon 符号秩检验来确定两组数据的差异性。

Wilcoxon 符号秩检验是非独立样本数据组 T 检验的一种非参数检验的替代方法,该方法主要用于确定两组成对数据和无法保证正态性假设的数据组之间的差异性。Wilcoxon 符号秩检验依然可以通过执行 wilcox.test()函数来实现,调用格式与 Mann-Whitney U 检验时完全一样,只是还可以补充可选参数 paired=TRUE(当 paired=FALSE 时,是 Wilcoxon 秩和检验)。

实例 7-18 用 Wilcoxon 符号秩检验分析实例 7-16 的失业率问题。

```
sapply(UScrime[c("U1", "U2")], median)
with(UScrime, wilcox.test(U1, U2, paired=TRUE))
```

输出结果如图 7-52 所示。

```
> sapply(UScrime[c("U1", "U2")], median)
U1 U2
92 34
> with(UScrime, wilcox.test(U1, U2, paired = TRUE))

        Wilcoxon signed rank test with continuity correction

data:  U1 and U2
V = 1128, p-value = 2.464e-09
alternative hypothesis: true location shift is not equal to 0
```

图 7-52 Wilcoxon 符号秩检验

对比实例 7-16 的结果,可以发现与配对 T 检验的结论相同。

上述实例再次说明，当 T 检验的假设合理时，参数检验的效果更优（即更容易发现两组数据间的差异性）。但是当假设非常不合理时（如等级有序的两组数据），非参数检验的效果更优，也更为适用。

7.5.2 多组的比较

当有多组数据（多于两组）需要进行差异性分析时，如果各组数据间无法满足 T 检验的条件或者不能同时满足 ANOVA 设计的全部假设（即独立且服从正态分布的总体）时，就可以使用非参数检验来确定组间的差异性。

当各组数据只满足独立性时，可以使用 Kruskal-Wallis 检验。在 R 语言中，Kruskal-Wallis 检验可以通过执行 kruskal.test()函数实现，函数的返回值为 Kruskal-Wallis chi-squared 值、df 值和 p 值，执行格式为

```
kruskal.test(y~A,data)
```

其中，y 为数值型的结果变量；A 为含有两个及两个以上水平的分组变量（当 A 为两个水平的分组变量时，Kruskal-Wallis 检验与 Mann-Whitney U 检验等价）；而可选参数 data 代表着涵盖了上述所有变量的矩阵或数据框。

当各组数据不满足独立性（如重复测量设计或随机区组设计）时，则可以使用 Friedman 检验。格式如下

```
friedman.test(y~A|B,data)
```

其中，y 为数值型的结果变量；A 为含有两个及两个以上水平的分组变量，B 为指定匹配观测的区组变量；而可选参数 data 代表着涵盖了上述所有变量的矩阵或数据框（同上）。

除此之外，R 语言中的 npmc 包内还有一个可以实现多组数据的非参数检验的 npmc()函数，该函数是通过各组间的两两配对，函数返回置信区间和 p 值。npmc()函数的执行格式为

```
npmc(var,class)
```

其中，var 是因变量，class 是分组变量。

实例 7-19 利用 Kruskal-Wallis 检验回答实例 7-13 中文盲率的问题。首先，需要对数据集进行更新，将地区的名称添加到数据集中。

```
#包含地区名称的信息在随 R 基础安装分发的 state.region 数据集中
states <-as.data.frame(cbind(state.region, state.x77))
#进行 Kruskal-Wallis 检验
kruskal.test(Illiteracy ~state.region, data=states)
```

输出结果如图 7-53 所示。

```
        Kruskal-Wallis rank sum test

data:  Illiteracy by state.region
Kruskal-Wallis chi-squared = 22.672, df = 3, p-value = 4.726e-05
```

图 7-53 Kruskal-Wallis 检验

从结果可以看出，美国 4 个地区的文盲率各不相同（因为 $p=4.726\times e^{-5}<0.001$）。

```
#或使用 npmc 包中的 npmc()函数
install.packages("npmc")
library(npmc)
class<-state.regionvar<-state.x77[,c("Illiteracy")
var <-state.x77[, c("Illiteracy")]
mydata <-as.data.frame(cbind(class, var))
rm(class,var)
```

输出结果如图 7-54 所示。

```
////////////////////////////////////////////////////////////////////
/ npmc executed                                                    /
/                                                                  /
/ NOTE:                                                            /
/ -Used Satterthwaite t-approximation (df=10.9791949424798)        /
/ -Calculated simultaneous (1-0.05) confidence intervals           /
/ -The one-sided tests 'a-b' reject if group 'a' tends to          /
/  smaller values than group 'b'                                   /
////////////////////////////////////////////////////////////////////

$`Data-structure`
  group.index class.level nobs
1           1           1    9
2           2           2   16
3           3           3   12
4           4           4   13

$`Results of the multiple Behrens-Fisher-Test`
  cmp     effect     lower.cl   upper.cl   p.value.1s   p.value.2s
1 1-2 0.87500000  0.661513317 1.08848668 0.0006471718 0.001368337
2 1-3 0.18981481 -0.137924808 0.51755444 0.9999993716 0.065385546
3 1-4 0.39743590 -0.005484558 0.80035635 0.9980289210 0.920072515
4 2-3 0.01041667 -0.020599358 0.04143269 1.0000000000 0.000000000
5 2-4 0.18750000 -0.079190878 0.45419088 0.9999999196 0.021275113
6 3-4 0.56410256  0.187449056 0.94075607 0.7971970363 0.984294966
```

图 7-54　比较分析结果

最后，npmc()函数返回了 6 对对比结果（即东北部对南部、东北部对中北部、东北部对西部、南部对西部、南部对中北部和中北部对西部）。从双侧的 p 值（p.value.2s）对比可以发现南部的文盲率中间值更高，这与其他 3 个地区有显著性的差异，而其他 3 个地区之间并没有什么不同。

需要指出的是，npmc()函数在积分计算中使用了随机数，这导致每次计算的结果会产生一定的差异，但不会对结果产生影响。

7.6　组间差异的可视化

在关注了组间差异的统计方法之后，下面介绍如何直观地呈现出组间的差异——可视化。

本节介绍如下两项内容：

(1) 比较两组及两组以上的均值；

(2) 如何将 p 值和显著性水平自动添加到图中。

R语言ggpubr包中的compare_means()函数和stat_compare_means()函数可以分别实现这两个功能,如表7-11所示。

表7-11 可视化的关键函数

函数	功能
compare_means()	计算单次或多次均值比较的结果
stat_compare_means()	将p值和显著性水平自动添加到ggplot图中

ggpubr包中的compare_means()函数的执行格式为

```
compare_means(formula, data, method=, paired=FALSE, group.by=NULL, ref.group=
NULL, ...)
```

其中,公式formula的格式为x~group,x是数值型变量,group是因子,可以是一个或者多个。可选参数data表示数据集;method表示比较的方法,默认为"wilcox.test",还有可选方法"t.test"、"anova"和"kruskal.test"。参数paired为逻辑值,取值为TRUE和FALSE,表示是否要进行paired test;参数group_by表示在比较时是否要进行分组处理;而ref.group表示是否需要指定参考组。

ggpubr包中的stat_compare_means()函数的执行格式为

```
stat_compare_means(mapping=NULL, comparisons=NULL hide.ns=FALSE, label=NULL,
label.x=NULL, label.y=NULL, ...)
```

其中,mapping为由aes()函数创建的图像映射方法;comparisons用来指定需要进行比较以及添加p-value、显著性标记的组;hide.ns表示是否要显示显著性标记ns;label表示显著性标记的类型,可选项为p.signif(显著性标记)和p.format(显示p-value);label.x和label.y表示显著性标签调整。

比较均值的最常用方法有4个,详见表7-12。

表7-12 常用函数

方法	R语言中的函数	功能
T检验	t.test()	比较两组(参数检验)
Wilcoxon检验	wilcox.test()	比较两组(非参数检验)
方差分析(ANOVA)	aov()或anova()	比较多组(参数检验)
Kruskal-Wallis检验	kruskal.test()	比较多组(非参数检验)

下面分别对表7-12中检验结果的可视化过程进行分类实现。

1. 比较两个独立数组(T检验)

结合ToothGrowth数据,给出实现两组独立样本数据的T检验。

```
library(ggpubr)
compare_means(len ~supp, data=ToothGrowth, method="t.test")
```

数值结果如图 7-55 所示。

```
> compare_means(len ~ supp, data = ToothGrowth, method = "t.test")
# A tibble: 1 x 8
  .y.   group1 group2      p p.adj p.format p.signif method
  <chr> <chr>  <chr>   <dbl> <dbl> <chr>    <chr>    <chr>
1 len   OJ     VC     0.0606 0.061 0.061    ns       T-test
```

图 7-55　T 检验结果

下面创建箱形图并添加 p 值,设置 method="t.test"(method 默认为 wilcox.test)。

```
gp <-ggplot(ToothGrowth, aes(supp, len))+geom_boxplot(aes(color=supp))
  +scale_color_manual(values=c("#00AFBB", "#E7B800"))
gp+stat_compare_means(method="t.test")
```

输出结果如图 7-56 所示。

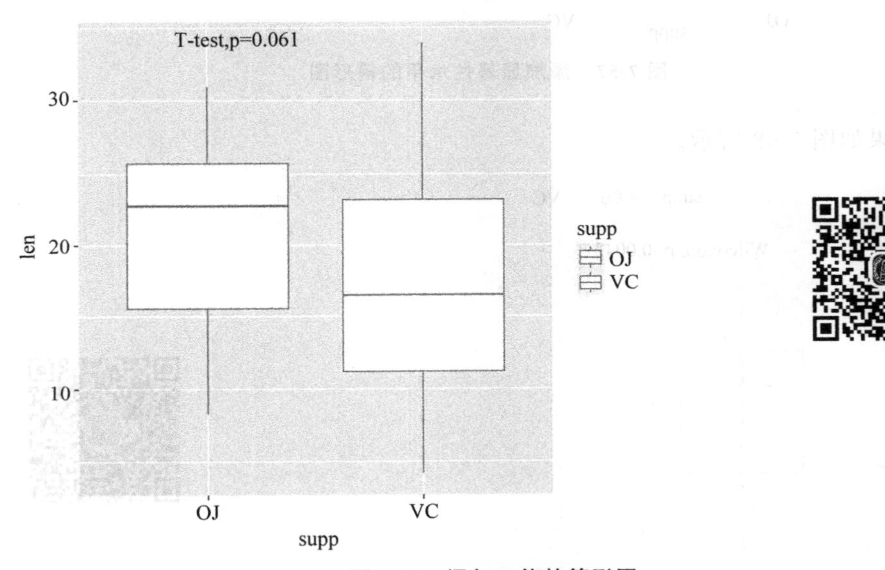

图 7-56　添加 p 值的箱形图

添加显著性水平,并指定显著性标签 label.x=2,label.y=30。

```
gp+stat_compare_means(aes(label=..p.signif..), label.x=2, label.y=30)
```

输出结果如图 7-57 所示。

2. 比较两个配对样本

当两个样本不独立时,可以通过配对的方式进行比较。

配对:

```
gg <-ggpaired(ToothGrowth, x="supp", y="len", color="supp",
       line.color="gray", line.size=0.4, palette="jco")
gg+stat_compare_means(paired=TRUE)
```

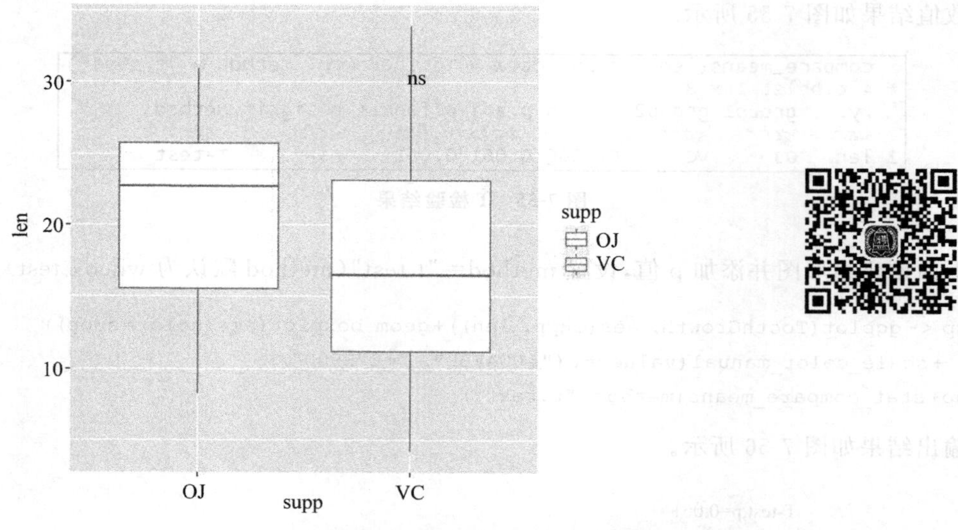

图 7-57　添加显著性水平的箱形图

输出结果如图 7-58 所示。

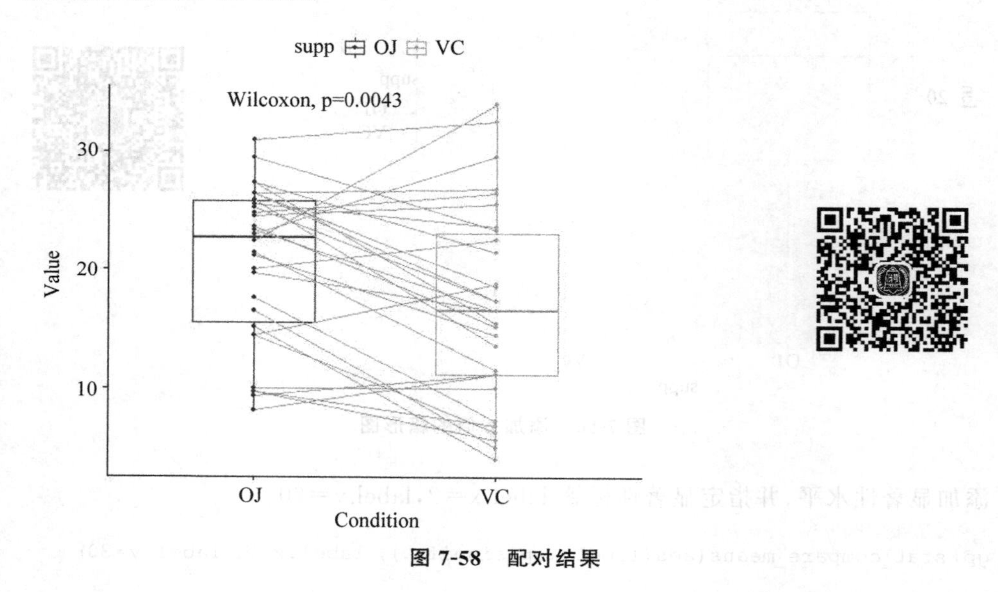

图 7-58　配对结果

3. 比较多组配对样本

当分类变量包含两个以上组别时，可以用成对测试的方法来进行两两比较，method 默认的是 wilcox.test，也可以设置为 t.test。如比较 dose 中 3 种剂量水平的均值：

```
my_comparisons <-list(c("0.5", "1"), c("1", "2"), c("2", "0.5"))
ggboxplot(ToothGrowth, x="dose", y="len", color="dose", palette="jco")+
  stat_compare_means(comparisons=my_comparisons)+
  stat_compare_means(label.y=50)
```

或者

```
ggp <- ggpaired(ToothGrowth, x="supp", y="len", color="supp", palette="jco",
      line.color="gray", line.size=0.4, facet.by="dose", short.panel.labs=FALSE)
ggp+stat_compare_means(label="gp.format", paired=TRUE)
```

输出结果如图 7-59 所示。

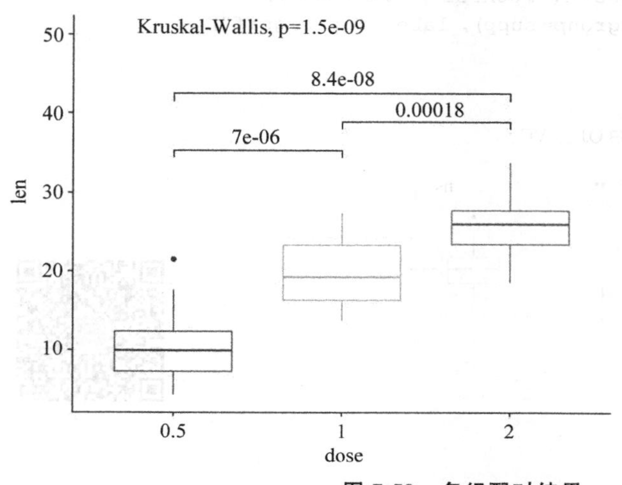

图 7-59　多组配对结果

4. 比较多分组变量

针对多分组变量的比较，主要分法有如下两种。

(1) 创建一个按组划分的多面板框图(如 dose)。

```
ggplot(ToothGrowth, aes(supp, len))+geom_boxplot(aes(color=supp))+
  facet_wrap(~dose)+scale_color_manual(values=c("#00AFBB", "#E7B800"))+
  stat_compare_means(label="gp.format")
```

输出结果如图 7-60 所示。

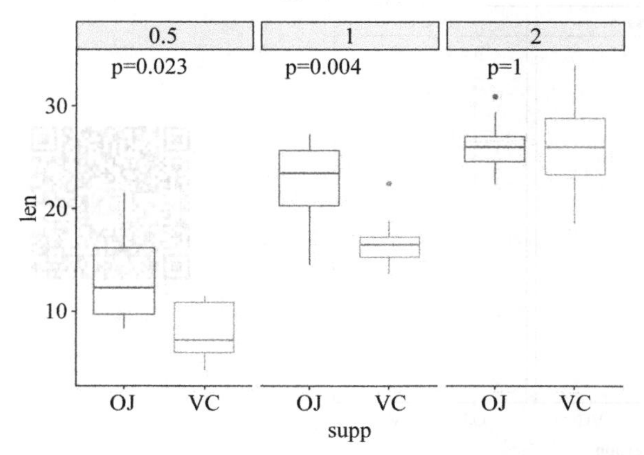

图 7-60　多面板框图

(2) 创建一个包含所有框图的单一面板,将不同分组变量设置为相应的坐标轴。如 x 轴表示 dose,y 轴表示 len,颜色表示 supp,使用 stat_compare_means() 函数中的 group 来设置分组。

```
ggplot(ToothGrowth, aes(dose, len))+
  geom_boxplot(aes(color=supp))+
  scale_color_manual(values=c("#00AFBB", "#E7B800"))+
  stat_compare_means(aes(group=supp), label="gp.signif")
```

输出结果如图 7-61 所示。

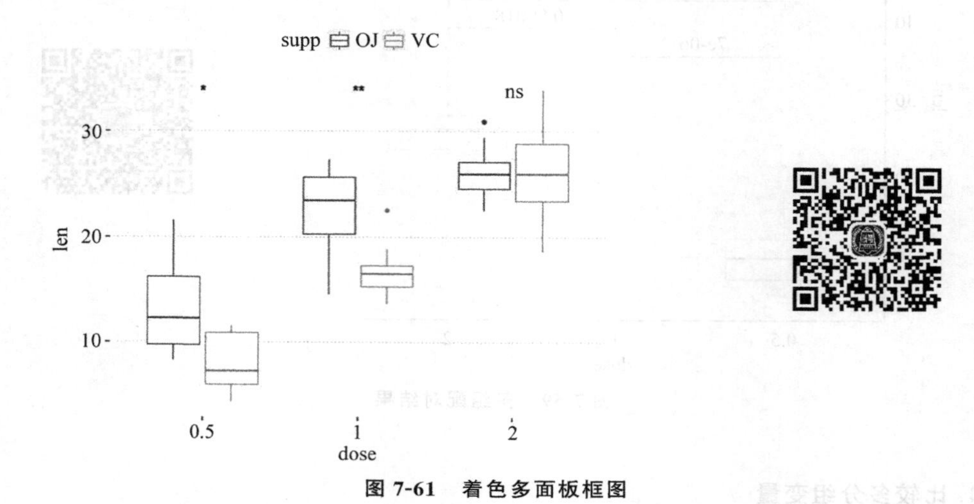

图 7-61　着色多面板框图

最后,用箱形图来进行多组的配对比较。

```
p <-ggpaired(ToothGrowth, x="supp", y="len", color="supp", palette="jco",
    line.color="gray", line.size=0.5, facet.by="dose", short.panel.labs=FALSE)
p+stat_compare_means(label="p.format", paired=TRUE)
```

输出结果如图 7-62 所示。

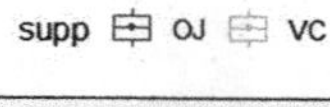

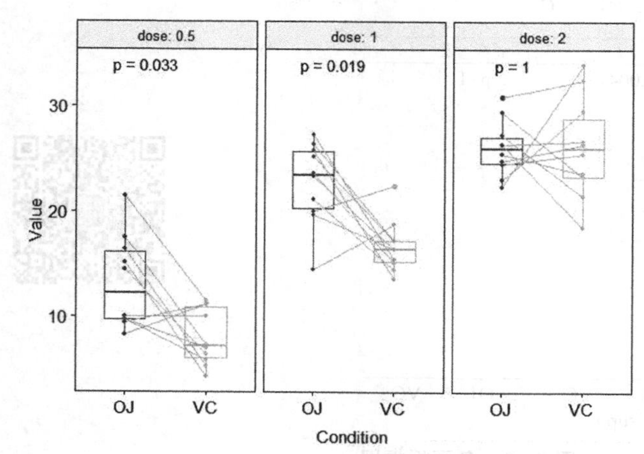

图 7-62　多组配对的箱形图

7.7　小结

本章介绍了数据的描述性统计分析方法及其结果的可视化，频率表和列联表的生成与检测，相关性分析和 T 检测相关内容，最后给出了组间差异的比较及其可视化方法。第 8 章介绍高级统计分析方法。

习题

1. 列举描述性统计分析的常用函数及其包。

2. 列举分组计算描述性统计量的常用函数及其包。

3. 不同蔬菜作物形成 100kg 经济产量所需养分的大致数量如表 7-13 所示。请根据表格数据完成以下各题。

表 7-13　集中农作物的施肥量和产量的统计表

作物	收获物	从土壤中吸取氮磷钾的数量/kg		
		N	P_2O_5	K_2O
黄瓜	果实	0.40	0.35	0.55
云豆	果实	0.81	0.23	0.68
茄子	果实	0.30	0.10	0.40
番茄	果实	0.45	0.50	0.50
胡萝卜	块根	0.31	0.10	0.50
白萝卜	块根	0.60	0.31	0.50
卷心菜	叶球	0.41	0.05	0.38
洋葱	葱头	0.27	0.12	0.23
芹菜	全株	0.16	0.08	0.42
菠菜	全株	0.36	0.18	0.52
大葱	全株	0.30	0.12	0.40

（1）请给出氮肥的描述性统计分析结果。

（2）请给出氮磷钾的分组描述性统计结果。

（3）请给出氮磷钾的一维列联表。

（4）请给出氮磷钾的二维列联表和三维列联表。

（5）请补充表 7-13 的边际和。

（6）请给出氮磷钾的 χ^2 独立性检验、Fisher 精确性检验和 CMH 检验。

（7）请给出氮磷钾的 Pearson 相关系数、Spearman 相关系数、Kendall 相关系数和偏相关系数。

（8）请给出氮磷钾的相关性的显著性检验。

（9）请给出氮磷钾的 T 检验。

（10）请给出氮磷钾的非参数检验。

第 8 章 高级统计分析

本章涉及机器学习的浅显概念，算是机器学习的引子。在机器学习中，标签起着举足轻重的效果，这个标签就好比是一个属性，让被预测样本赋予相应的属性值。例如，《西游记》中有这么一块石头，其每日被日光照射的光照度为 10000lx，其每日被月光照射的光照度为 8000lx，其每日吸收的水量为 1t。上面所列的具体的值（日光照度、月光照度、水量）就是标签，而有了标签后，便可以做出回归预测，预测这个石头究竟是会孕育出美猴王还是六耳猕猴，该预测值是由上述具体标签值来判定的。机器学习中另外一个很重要的概念为分类，其回答的是该石猴是不是猴子这个类的问题，其对应的数据没有标签值（即没有具体的属性值），该石头化身出的石猴是不是具有大多数猴子都有的尾巴、五根手指头、桃子型的面孔，有该特点就被记为 1，没有记为 0，最后通过统计该无标签数据来判定该石猴是否属于猴子这个类。对应于有标签的数据的模型叫作有监督模型，而对应于无标签的数据的模型叫作无监督模型。

8.1 回归分析

本节聚焦线性方程的建立，通过把回归方程矩阵化，利用导数等于 0 的点为极值点这个判定，以及极大似然估计的方法，最终得出最小二乘法，这在参数估计上是十分重要的。除此之外，仍将聚焦于回归模型的离群值、差等概念。

8.1.1 回归的多面性

在正式开始介绍线性回归之前，先来了解回归包括了哪些内容。简单线性回归的表达式为

$$y = kx + b$$

其中，公式里的 k 代表权重因子，b 代表截距，y 代表因变量，x 代表自变量。权重因子在图形中对应的便是斜率，即当 k 为正值时，每当 x 增加一个单位距离，该模型就增加 k 个单位距离；当 k 为负值时，每当 x 增加一个单位距离，该模型就减少 k 个单位距离。截距代表的是当该模型处于原点时（x 为 0 的位置），输出的数值。因变量代表输出值，因变量也被称为响应变量；而自变量代表输入值，自变量也被称为预测变量，或者是特征。通常情况下，把 k 和 b 合并作为 β，这个值被称为回归系数。

对于多元线性回归模型，则是使自变量的数量达到两个及其以上，其表达式为

$$y = \beta_0 + \beta_1 x_1 + \beta_2 x_2 + \cdots + \beta_{n-1} x_{n-1} + \beta_n x_n \quad (n \geqslant 2)$$

为了方便观察，把截距 b 替换为 β_0，权重因子分别用 $\beta_1, \beta_2, \cdots, \beta_{n-1}, \beta_n$ 来表示，不采用

英文小写字母作为权重因子是为了避免混淆。

对于多变量回归模型，其特点是有多个因变量(至少有两个)，其表达式为

$$y_1+y_2+\cdots+y_{n-1}+y_n=\beta_0+\beta_1x_1+\beta_2x_2+\cdots+\beta_{m-1}x_{m-1}+\beta_mx_m\quad(n\geqslant 2,m\geqslant 1)$$

对于泊松回归模型，其特点是预测一个代表频数的因变量，其表达式为

$$\log(E(Y\mid x))=\alpha+\beta'x(\alpha\in R)$$

对于 Cox 回归模型，其特点是用一个或多个自变量预测一个事件(死亡、失败或旧病复发)发生的时间，时间序列对误差项相关的时间序列来进行数据建模，其表达式为

$$h(t,X)=h_0(t)e^{\beta_1X_1+\beta_2X_2+\cdots+\beta_mX_m}\quad(m\in N^*)$$

对于非线性回归模型，其特点是其表达式中自变量 x 的幂指数为二阶或更高，其表达式为

$$y=\beta_0+\beta_1x_1^m+\beta_2x_2^m+\cdots+\beta_{n-1}x_{n-1}^m+\beta_nx_n^m\quad(n\geqslant 2,m\geqslant 2)$$

对于多项式回归模型，其特点是自变量为多项式展开的形式，其表达式为

$$y=\beta_0+\beta_1x+\beta_2x^2+\cdots+\beta_{n-1}x^{n-1}+\beta_nx^n(n\in N^*)$$

对于非参数化回归模型，其特点是用一个或多个量化的自变量预测一个量化的因变量，模型的形式源自数据形式，不事先假定，因而没有特定的表达式。

对于稳健回归模型，其特点是用一个或多个量化的自变量预测一个量化的因变量，该模型能抵御强影响点的干扰，该模型也没有特定的表达式。

8.1.2　OLS 回归

OLS(Ordinary Least Square)是最小二乘法的意思，可以通过多元线性回归模型得出，多变量回归模型的表达式为

$$y=\beta_0+\beta_1x_1+\beta_2x_2+\cdots+\beta_{n-1}x_{n-1}+\beta_nx_n\quad(n\geqslant 2)\tag{8.1}$$

此时，为了简化该表达式，引入线性代数中矩阵的知识。有如下的一张表格，第 m 行代表编号为 m 的第 m 条数据，第 n 列代表编号为 n 的自变量大小。另构造一个辅助列，即编号为 0 的列，其每一个数字均为 1，该辅助列矩阵大小为 $m\times 1$。把辅助列与原始数据矩阵合并，得到一个大小为 $m\times(n+1)$的矩阵，如表 8-1 所示。

表 8-1　引入矩阵知识

辅助列	原始数据				
1	x_{11}	x_{12}	…	$x_{1(n-1)}$	x_{1n}
1	x_{21}	x_{22}	…	$x_{2(n-1)}$	x_{2n}
⋮	⋮	⋮	⋮	⋮	⋮
1	$x_{(m-1)1}$	$x_{(m-1)2}$	…	$x_{(m-1)(n-1)}$	$x_{(m-1)n}$
1	x_{m1}	x_{m2}	…	$x_{m(n-1)}$	x_{mn}

从而，便可把式(8.1)简化为该式：

$$\hat{y}=x\beta$$

其中，

$$\hat{y}=\begin{pmatrix}y_1\\y_2\\\vdots\\y_m\end{pmatrix},\quad x=\begin{pmatrix}1 & x_{11} & \cdots & x_{1n}\\1 & x_{21} & \cdots & x_{2n}\\\vdots & \vdots & \vdots & \vdots\\1 & x_{m1} & \cdots & x_{mn}\end{pmatrix},\quad \beta=\begin{pmatrix}\beta_0\\\beta_1\\\vdots\\\beta_n\end{pmatrix}$$

注意，对于不同的数据集而言，均是在使用同一个数学模型，所以该数学模型的权重因子不会发生变化。根据线性代数，可知权重因子集合 β 一定是一个$(n+1)\times 1$ 的列向量。对于第 i 条预测值 $y^{(i)}$ 而言，有：

$$y^{(i)}=x^{(i)\mathrm{T}}\beta$$

其中，

$$x^{(i)\mathrm{T}}=(1,x_{i1},\cdots,x_{in})$$

然而，对于实际情况而言，并不可能把所有预测的数值都预测准确，即会有离散值点在预测模型附近。因而，增加一项误差值 ε，与预测值一起构成了真实值，其表达式为

$$y=\hat{y}+\varepsilon=x\beta+\varepsilon$$

这个误差值 ε 不仅独立，而且满足相同的分布。通常认为，误差值 ε 服从均值为 0，方差为常数 σ^2 的高斯分布，即正态分布：

$$\varepsilon\sim N(0,\sigma^2)$$

正态分布的意思是均值所对应的函数值位于该模型最高峰的位置，而且函数图像关于均值所在的这条直线左右对称，整条函数曲线呈钟形。图像有两个拐点，左右分别距离均值为 σ 处。正态分布还有一条水平渐近线，在 $y=0$ 处，如图 8-1 所示。

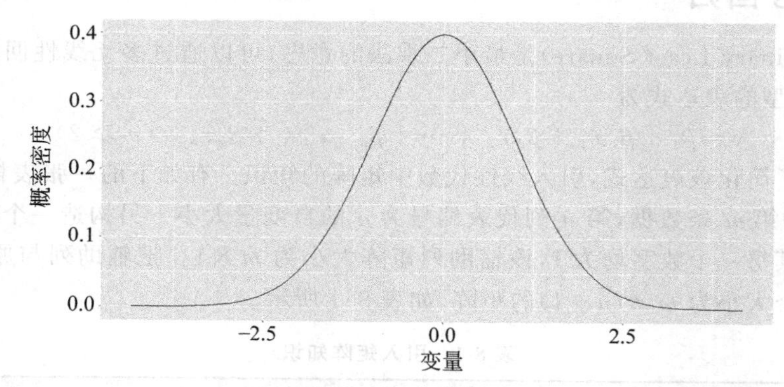

图 8-1 正态分布图

该正态分布的概率密度函数为

$$p(\varepsilon)=\frac{1}{\sqrt{2\pi}\sigma}\mathrm{e}^{-\frac{\varepsilon^2}{2\sigma^2}}$$

将 $\varepsilon=y-x\beta$ 带入，求得：

$$p(y\mid x;\beta)=\frac{1}{\sqrt{2\pi}\sigma}\mathrm{e}^{-\frac{(y-x\beta)^2}{2\sigma^2}}\tag{8.2}$$

式(8.2)中，p 括号内的意思说明在已知 x 和 β 的条件下，求得 y 的概率密度大小。利用极大似然估计：

$$L(\beta)=\prod_{i=1}^{m}p(y^{(i)}\mid x^{(i)};\beta)=\prod_{i=1}^{m}\frac{1}{\sqrt{2\pi}\sigma}\mathrm{e}^{-\frac{[y^{(i)}-x^{(i)\mathrm{T}}\beta]^2}{2\sigma^2}}$$

为了便于理解，把 y 和 x 均写成分量形式，其中 $x^{(i)}$ 对应于 x 矩阵中的第 i 条列向量。极大似然估计的意思是说，通过让 x 与 β 组合，使得预测值 $\hat{y}$ 尽可能地接近于真实值 y。为了便于计算，利用对数的性质，把连乘变为求和，从而得出对数似然函数：

$$\begin{aligned}l(\beta)&=\ln L(\beta)\\&=\ln\prod_{i=1}^{m}\frac{1}{\sqrt{2\pi}\sigma}\mathrm{e}^{-\frac{[y^{(i)}-x^{(i)\mathrm{T}}\beta]^2}{2\sigma^2}}\\&=\sum_{i=1}^{m}\ln\frac{1}{\sqrt{2\pi}\sigma}\mathrm{e}^{-\frac{[y^{(i)}-x^{(i)\mathrm{T}}\beta]^2}{2\sigma^2}}\\&=m\ln\frac{1}{\sqrt{2\pi}\sigma}-\frac{1}{\sigma^2}\frac{1}{2}\sum_{i=1}^{m}[y^{(i)}-x^{(i)\mathrm{T}}\beta]^2\end{aligned}$$

对于该对数似然函数而言，为了使 $l(\beta)$ 尽可能大，应使得等式右边带负号的一项尽可能小，而等式右边的另一项为常数项，可以暂且不管。所以现在只需关注带负号的这一项即可，假设一个目标函数 $J(\beta)$，其表达式为

$$J(\beta)=\frac{1}{2}\sum_{i=1}^{m}[y^{(i)}-x^{(i)\mathrm{T}}\beta]^2=\frac{1}{2}(y-x\beta)^{\mathrm{T}}(y-x\beta)$$

为了求解 $J(\beta)$ 的极小值，利用导数等于 0 的性质可得：

$$\begin{aligned}\nabla_\beta J(\beta)&=\nabla_\beta\left[\frac{1}{2}(y-x\beta)^{\mathrm{T}}(y-x\beta)\right]\\&=\nabla_\beta\left[\frac{1}{2}(y^{\mathrm{T}}-\beta^{\mathrm{T}}x^{\mathrm{T}})(y-x\beta)\right]\\&=\nabla_\beta\left[\frac{1}{2}(y^{\mathrm{T}}y-y^{\mathrm{T}}x\beta-\beta^{\mathrm{T}}x^{\mathrm{T}}y+\beta^{\mathrm{T}}x^{\mathrm{T}}x\beta)\right]\end{aligned}$$

此处对于矩阵的求导，有如下 5 种形式，分别是标量对向量的求导，向量对标量的求导，向量对向量的求导，标量对矩阵的求导，矩阵对标量的求导。而且对于矩阵的求导规则，还有分子布局和分母布局，分母布局就是分母为列向量 $\boldsymbol{x}$ 或分子为行向量 $\boldsymbol{y}^{\mathrm{T}}$，分子布局则是分母为行向量 $\boldsymbol{x}^{\mathrm{T}}$ 或分子为列向量 $\boldsymbol{y}$，而分子布局是分母布局的转置。

对于第一项 $\nabla_\beta\boldsymbol{y}^{\mathrm{T}}\boldsymbol{y}$，因为里面不含 $\boldsymbol{\beta}$，所以求导结果为 0。

对于第二项 $\nabla_\beta\boldsymbol{y}^{\mathrm{T}}\boldsymbol{x}\boldsymbol{\beta}$，观察分子 $\boldsymbol{y}^{\mathrm{T}}\boldsymbol{x}\boldsymbol{\beta}$，其中 $\boldsymbol{y}^{\mathrm{T}}$ 是一个 $1\times m$ 的行向量，$\boldsymbol{x}$ 是一个 $m\times(n+1)$ 的矩阵，$\boldsymbol{\beta}$ 是一个 $(n+1)\times 1$ 的列向量，所以分子是一个标量，满足标量对向量的求导形式。可以通过查询维基百科中矩阵求导的表格求得，也可以采用计算的方式获得，在这里采取第二种方法。采用分母布局，即分母为列向量，在写标量对向量的求导时，只需把分母的向量展开，并分别求导，维持原形式不变：

$$\boldsymbol{y}^{\mathrm{T}}=(y_1,y_2,\cdots,y_m),\quad \boldsymbol{x}=\begin{pmatrix}1&x_{11}&\cdots&x_{1n}\\1&x_{21}&\cdots&x_{2n}\\\vdots&\vdots&\vdots&\vdots\\1&x_{m1}&\cdots&x_{mn}\end{pmatrix},\quad \boldsymbol{\beta}=\begin{pmatrix}\beta_0\\\beta_1\\\vdots\\\beta_n\end{pmatrix}$$

令 $\boldsymbol{x}_n=\begin{pmatrix}x_{1n}\\x_{2n}\\\vdots\\x_{mn}\end{pmatrix}$，则 $\boldsymbol{x}=(x_0,x_1,\cdots,x_n)$

$$\frac{\partial \boldsymbol{y}^{\mathrm{T}}\boldsymbol{x}\boldsymbol{\beta}}{\partial \boldsymbol{\beta}}=\begin{pmatrix}\dfrac{\partial \boldsymbol{y}^{\mathrm{T}}\boldsymbol{x}\boldsymbol{\beta}}{\partial \boldsymbol{\beta}_0}\\\dfrac{\partial \boldsymbol{y}^{\mathrm{T}}\boldsymbol{x}\boldsymbol{\beta}}{\partial \boldsymbol{\beta}_1}\\\vdots\\\dfrac{\partial \boldsymbol{y}^{\mathrm{T}}\boldsymbol{x}\boldsymbol{\beta}}{\partial \boldsymbol{\beta}_n}\end{pmatrix}=\begin{pmatrix}\boldsymbol{y}^{\mathrm{T}}\boldsymbol{x}_0\\\boldsymbol{y}^{\mathrm{T}}\boldsymbol{x}_1\\\vdots\\\boldsymbol{y}^{\mathrm{T}}\boldsymbol{x}_n\end{pmatrix}，而\ \boldsymbol{y}^{\mathrm{T}}\boldsymbol{x}=(\boldsymbol{y}^{\mathrm{T}}\boldsymbol{x}_0,\boldsymbol{y}^{\mathrm{T}}\boldsymbol{x}_1,\cdots,\boldsymbol{y}^{\mathrm{T}}\boldsymbol{x}_n)$$

所以，$\nabla_{\boldsymbol{\beta}}\boldsymbol{y}^{\mathrm{T}}\boldsymbol{x}\boldsymbol{\beta}=(\boldsymbol{y}^{\mathrm{T}}\boldsymbol{x})^{\mathrm{T}}=\boldsymbol{x}^{\mathrm{T}}\boldsymbol{y}$

对于第三项 $\nabla_{\boldsymbol{\beta}}\boldsymbol{\beta}^{\mathrm{T}}\boldsymbol{x}^{\mathrm{T}}\boldsymbol{y}$，其中 $\boldsymbol{\beta}^{\mathrm{T}}$ 是一个 $1\times(n+1)$ 的行向量，$\boldsymbol{x}^{\mathrm{T}}$ 是一个 $(n+1)\times m$ 的矩阵，$\boldsymbol{y}$ 是一个 $m\times 1$ 的列向量，所以分子 $\boldsymbol{\beta}^{\mathrm{T}}\boldsymbol{x}^{\mathrm{T}}\boldsymbol{y}$ 依旧是一个标量，采取分母布局。

令 $\boldsymbol{x}_n=(x_{1n},x_{2n},\cdots,x_{mn})$，则 $\boldsymbol{x}=\begin{pmatrix}x_0\\x_1\\\vdots\\x_n\end{pmatrix}$

$$\frac{\partial \boldsymbol{\beta}^{\mathrm{T}}\boldsymbol{x}^{\mathrm{T}}\boldsymbol{y}}{\partial \boldsymbol{\beta}}=\begin{pmatrix}\dfrac{\partial \boldsymbol{\beta}^{\mathrm{T}}\boldsymbol{x}^{\mathrm{T}}\boldsymbol{y}}{\partial \boldsymbol{\beta}_0}\\\dfrac{\partial \boldsymbol{\beta}^{\mathrm{T}}\boldsymbol{x}^{\mathrm{T}}\boldsymbol{y}}{\partial \boldsymbol{\beta}_1}\\\vdots\\\dfrac{\partial \boldsymbol{\beta}^{\mathrm{T}}\boldsymbol{x}^{\mathrm{T}}\boldsymbol{y}}{\partial \boldsymbol{\beta}_n}\end{pmatrix}=\begin{pmatrix}x_0y\\x_1y\\\vdots\\x_ny\end{pmatrix}，而\ \boldsymbol{x}^{\mathrm{T}}\boldsymbol{y}=\begin{pmatrix}x_0y\\x_1y\\\vdots\\x_ny\end{pmatrix}$$

对于第四项 $\nabla_{\boldsymbol{\beta}}\boldsymbol{\beta}^{\mathrm{T}}\boldsymbol{x}^{\mathrm{T}}\boldsymbol{x}\boldsymbol{\beta}$，其中 $\boldsymbol{\beta}^{\mathrm{T}}$ 是一个 $1\times(n+1)$ 的行向量，$\boldsymbol{x}^{\mathrm{T}}$ 是一个 $(n+1)\times m$ 的矩阵，$\boldsymbol{x}$ 是一个 $m\times(n+1)$ 的矩阵，$\boldsymbol{\beta}$ 是一个 $(n+1)\times 1$ 的列向量，所以分子 $\boldsymbol{\beta}^{\mathrm{T}}\boldsymbol{x}^{\mathrm{T}}\boldsymbol{x}\boldsymbol{\beta}$ 是一个标量，满足标量对向量的求导形式。在这里，可以用另外一种形式进行计算。

$$设\ \boldsymbol{A}=\boldsymbol{x}^{\mathrm{T}}\boldsymbol{x}=\begin{pmatrix}1&1&\cdots&1\\x_{11}&x_{21}&\cdots&x_{m1}\\\vdots&\vdots&\vdots&\vdots\\x_{1n}&x_{2n}&\cdots&x_{mn}\end{pmatrix}\begin{pmatrix}1&x_{11}&\cdots&x_{1n}\\1&x_{21}&\cdots&x_{2n}\\\vdots&\vdots&\vdots&\vdots\\1&x_{m1}&\cdots&x_{mn}\end{pmatrix}$$

$$令\ \boldsymbol{x}_n=\begin{pmatrix}x_{0n}\\x_{1n}\\\vdots\\x_{mn}\end{pmatrix}，则\ \boldsymbol{A}=\begin{pmatrix}x_0^{\mathrm{T}}\\x_1^{\mathrm{T}}\\\vdots\\x_n^{\mathrm{T}}\end{pmatrix}(x_0\quad x_1\quad\cdots\quad x_n)=\begin{pmatrix}x_0^2&x_0^{\mathrm{T}}x_1&\cdots&x_0^{\mathrm{T}}x_n\\x_1^{\mathrm{T}}x_0&x_1^2&\cdots&x_1^{\mathrm{T}}x_n\\\vdots&\vdots&\vdots&\vdots\\x_n^{\mathrm{T}}x_0&x_n^{\mathrm{T}}x_1&\cdots&x_n^2\end{pmatrix}$$

可知 $\boldsymbol{A}=(a_{ij})_{(n+1)\times(n+1)}$ 是一个 $(n+1)\times(n+1)$ 的对称矩阵。

因为 $\boldsymbol{\beta}^{\mathrm{T}}\boldsymbol{A}\boldsymbol{\beta}=\sum\limits_{s=0}^{n}\sum\limits_{k=0}^{n}\boldsymbol{\beta}_s a_{sk}\boldsymbol{\beta}_k=\sum\limits_{s=0}^{n}\boldsymbol{\beta}_s\left(\sum\limits_{k=0}^{n}a_{sk}\boldsymbol{\beta}_k\right)$，而

$$\frac{\partial \boldsymbol{\beta}^{\mathrm{T}}\boldsymbol{A}\boldsymbol{\beta}}{\partial \boldsymbol{\beta}_j}=\boldsymbol{\beta}_0 a_{0j}+\cdots+\boldsymbol{\beta}_{j-1}a_{j-1,j}+\left(\sum_{k=0}^{n}a_{jk}\boldsymbol{\beta}_k+\boldsymbol{\beta}_j a_{jj}\right)+\boldsymbol{\beta}_{j+1}a_{j+1,j}+\cdots+\boldsymbol{\beta}_n a_{nj}$$

$$=\sum_{s=0}^{n}a_{sj}\boldsymbol{\beta}_s+\sum_{k=0}^{n}a_{jk}\boldsymbol{\beta}_k$$

所以，

$$\frac{\partial \boldsymbol{\beta}^{\mathrm{T}}\boldsymbol{A}\boldsymbol{\beta}}{\partial \boldsymbol{\beta}}=\begin{pmatrix}\sum_{s=0}^{n}a_{s0}\boldsymbol{\beta}_s+\sum_{k=0}^{n}a_{0k}\boldsymbol{\beta}_k\\ \sum_{s=0}^{n}a_{s1}\boldsymbol{\beta}_s+\sum_{k=0}^{n}a_{1k}\boldsymbol{\beta}_k\\ \cdots\\ \sum_{s=0}^{n}a_{sn}\boldsymbol{\beta}_s+\sum_{k=0}^{n}a_{nk}\boldsymbol{\beta}_k\end{pmatrix}=\boldsymbol{A}^{\mathrm{T}}\boldsymbol{\beta}+\boldsymbol{A}\boldsymbol{\beta}=(\boldsymbol{A}^{\mathrm{T}}+\boldsymbol{A})\boldsymbol{\beta}$$

特别地，当 $\boldsymbol{A}$ 是对称矩阵时，$\frac{\partial \boldsymbol{\beta}^{\mathrm{T}}\boldsymbol{A}\boldsymbol{\beta}}{\partial \boldsymbol{\beta}}=2\boldsymbol{A}\boldsymbol{\beta}$，即 $\nabla_{\beta}\boldsymbol{\beta}^{\mathrm{T}}\boldsymbol{x}^{\mathrm{T}}\boldsymbol{x}\boldsymbol{\beta}=2\boldsymbol{x}^{\mathrm{T}}\boldsymbol{x}\boldsymbol{\beta}$。

因此，$\nabla_{\beta}J(\beta)=-x^{\mathrm{T}}y-x^{\mathrm{T}}y+2x^{\mathrm{T}}x\beta$。

令等式等于0，可得出参数 β：

$$\beta=(x^{\mathrm{T}}x)^{-1}x^{\mathrm{T}}y$$

这个方法被称为最小二乘法，即OLS法。其作用是使得到的参数模型尽可能地接近自然界中真实的模型，读者只需记住 β 的表达式，并计算出权重因子即可。

8.1.3 回归诊断

8.1.2节介绍了残差的概念，即真实值与预测值之间的误差。选定一个在明尼阿波利斯和圣保罗之间的洲际地铁交通量的数据作为分析对象，数据来源于 http://archive.ics.uci.edu/ml/datasets/Metro+Interstate+Traffic+Volume。这是一个UCI机器学习资源库，里面存放了大量的数据库，非常适合训练操作。选定的数据集包含了以下定义，如表8-2所示。

表8-2 洲际地铁交通量数据集的各项属性

列 名	定 义
holiday	美国国家假日加地区假日
temp	以开尔文为单位的平均温度
rain_1h	1小时内下雨的数值(以毫米为单位)
snow_1h	1小时内下雪的数值(以毫米为单位)
clouds_all	云量的所有数值(百分比)
weather_main	对当前天气的简短文字描述
weather_description	对当前天气的更长的文本描述
date_time	在本地CST时间记录数据的时间
traffic_volume	每小时西行交通量

其中，只需要 temp、rain_1h、snow_1h、clouds_all 和 traffic_volume 五列，把 traffic_volume 列作为输出列，caret 涵盖了处理线性回归的 lm()函数。

```
>library(ggplot2)
>library(caret)
>metro <-read.csv("Metro_Interstate_Traffic_Volume.csv", header=T)
>metro <-metro[, c(2:5, 9)]
```

为了使结果能够重复出现，可以设定一个随机种子数，只要满足这个种子的编号，就能够使结果重现。为了防止过拟合，即在原有的数据集上训练得很好，但是在真实数据集上却拟合得很差，可以把数据集分为训练集和测试集，其中85%为训练集，15%为测试集。

```
>set.seed(190608)
>metro_sampling_vector <-createDataPartition(metro$traffic_volume, p=
+0.85, list=FALSE)
>metro_train <-metro[metro_sampling_vector,]
>metro_train_features <-metro[, -ncol(metro)]
>metro_train_labels <-metro$traffic_volume[metro_sampling_vector]
>metro_test <-metro[-metro_sampling_vector,]
>metro_test_labels <-metro$traffic_volume[-metro_sampling_vector]
```

R 语言的 lm()函数可以用来做线性回归，其中波浪号前的元素代表预测值，波浪号后使用一个点代表数据集内除预测值外均作为自变量进行线性回归，逗号后代表指定的数据集：

```
>metro_model <-lm(traffic_volume ~., data=metro_train)
>summary(metro_model$residuals)
   Min.   1st Qu.  Median    Mean  3rd Qu.   Max.
-3740.9  -1942.2   110.1     0.0  1640.3  7900.5
>mean(metro_train$traffic_volume)
[1] 3258.338
```

其中，重点介绍 summary 显示的内容。第一项是残差的最低值所对应的位置，注意，只要残差不是0，就代表与真实值有误差。第二项是第一个四分位数，代表处于这个序列中四分之一位置的值。第三项是中位数，代表序列正中间位置的值。第四项是平均值所对应的位置，在这里显然是作为一个基准。第五项是第三个四分位数，代表处于这个序列中四分之三位置的值。最后一项是残差的最高值所对应的位置。

判断预测模型中的残差值是否满足正态分布，可以通过分位图判断，即在相同的分位数的情况下，残差的概率分布与正态分布的概率分布是否接近。如果接近，两个模型重合度很高；如果差异比较大，则两个模型重合度很低。

```
>metro_residuals <-metro_model$residuals
>qqnorm(metro_residuals, main="洲际地铁交通量的正态分位图", ylab= "样本分位数",
xlab="理论分位数")
>qqline(metro_residuals)
```

由图 8-2 可知，该数据集的残差不满足正态分布。判断残差与拟合值的关系，可以通过

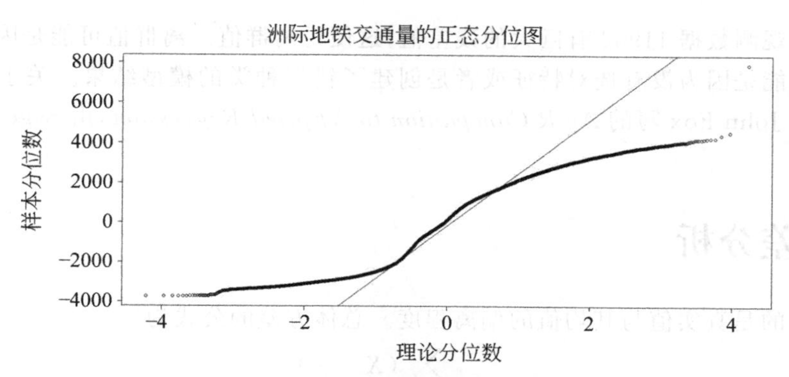

图 8-2　洲际地铁交通量的正态分位图

残差图来实现,如图 8-3 所示。

```
>metro_fitted_values <-metro_model$fitted.values
>metro_train_ids <-rownames(metro_train)
>metro_large_residuals <-ifelse(abs(metro_residuals)>4000, metro_train_ids,'
')
>p <-qplot(metro_fitted_values, metro_residuals)
>p <-p+ggtitle("洲际地铁交通量的残差图")
>p <-p+theme(plot.title=element_text(lineheight=.8, face="bold", hjust=0.5))
>p <-p+xlab("拟合值")
>p <-p+ylab("残差")
>p <-p+geom_text(size=4, hjust=-0.15, vjust=0.1, aes(label=metro_large_
residuals))
>p
```

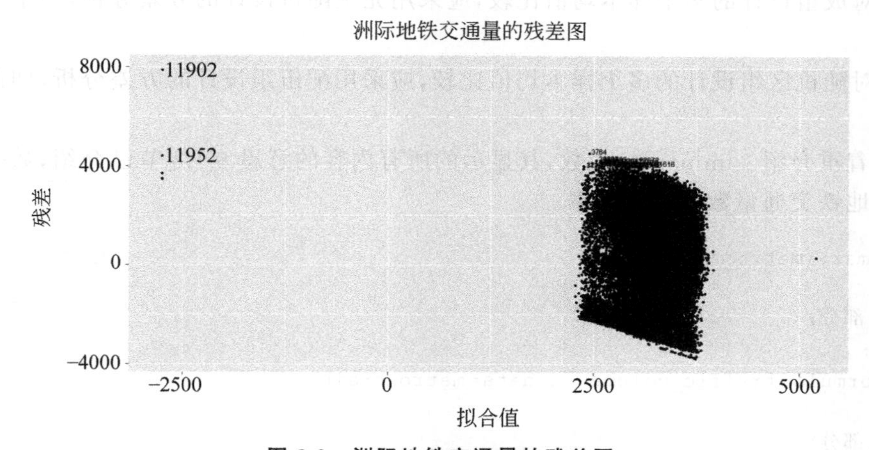

图 8-3　洲际地铁交通量的残差图

从图 8-3 中可以发现,该数据集的残差值是非常大的,拟合值拟合得非常糟糕,代表了该数据集并不满足线性回归,可以考虑非线性模型。

8.1.4　异常观测值

本节介绍离群值的处理。以图 8-3 的残差图为例,可发现左上方的残差值比其他残差值大得多，即观测数据11902有巨大的残差值，这便是离群值。离群值可能是因为测量误差造成的，也可能是因为没有选对特征或者是创建了错误种类的模型结果。关于离群值的处理，可以参考John Fox写的*An R Companion to Applied Regression*，由Sage Publications出版。

8.2 方差分析

方差，指的是真实值与其均值的偏离程度。总体方差的公式为

$$\sigma^2 = \frac{\sum (X-\mu)^2}{N}$$

其中，X代表数据，μ代表所有数据的均值，N代表有多少个数据。

本节介绍R^2统计量、F分布、t值和p值、残差标准差、岭回归和lasso方法。除此之外，还会介绍单因素的方差和协方差分析，以及双因素的方差分析。

8.2.1 ANOVA模型拟合

方差分析的基本原理是认为不同处理组的均数间的差别基本来源有如下两个。

(1) 实验条件，即不同的处理造成的差异，称为组间差异。用变量在各组的均值与总均值之偏差平方和的总和表示，记作SSb，组间自由度dfb。

(2) 随机误差，如测量误差造成的差异或个体间的差异，称为组内差异。用变量在各组的均值与该组内变量值之偏差平方和的总和表示，记作SSw，组内自由度dfw。

根据资料设计类型的不同，有以下两种方差分析的方法。

(1) 对成组设计的多个样本均值比较，应采用完全随机设计的方差分析，即单因素方差分析。

(2) 对随机区组设计的多个样本均值比较，应采用配伍组设计的方差分析，即两因素方差分析。

本节着重介绍summary()函数，其显示的所有内容的意思8.1.3节已介绍，数据集仍然使用洲际地铁交通量数据集的数据。

```
>summary(metro_model)

(第一部分)
Call:
lm(formula=traffic_volume ~., data=metro_train)

(第二部分)
Residuals:
    Min       1Q   Median     3Q     Max
-3740.9  -1942.2   110.1  1640.3  7900.5

(第三部分)
Coefficients:
              Estimate Std. Error t value Pr(>|t|)
(Intercept)  -2750.4899   211.6625 -12.995  <2e-16 ***
```

```
temp            20.6331      0.7459     27.661     <2e-16 ***
rain_1h         0.1433       0.1996     0.718      0.473
snow_1h         863.3319     1243.6043  0.694      0.488
clouds_all      4.1648       0.2499     16.665     <2e-16 ***
---
Signif. codes:  0'***' 0.001 '**' 0.01 '*' 0.05 '.' 0.1 ' ' 1

(第四部分)
Residual standard error: 1963 on 40971 degrees of freedom
Multiple R-squared:  0.02285,   Adjusted R-squared:  0.02276
F-statistic: 239.5 on 4 and 40971 DF,  p-value:<2.2e-16
```

对于第一部分(Call),构建了一个线性回归模型;第二部分(Residuals)是残差的内容,在 8.1.3 节提及了。

对于第三部分(Coefficients),是回归系数部分,从左至右分别代表了系数的估计值、估算值的标准差、t 值以及 p 值。系数的估计值就是权重因子,而估算值的标准差代表了 95% 的系数置信区间,即有 95% 的真实系数样本会落在预测系数中。而 t 值代表了通过对在数值 0 和该系数估算值之间的标准误个数进行计数,标准误即估算值的标准差,判定该系数是否接近于数值 0 的置信度。如果接近数值 0 的置信度,则代表该特征与输出线性无关,即该项权重因子对该模型的影响很小,可以考虑剔除。t 值的定义是用系数的估计值除以估算值的标准差。注意,如果得到的 t 值在 3 以上,就应当认定该权重因子不应该被剔除。p 值代表了该系数接近于数值 0 的概率,即 p 值越小,该系数就越应当被留下。因为根据小概率原理,即在真实模型中,基本上不可能被小概率的权重因子所影响;如果被影响了,那么就不可能是小概率事件。所以,t 值和 p 值是共同来判断该系数是否被剔除的重要依据。需要注意 p 值只适用于小数据集,线性回归系数的显著性检验对于高维问题并无用。每个系数旁边的星号代表了置信度的大小,三星代表 99.9% 的置信区间,两星代表 99% 的置信区间,一星代表 95% 的置信区间,一个点代表 90% 的置信区间,没有标记代表 0% 的置信区间,这些符号只是为了更容易观察而已。

第四部分(Residual standard error),阐述了残差的标准差,R^2 统计量以及 F 统计量。在说明残差标准差(Residual Standard Error,RSE)之前,先说明一下残差平方和(Residual Sum of Square, RSS)的概念,即所有残差的平方之和:

$$\mathrm{RSS}=\sum_{i=1}^{n} e_i^2$$

而残差标准差指的是真实模型与预测模型之间的标准差,即真实模型与预测模型之间的平均距离。带有 k 个输入特征,n 个自变量的模型的一般 RSE 有如下公式:

$$\mathrm{RSE}=\sqrt{\frac{\mathrm{RSS}}{n-k-1}}$$

从图 8-4 中可以发现 3 个点,所以 $n=3$,而考虑简单线性回归,有 $k=1$。当只有一个或者是两个点的时候,就无须考虑残差了,因为拟合曲线即是真实曲线,所以分母才是 $n-k-1$。

R^2 统计量是用来衡量残差与方差的大小与否,若残差为 0,即模型拟合得完美,那么该模型能够准确、完全地输出所有的方差。R^2 统计量的定义式为

$$R^2=\frac{\mathrm{TSS}-\mathrm{RSS}}{\mathrm{TSS}}=1-\frac{\mathrm{RSS}}{\mathrm{TSS}}$$

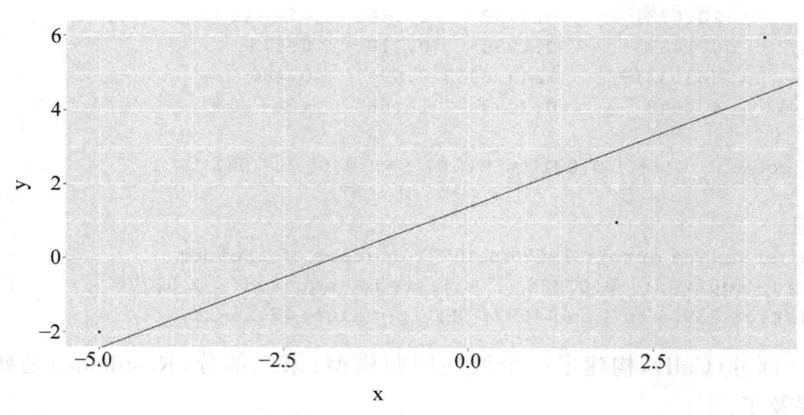

图 8-4 散点与拟合曲线

其中，TSS代表了总平方和，即所有方差的和：

$$\mathrm{TSS}(y)=n\cdot\mathrm{Var}(y)=\sum_{i=1}^{n}(y-\hat{y})^2$$

因此，根据R^2统计量的定义，当R^2统计量为1时，模型拟合得完美；当R^2统计量为0时，模型拟合得很差。而调整的R^2统计量是为了解决当一个模型有更多权重因子时，容易过拟合的情况，其公式如下：

$$R_{\text{adjusted}}^2=1-(1-R^2)\frac{n-1}{n-k-1}$$

F统计量是通过p值的大小来判断某个所有系数都为0的模型中的残差方差是否与训练模型的残差方差有显著性差异。当p值越小，则显著性差异越大，就需要考虑保留权重因子。

最后，学习关于正则化的知识，这代表了一个惩罚项，目的是过拟合的发生。过拟合意味着如果过分拟合训练集，就有可能使得预测测试集时产生很大误差，即模型的容错性差。所以正则化实际上是引入刻意的偏误或约束条件，从而防止系数取值过大的一个过程。其中，正则化包括了岭回归和最小值绝对值收缩和选择算子(lasso)。

岭回归是一种通过其约束条件引入偏误但能够有效减小模型方差的方法。岭回归试图把残差平方和加上系数的平方和乘上常数λ所构成的项($\lambda\sum\beta^2$)的累加和最小化。对于一个带有k个参数的模型(不包括常数项β_0)以及带有n条观测数据的数据集，岭回归会使下列数量最小化：

$$\mathrm{RSS}+\lambda\sum_{j=1}^{k}\beta_j^2=\sum_{i=1}^{n}(y_i-\hat{y}_i)^2+\lambda\sum_{j=1}^{k}\beta_j^2$$

对于这个等式而言，如果权重因子太大或太多，则惩罚项也会变大。需要注意的是，λ的值是自行设定的，称为元参数。若λ的值太大，则会把残差平方和的值遮盖；若λ的值太小，就不能够起到防止过拟合的作用。

最小绝对值收缩和选择算子是一种岭回归的替代方案，惩罚项里的值为绝对值的求和：

$$\mathrm{RSS}+\lambda\sum_{j=1}^{k}|\beta_j|=\sum_{i=1}^{n}(y_i-\hat{y}_i)^2+\lambda\sum_{j=1}^{k}|\beta_j|$$

由于 lasso 会把某些系数完全收缩到 0，所以它兼具了收缩和选择的功能。lasso 通常应用在依赖于输入特征的某个子集的模型。

在 R 语言里面，有很多包可以实现正则化。对于岭回归而言，就有 MASS 包里的 lm.ridge()函数和 genridge 包里的 ridge()函数。对于 lasso 而言，就有 lars 包可以使用。接下来采用的是 glmnet 包里的 glmnet()函数。glmnet()函数采用的方法是利用不同的 λ 值，并针对每个 λ 值训练一个回归模型。通过指定相应的 lambda 值，可以确定要尝试的 λ 值序列；否则，函数只会采用默认的 100 个值的序列。glmnet()函数内的第一项代表输入的特征矩阵，第二项是输出变量，第三项 $\alpha=0$ 代表是岭回归，$\alpha=1$ 代表是 lasso，最后一项是设定的 λ 值。

```
>library(glmnet)
>metro_train_mat <-model.matrix(traffic_volume~., metro_train)[,-1]
>lambdas <-10 ^ seq(8,-4,length=250)
>metro_models_ridge=glmnet(metro_train_mat,metro_train$traffic_volume,alpha=
0,lambda=lambdas)
>metro_models_lasso=glmnet(metro_train_mat,metro_train$traffic_volume,alpha=
1,lambda=lambdas)
>coef(metro_models_ridge)[,70]
(Intercept)        temp      rain_1h      snow_1h    clouds_all
3.031958e+03 7.803390e-01 8.515617e-03 3.145440e+01 1.398249e-01
```

这里查看了第 70 个模型中各项的权重因子。通过绘图可以发现每个权重因子随 log(λ)的变化，如图 8-5 所示。

```
>layout(matrix(c(1,2), 1, 2))
>text <-c(expression(paste(lambda, "值的对数")))
>plot(metro_models_ridge, xvar="lambda", main="岭回归\n", xlab=text, ylab="均方差")
>plot(metro_models_lasso, xvar="lambda", main="lasso\n", xlab=text, ylab="均方差")
```

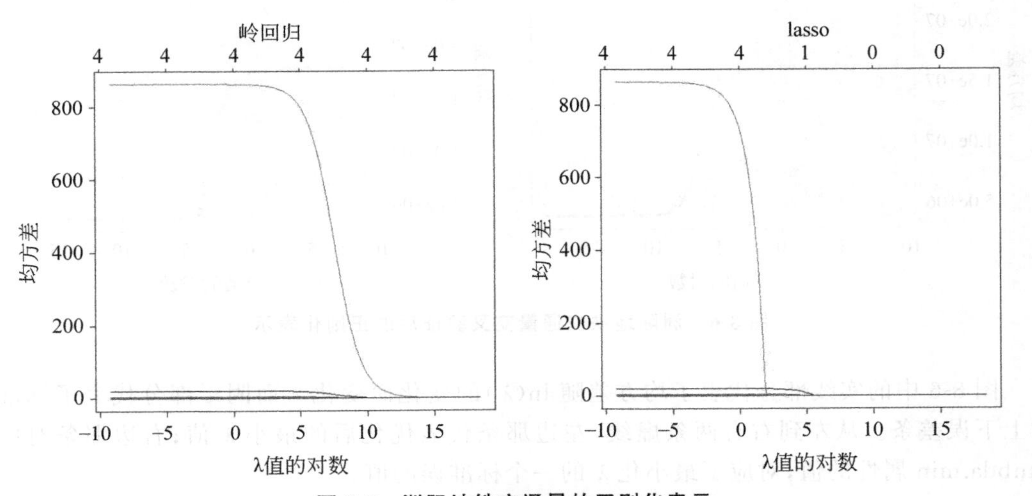

图 8-5 洲际地铁交通量的正则化表示

从图 8-5 中可以发现岭回归中的权重因子是平滑地减少，而 lasso 中的权重因子则是极速减少。这样,lasso 有利于进行特征选择,可以把系数为 0 的权重因子剔除。

其中,均方差(MSE)指的是残差平方和的平均值,用来衡量平均残差的大小:

$$\mathrm{MSE}=\frac{1}{n}\mathrm{RSS}=\frac{1}{n}\sum_{i=1}^{n}e_i^2$$

为了寻找合适的 λ 值,glmnet 包提供了 cv.glmnet()函数,通过利用交叉验证的技术,找到最小化均方差的 λ 值,如图 8-6 所示。

```
>ridge.cv<-cv.glmnet(metro_train_mat,metro_train$traffic_volume,alpha=0,
lambda=lambdas)
>lambda_ridge <-ridge.cv$lambda.min
>lambda_ridge
[1] 102813
>lasso.cv<-cv.glmnet(metro_train_mat,metro_train$traffic_volume,alpha=1,
lambda=lambdas)
>lambda_lasso <-lasso.cv$lambda.min
>lambda_lasso
[1] 67.81493
>layout(matrix(c(1,2), 1, 2))
>plot(ridge.cv, col=gray.colors(1), xlab=text, ylab="均方差")
>title("岭回归", line=+2)
>plot(lasso.cv, col=gray.colors(1), xlab=text, ylab="均方差")
>title("lasso", line=+2)
```

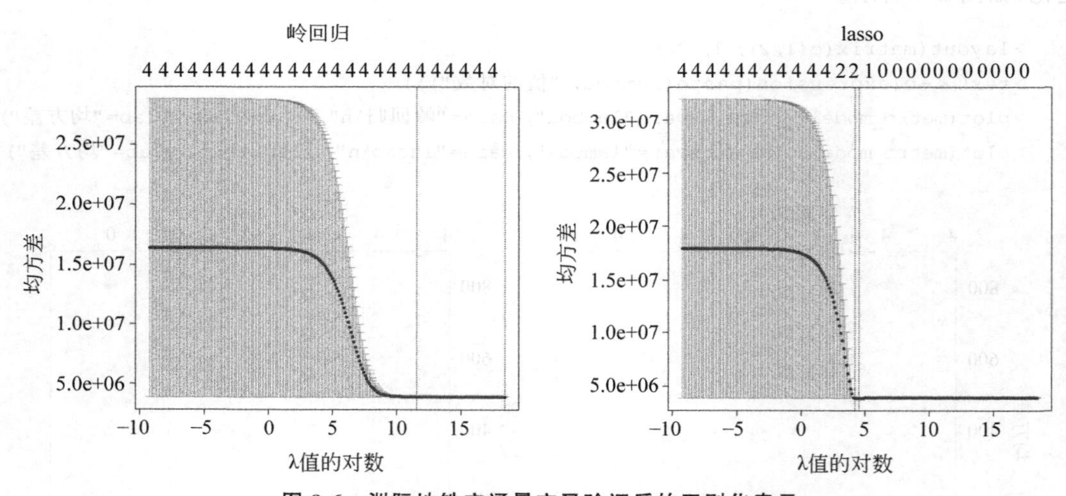

图 8-6 洲际地铁交通量交叉验证后的正则化表示

图 8-6 中的实线部分代表了均方差随 ln(λ)的变化而变化。而阴影部分代表了标准差的上下误差条。从左到右有两条虚线,左边那条代表优化后的最小 λ 值;右边那条对应了 lambda.min 属性的值,对应了最小化 λ 的一个标准误的值。

通过 glmnet 包里的 predict()函数,可以得到应该去除哪些权重因子:

```
>predict(metro_models_lasso, type="coefficients", s=lambda_lasso)
```

```
5 x 1 sparse Matrix of class "dgCMatrix"
                          1
(Intercept) -1023.340896
temp            14.832889
rain_1h         .
snow_1h         .
clouds_all      2.228059
```

可以发现,rain_1h 和 snow_1h 中的权重因子为 0,正则化的方法推荐去掉这两个权重因子。

8.2.2 单因素方差分析

单因素方差分析是用来研究控制变量的不同水平是否对观测变量产生了显著影响。这里,由于仅研究单个因素对观测变量的影响,因此称为单因素方差分析。

单因素方差分析基本步骤如下。

(1) 提出原假设: H_0——无差异;H_1——有显著差异。

(2) 选择检验统计量: 方差分析采用的检验统计量是 F 统计量,即 F 值检验。

(3) 计算检验统计量的观测值和概率 P 值: 该步骤的目的就是计算检验统计量的观测值和相应的概率 P 值。

(4) 给定显著性水平,并做出决策。

8.2.3 协方差分析

协方差分析将那些人为很难控制的控制因素作为协变量,并在排除协变量对观测变量影响的条件下,分析控制变量(可控)对观测变量的作用,从而更加准确地对控制因素进行评价。

协方差分析仍然沿承方差分析的基本思想,并在分析观测变量变动时,考虑了协变量的影响,人为观测变量的变动受 4 方面的影响,即控制变量的独立作用、控制变量的交互作用、协变量的作用和随机因素的作用,并在扣除协变量的影响后,再分析控制变量的影响。

方差分析中的原假设是协变量对观测变量的线性影响是不显著的;在协变量影响扣除的条件下,控制变量各水平下观测变量的总体均值无显著差异,控制变量各水平对观测变量的效应同时为 0。检验统计量仍采用 F 统计量,它们是各均方与随机因素引起的均方比。

协方差是用来判断两个变量的相关程度,当协方差为正时,一个变量增大,则另外一个变量也会增大;而当协方差为负时,一个变量增大,则另外一个变量减小;若协方差为 0,则两个变量相互独立而不相关。在开头定义的方差其实是协方差在两个变量相同时的特殊情况:

$$\mathrm{Cov}(x,y)=\frac{1}{n}\sum_{i=1}^{n}(x_i-\bar{x})(y_i-\hat{y})$$

可以使用 anova()函数来计算协方差,把 traffic_volume 作为因变量,temp 作为自变量,考虑 temp 与 rain_1h 的相互作用。

```
>rt_1 <-aov(traffic_volume~temp * rain_1h,data=metro_train)
```

```
>summary(rt_1)
                   Df     Sum Sq    Mean Sq F   value       Pr(>F)
temp                1  2.614e+09  2.614e+09  674.417  <2e-16 ***
rain_1h             1  2.577e+06  2.577e+06    0.665   0.415
temp:rain_1h        1  9.854e+07  9.854e+07   25.422  4.63e-07 ***
Residuals       40972  1.588e+11  3.876e+06
---
Signif. codes:  0 '***' 0.001 '**' 0.01 '*' 0.05 '.' 0.1 ' ' 1
>rt_2 <-aov(traffic_volume~temp+rain_1h,data=metro_train)
>summary(rt_2)
                  Df    Sum Sq   Mean Sq F    value Pr(>F)
temp               1  2.614e+09  2.614e+09  674.016 <2e-16 ***
rain_1h            1  2.577e+06  2.577e+06  0.664  0.415
Residuals      40973  1.589e+11  3.879e+06
---
Signif. codes:  0 '***' 0.001 '**' 0.01 '*' 0.05 '.' 0.1 ' ' 1
>anova(rt_1, rt_2)
Analysis of Variance Table

Model 1: traffic_volume ~temp * rain_1h
Model 2: traffic_volume ~temp+rain_1h
  Res.Df        RSS Df Sum of Sq      F    Pr(>F)
1  40972 1.5882e+11
2  40973 1.5892e+11 -1 -98541507 25.422 4.626e-07 ***
---
Signif. codes:  0 '***' 0.001 '**' 0.01 '*' 0.05 '.' 0.1 ' ' 1
```

第一个 rt_1 代表了有 temp 与 rain_1h 相互作用的情况，第二个 rt_2 代表了没有 temp 与 rain_1h 相互作用的情况，rt_1 和 rt_2 均代表了 8.2.4 节介绍的多因素方差分析。通过使用 anova()函数计算出协方差，判断 temp 与 rain_1h 的相互作用是否对 traffic_volume 有影响，由 p 值的含义可知，temp 与 rain_1h 的相互作用对 traffic_volume 有强烈的影响，因为其置信区间达到了 99.9%。

8.2.4 多因素方差分析

多因素方差分析用来研究两个及两个以上控制变量是否对观测变量产生显著影响。由于研究多个因素对观测变量的影响，因此称为多因素方差分析。多因素方差分析不仅能够分析多个因素对观测变量的独立影响，更能够分析多个控制因素的交互作用能否对观测变量的分布产生显著影响，进而最终找到利于观测变量的最优组合。

8.3 广义线性回归

本节介绍经典的二分类模型，即 logistic 回归。除此之外，还会介绍用 glm()函数来处理广义线性回归。

8.3.1　广义线性模型和 glm()函数

假设因变量 $y_1,y_2,\cdots,y_n$ 是 n 个独立观测值，服从指数型分布，即其有密度函数：

$$f(y_i \mid \theta_i;\varphi)=e^{\frac{y_i\theta_i-b(\theta_i)}{\varphi}+c(y_i,\varphi)}$$

其中，θ_i 和 φ 为参数，$b()$和 $c()$为函数。

假设 $x_1,x_2,\cdots,x_n$ 为对应于 $y_1,y_2,\cdots,y_n$ 的 p 维自变量 x 的观测值。记 $\eta_i=x_i^{\mathrm{T}}\beta$，其中 β 为 $p\times1$ 的未知参数向量。假设 $E(Y_i)=\mu_i$，并且 μ_i 与 η_i 具有关系：

$$\eta_i=g(\mu_i),\quad i=1,2,\cdots,n$$

称如此定义的模型为广义线性模型，θ_i 为自然参数，φ 为离散参数，称 $g()$为联系函数。

广义线性模型具有如下 3 个特点。

(1) 自变量显示为一个线性组合；

(2) 因变量具有指数形式的概率分布；

(3) 因变量的概率分布形式和自变量的线性组合通过一种函数的关系联系起来，这个函数被称为联系函数。

考虑简单线性回归，有：

$$\hat{y}=\beta_0+\beta_1 x$$

对该式应用逻辑函数，产生概率分布：

$$P(\hat{y}=1 \mid x)=\frac{e^{\beta_0+\beta_1 x}}{e^{\beta_0+\beta_1 x}+1}$$

等号左边的项说明在输入了 x 值后，类别为 1 的概率大小。对于逻辑回归，输出的概率分布是伯努利分布。伯努利分布的均值 μ_y 就是成功(可以自行选择哪一个类别为成功)的结果(在本例中是类别为 1)的概率。因而，此方程的左边也是相关输出分布的均值。因此，对输入特征的线性组合进行变换的函数也被称为均值函数，这个函数就是逻辑回归的逻辑函数。为了确定逻辑回归的联系函数，进行如下变换：

$$\mu_y=P(\hat{y}=1 \mid x)=\frac{e^{\beta_0+\beta_1 x}}{e^{\beta_0+\beta_1 x}+1}$$

$$\frac{P(\hat{y}=1 \mid x)}{1-P(\hat{y}=1 \mid x)}=e^{\beta_0+\beta_1 x}$$

$$\ln\left[\frac{P(\hat{y}=1 \mid x)}{1-P(\hat{y}=1 \mid x)}\right]=\beta_0+\beta_1 x$$

左边的项被称为对数概率或逻辑函数，即逻辑回归的联系函数。在对数里面的部分，分母给出的是输出为类别为 0 的概率。因而，对数里面代表了类别为 1 和类别为 0 的概率比。

接下来介绍 glm()函数，以乳腺癌为案例数据进行处理，表 8-3 提供了乳腺癌数据集的各项属性，数据集来自于 UCI 机器学习资源库，其网址为 http://archive.ics.uci.edu/ml/datasets/Breast+Cancer+Coimbra。乳腺癌的发病原因仍是未知的，如果能够通过机器学习的方法找到其诱因，那么便是相当具有分析价值的。

表 8-3 乳腺癌数据集的各项属性

列 名	类 型	定 义
Age	数值	年龄(年)
BMI	数值	体重指数(公斤/平方米)
Glucose	数值	葡萄糖(mg/dl)
Insulin	数值	胰岛素(μU/mL)
HOMA	数值	HOMA 稳态模型
Leptin	数值	瘦素(ng/ml)
Adiponectin	数值	脂联素(g/ml)
Resistin	数值	抵抗素(ng/ml)
MCP-1	数值	MCP-1(pg/dL)
Classification	类别	分类(1=健康,2=乳腺癌)

同样把该数据集划分为训练集和测试集,注意分类的那一列,1 代表健康,2 代表有乳腺癌。然而对于二分类问题,只有 0 和 1,所以需要把这一列全部减 1:

```
>breast <-read.csv("dataR2.csv", header=T)
>breast$Classification=breast$Classification-1
>library(caret)
>set.seed(190620)
>breast_sampling_vector <-createDataPartition(breast$Classification, p=
+0.85, list=FALSE)
>breast_train <-breast[breast_sampling_vector,]
>breast_train_features <-breast[, -ncol(breast)]
>breast_train_labels <-breast$Classification[breast_sampling_vector]
>breast_test <-breast[-breast_sampling_vector,]
>breast_test_labels <-breast$Classification[-breast_sampling_vector]
```

接下来利用 glm()函数建立模型,类似于 lm()函数,在第一项中波浪号前代表因变量,波浪号后的点代表对除了波浪号前的向量外,把所有向量都作为自变量;第二项是导入的数据;第三项代表采用了 logistic 回归的方法。其结果如下:

```
>breast_model <-glm(Classification~., data=breast_train, family=
+binomial("logit"))
>summary(parkinson_model)
(第一部分)
Call:
glm(formula=Classification ~., family=binomial("logit"),
    data=parkinson_train, control=list(maxit=100))

(第二部分)
Deviance Residuals:
```

```
    Min       1Q    Median     3Q       Max
-2.0972  -0.7962   0.1729   0.7364   2.1801
```

(第三部分)

```
Coefficients:
              Estimate  Std. Error z value  Pr(>|z|)
(Intercept) -6.7609706  3.6484728  -1.853  0.06387 .
Age         -0.0177036  0.0163386  -1.084  0.27857
BMI         -0.1154143  0.0754139  -1.530  0.12591
Glucose      0.1039494  0.0353295   2.942  0.00326 **
Insulin      0.2462864  0.2636297   0.934  0.35019
HOMA        -0.7088415  1.0832443  -0.654  0.51287
Leptin      -0.0198974  0.0208310  -0.955  0.33948
Adiponectin -0.0056744  0.0421057  -0.135  0.89280
Resistin     0.0554414  0.0291234   1.904  0.05695 .
MCP.1        0.0010266  0.0008694   1.181  0.23766
---
Signif. codes:  0 '***' 0.001 '**' 0.01 '*' 0.05 '.' 0.1 ' ' 1

(Dispersion parameter for binomial family taken to be 1)
```

(第四部分)

```
    Null deviance: 136.018  on 98  degrees of freedom
Residual deviance:  95.955  on 89  degrees of freedom
AIC: 115.96

Number of Fisher Scoring iterations: 7
```

对于每个变量的意思，介绍完 logistic 回归后再予以说明。

8.3.2　logistic 回归

logistic 回归是一个经典的二分类模型，隶属于分类，而非回归。这是因为当输出的因变量的值大于 0.5 时，直接被归为 1；而输出的因变量的值小于 0.5 时，直接被归为 0。这是一个经典的二分类模型，隶属于分类，而非回归。这是因为输出的因变量的值大于 0.5 时，直接被归为 1；而输出的因变量的值小于 0.5 时，直接被归为 0；至于输出的因变量的值等于 0.5 时，则视情况而定将其归为 1 或 0。本章开头举的例子，"从石头里诞生的是美猴王还是六耳猕猴"就是一个二分类模型，通过将输入变量(日光照度、月光照度、水量等)进行计算，从而得到一个范围从 0 到 1 的因变量输出值，这个输出值决定了石头的演变方向。可以将美猴王标记为 1，对应输出值大于 0.5 的范围；而六耳猕猴标记为 0，对应输出值小于 0.5 的范围。对于输出的因变量的值等于 0.5 时的情况，先假定《西游记》中有且仅有一个美猴王，那在还未诞生美猴王的情况下，石头里应该诞生的便是美猴王了，要不然《西游记》的故事就无法进行下去了，因此归为标记 1；然而若美猴王在之前已经诞生，为了不违背假设，那么石头里诞生的应该是六耳猕猴，因此归为标记 0。该二分类的逻辑函数为

$$y=\frac{1}{1+\mathrm{e}^{-x}}$$

其中，$x\in\mathbf{R}$，则 $y\in(0,1)$。该函数形式也被称为 Sigmoid() 函数，函数曲线如图 8-7 所示。

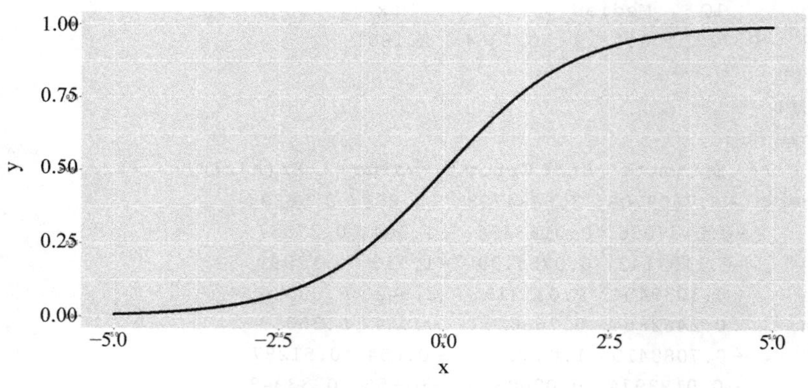

图 8-7 Sigmoid()函数

类似于线性回归的处理方式，使 β 和 x 组合出的预测值$\hat{y}$尽可能地接近于真实值 y。考虑多元线性回归，有

$$\hat{y}=\boldsymbol{x}^{\mathrm{T}}\beta$$

其中，T 仍然代表矩阵的转置。代入 logistic 回归的概率函数，得出的值就是其概率，有

$$P(\boldsymbol{y} \mid \boldsymbol{x};\boldsymbol{\beta})=h_{\beta}(\boldsymbol{x})=\frac{1}{1+\mathrm{e}^{-\boldsymbol{x}^{\mathrm{T}}\beta}}$$

$$P(\boldsymbol{y}=0 \mid \boldsymbol{x};\boldsymbol{\beta})=1-h_{\beta}(\boldsymbol{x})=\frac{\mathrm{e}^{-\boldsymbol{x}^{\mathrm{T}}\beta}}{1+\mathrm{e}^{-\boldsymbol{x}^{\mathrm{T}}\beta}}$$

把上面两式合并为一个式子：

$$P(\boldsymbol{y} \mid \boldsymbol{x};\boldsymbol{\beta})=(h_{\boldsymbol{\beta}}(\boldsymbol{x}))^{\boldsymbol{y}}\ (1-h_{\boldsymbol{\beta}}(\boldsymbol{x}))^{1-\boldsymbol{y}}$$

再次使用极大似然估计的概念，即 x 和 β 的组合所得到的预测值$\hat{y}$尽可能地接近于真实值 y。注意到该模型是离散型随机变量，而非线性回归的连续随机变量。离散型随机变量的意思是当抛一枚硬币时，出现的是正面还是反面；又或者是抛一枚骰子，出现的数字。而连续随机变量则是指当航班延误时，飞机能够重新起飞的那个时间，而这个时间则是属于一个区间范围内的，能够连续变化的。而离散型随机变量就不具备这种特性，像抛硬币就不可能出现既是正面又是反面的叠加态，掷骰子也不可能掷出 3.5 这个数字。对于连续随机变量而言，极大似然估计计算的是概率密度函数的乘积；对于离散型随机变量而言，当每次抽样独立时，极大似然估计计算的是概率的乘积，即使用 logistic()函数的计算结果进行乘积：

$$L(\beta)=P(y \mid x;\beta)=\prod_{i=1}^{m}P(y^{(i)} \mid x^{(i)};\beta)$$

$$=\prod_{i=1}^{m}\{h_{\beta}[x^{(i)}]\}^{y^{(i)}}\{1-h_{\beta}[x^{(i)}]\}^{1-y^{(i)}}$$

为了便于计算，采用对数似然函数：

$$l(\beta)=\log L(\beta)=\sum_{i=1}^{m}\{y^{(i)}\log h_{\beta}[x^{(i)}]+[1-y^{(i)}]\log[1-h_{\beta}(x^{(i)})]\}$$

$$=y\log h_{\beta}(x)+(1-y)\log[1-h_{\beta}(x)]$$

为了使对数似然函数取得最大值，需要对其求导，得到其梯度的方向，即沿着斜率最大的方向：

$$\frac{\partial l(\beta)}{\partial \beta_j}=\left[y\frac{1}{h_\beta(x)}-(1-y)\frac{1}{1-h_\beta(x)}\right]\frac{\partial}{\partial \beta_j}h_\beta(x)$$

$$\begin{aligned}\frac{\partial h_\beta(x)}{\partial \beta_j}&=\frac{\partial}{\partial \beta_j}\frac{1}{1+\mathrm{e}^{-x^{\mathrm{T}}\beta}}=\frac{\mathrm{e}^{-x^{\mathrm{T}}\beta}}{(1+\mathrm{e}^{-x^{\mathrm{T}}\beta})^2}x_j=\frac{1}{1+\mathrm{e}^{-x^{\mathrm{T}}\beta}}\left(1-\frac{1}{1+\mathrm{e}^{-x^{\mathrm{T}}\beta}}\right)x_j\\&=h_\beta(x)(1-h_\beta(x))x_j\end{aligned}$$

$$\begin{aligned}\frac{\partial l(\beta)}{\partial \beta_j}&=\left[y\frac{1}{h_\beta(x)}-(1-y)\frac{1}{1-h_\beta(x)}\right]h_\beta(x)(1-h_\beta(x))x_j\\&=[y(1-h_\beta(x))-(1-y)h_\beta(x)]x_j=[y-h_\beta(x)]x_j\end{aligned}$$

因为习惯性问题，需要把梯度上升的问题转化为梯度下降的问题。定义一个目标函数 $J(\beta)$，使得 $J(\beta)=-\frac{1}{m}l(\beta)$ 转变为梯度下降的形式，从而使参数值得到更新和优化：

$$\beta_j=\beta_j-\alpha\frac{1}{m}[y-h_\beta(x)]x_j$$

其中，α 代表学习率，即参数值下降速度；$\frac{1}{m}$ 代表步长，$[y-h_\beta(x)]x_j$ 代表梯度的更新方向。

现在回到 8.3.1 节中处理的乳腺癌的案例，输出的内容包含 4 部分。第一部分(call)是 glm()函数，第二部分(Deviance Residuals)是偏差残差的四分位数。偏差又被称为表观误差，是指个别测定值与测定的平均值之差，其可被用来衡量测定结果的精密度高低。偏差残差来自偏差的平方根：

$$dr_i=\sqrt{d_i}\cdot \mathrm{sign}(\hat{y}-P(y_i=1\mid x_i))$$

其中，对于观测数据 i，dr_i 代表偏差残差，d_i 代表偏差，sign()是符号函数，当括号里面的值大于 0 时，输出为 1；当括号里面的值等于 0 时，输出为 0；当括号里面的值小于 0 时，输出为−1。

第三部分(Coefficients)是权重因子的分析，从左至右分别代表了系数的估计值，标准误，z 统计量和 p 值。z 统计量是一般用于大样本(即样本容量大于 30)平均值差异性检验的方法。它是用标准正态分布的理论来推断差异发生的概率，从而比较两个平均数的差异是否显著。在国内被称作 u 检验。如果检验一个样本平均数 $\bar{x}$ 与一个已知的总体平均数 μ 的差异是否显著。其 z 值计算公式为

$$z=\frac{\bar{x}-\mu}{\frac{s}{\sqrt{n}}}$$

其中，s 是样本的标准差，n 是样本容量。z 统计量的绝对值越大，对应的权重因子和输出变量显著相关的可能性就越高。

第四部分(Null deviance)是关于模型的一些偏差信息，第一行是空偏差，指的是当所有的权重因子为 0 时，截距项除外，得出的偏差值。自由度指的是样本量与权重因子的差值，即 $n-(k+1)$。能够发现空偏差与偏差残差正好相差 9，完全与权重因子的个数(截距项除外)相符合。AIC 信息准则是衡量统计模型拟合优良性的标准之一，由于它是日本统计学家赤池弘次创立和发展的，又称为赤池信息量准则。它建立在熵的概念基础上，可以权衡所

估计模型的复杂度和此模型拟合数据的优良性。通常情况下，它是拟合精度和参数未知个数的加权函数，AIC 定义为

$$\mathrm{AIC} = 2k - 2\ln(L)$$

其中，k 是模型中未知参数的个数，L 是模型中的似然函数。如果 AIC 的值越小，则模型拟合得越好。最后一行代表了费雪评分算法的迭代次数为 8 次，通常情况下在 4 至 8 次之间模型就会收敛，否则模型可能会存在一些问题。

为了给模型进行一些评估，采取两种方式，即伪 R^2 检验和正则化处理。伪 R^2 的定义类似于 R^2：

$$\text{pseudo\_}R^2 = 1 - \frac{\text{deviance\_residual}}{\text{null\_deviance}}$$

当含有权重因子的偏差项与不含权重因子的偏差项相近时，即伪 R^2 为 0，代表该模型的权重因子不能够被很好地解释，因为是否有权重因子对偏差没有太大影响；当含有权重因子的偏差项与不含权重因子的偏差项具有显著差异时，即伪 R^2 为 1，代表该模型的权重因子应当被考虑，否则模型的偏差会变得很大。其代码为

```
>model_deviance <-summary(breast_model)$deviance
>null_deviance <-summary(breast_model)$null
>model_pseudo_r_squared <-1-model_deviance/null_deviance
>model_pseudo_r_squared
[1] 0.3999472
```

这个结果阐明了，该 logistic 回归模型只能够解释大约 40% 的空偏差。和线性回归的 R^2 统计量不同，伪 R^2 有可能大于 1，在偏差残差大于空偏差的疑难情况下就会出现。在这种情况下，就不能够信任该模型，要么采取特征选择的方法，要么采用其他模型。

接下来，利用正则化来处理该模型，同样利用岭回归和 lasso 来处理。取 250 个岭回归模型和 250 个 lasso 模型进行训练，并且分别对岭回归模型和 lasso 模型的第 70 个模型查看权重因子对应的 λ 值：

```
>library(glmnet)
>breast_train_mat <-model.matrix(Classification~., breast_train)[,-1]
>lambdas <-10 ^ seq(8,-4,length=250)
>breast_models_ridge= glmnet(breast_train_mat, breast_train$Classification,
alpha=0, lambda=lambdas)
>breast_models_lasso= glmnet(breast_train_mat, breast_train$Classification,
alpha=1, lambda=lambdas)
>coef(breast_models_ridge)[,70]
  (Intercept)           Age           BMI       Glucose       Insulin
5.656453e-01 -1.247179e-08 -7.826068e-08  8.819593e-08  1.520669e-07
        HOMA        Leptin   Adiponectin     Resistin         MCP.1
4.131160e-07  1.277415e-08 -4.383355e-08  1.493050e-07  1.638662e-09
>coef(breast_models_lasso)[,70]
(Intercept)         Age         BMI     Glucose     Insulin        HOMA
  0.5656566   0.0000000   0.0000000   0.0000000   0.0000000   0.0000000
     Leptin Adiponectin    Resistin       MCP.1
```

```
0.0000000  0.0000000  0.0000000  0.0000000
```

通过调用 plot()函数，可以绘制随着 ln(λ)变化，其均方差随之改变的图像，如图 8-8 所示。

```
>layout(matrix(c(1,2), 1, 2))
>text <-c(expression(paste(lambda, "值的对数")))
>plot(breast_models_ridge, xvar="lambda", main="岭回归\n", xlab=text, ylab="均方差")
>plot(breast_models_lasso, xvar="lambda", main="lasso\n", xlab=text, ylab="均方差")
```

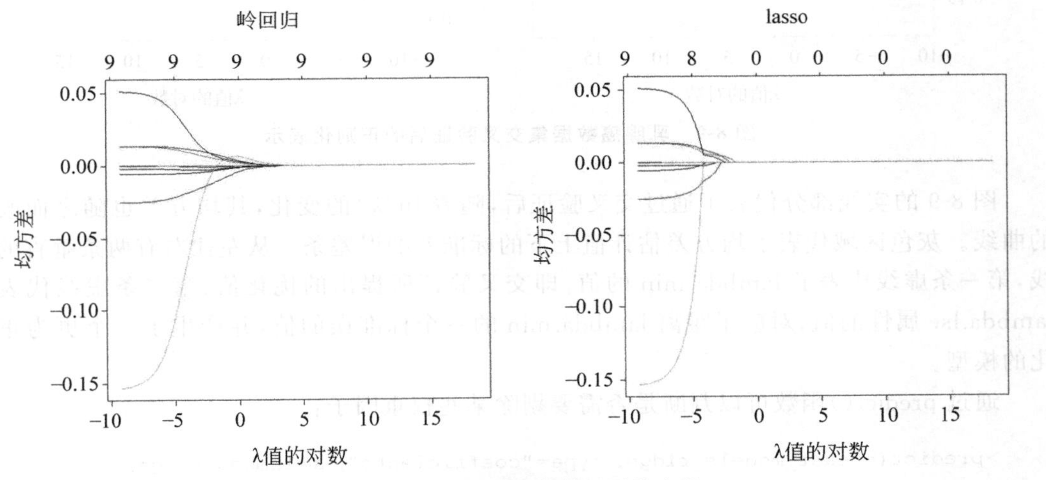

图 8-8 乳腺癌数据集的正则化表示

通过交叉验证的技术，找到能够使得最小化均方差的合适的 λ 值：

```
>ridge.cv<-cv.glmnet(breast_train_mat,breast_train$Classification,alpha=0,
lambda=lambdas)
>lambda_ridge <-ridge.cv$lambda.min
>lambda_ridge
[1] 0.006781493
>lasso.cv<-cv.glmnet(breast_train_mat,breast_train$Classification,alpha=1,
lambda=lambdas)
>lambda_lasso <-lasso.cv$lambda.min
>lambda_lasso
[1]0.002497988
```

绘制通过使用交叉验证后，随着 ln(λ)的变化，其均方差改变的图样：

```
>layout(matrix(c(1,2), 1, 2))
>plot(ridge.cv, col=gray.colors(1), xlab=text, ylab="均方差")
>title("岭回归", line=+2)
>plot(lasso.cv, col=gray.colors(1), xlab=text, ylab="均方差")
>title("lasso", line=+2)
```

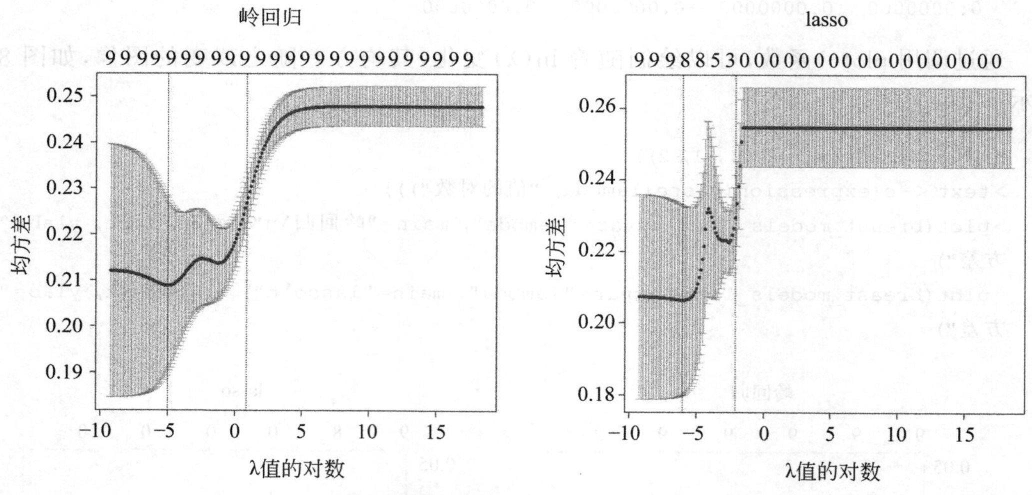

图 8-9 乳腺癌数据集交叉验证后的正则化表示

图 8-9 的实线部分代表了通过交叉验证后，随着 ln(λ)的变化，其均方差也随之而改变的曲线。灰色区域代表了均方差估计值上下的标准差的误差条。从左往右有两条垂直的虚线，第一条虚线代表了 lambda.min 的值，即交叉验证所提出的优化值；第二条虚线代表了 lambda.lse 属性的值，对应了距离 lambda.min 的一个标准误的值，并产生了一个更为正则化的模型。

通过 predict()函数可以判断是否需要剔除某些权重因子：

```
>predict(breast_models_ridge, type="coefficients", s=lambda_ridge)
10 x 1 sparse Matrix of class "dgCMatrix"
                          1
(Intercept)   0.0181309765
Age          -0.0023223224
BMI          -0.0218498247
Glucose       0.0114849193
Insulin       0.0369856513
HOMA         -0.1054648988
Leptin       -0.0000505255
Adiponectin -0.0052493001
Resistin      0.0127094888
MCP.1        -0.0001050574
>predict(breast_models_lasso, type="coefficients", s=lambda_lasso)
10 x 1 sparse Matrix of class "dgCMatrix"
                          1
(Intercept) -1.128219e-01
Age          -1.845101e-03
BMI          -2.276016e-02
Glucose       1.251194e-02
Insulin       4.417758e-02
```

```
HOMA         -1.297753e-01
Leptin       .
Adiponectin -4.637849e-03
Resistin     1.301307e-02
MCP.1       -8.731114e-05
```

通过 lasso 模型可以发现,Leptin(瘦蛋白)的权重因子为 0,可以考虑剔除这一项。

8.4 主成分分析和因子分析

本节介绍如何把高维数据进行降维操作,在不对原数据影响太大的情况下,实现数据的高效处理,从而得到有效的结论。

8.4.1 主成分分析

主成分分析(Principal Component Analysis,PCA)是一种统计方法。通过正交变换将一组可能存在相关性的变量转换为一组线性不相关的变量,转换后的这组变量叫作主成分。主成分分析的主要目的是把数据降维,这样可以利于节省算法所需的资源以及所花费的时间。通过某种线性投影,将高维的数据映射到低维的空间中,并期望在投影的维度上数据的信息量最大(方差最大),以此使用较少的数据维度,同时保留较多的原数据点的特性。

主成分分析的主要步骤如下。

(1) 根据研究问题选取初始分析变量。

(2) 根据初始变量特性判断由协方差阵求主成分还是由相关阵求主成分。

(3) 求协方差阵或相关阵的特征根与相应标准特征向量。

(4) 判断是否存在明显的多重共线性,若存在,则返回第(1)步。

(5) 得到主成分的表达式并确定主成分个数,选取主成分。

(6) 结合主成分对研究问题进行分析并深入研究。

对于主成分分析而言,已经有一些成熟的安装包可供处理,如 ggord 安装包就能够画出非常美丽的图形。接下来介绍一个非常简单的函数,它能够画出主成分分析的图像,即 princomp()函数。第一项是除 Classification 这一列的其他数据均作为样本来判定指标之间的相关度大小,第二项是显示相关性系数的大小。

```
>pca <-princomp(breast_train[-ncol(breast_train)], cor=T)
>summary(pca, loading=T)
Importance of components:
                          Comp.1    Comp.2    Comp.3    Comp.4     Comp.5
Standard deviation     1.7681025 1.2258688 1.1510813 1.0498426 0.80538221
Proportion of Variance 0.3473541 0.1669727 0.1472209 0.1224633 0.07207117
Cumulative Proportion  0.3473541 0.5143268 0.6615477 0.7840109 0.85608212
                           Comp.6    Comp.7     Comp.8      Comp.9
Standard deviation     0.73026406 0.6402347 0.56423413 0.183615571
Proportion of Variance 0.05925396 0.0455445 0.03537335 0.003746075
Cumulative Proportion  0.91533607 0.9608806 0.99625392 1.000000000
```

```
Loadings:
            Comp.1 Comp.2 Comp.3 Comp.4 Comp.5 Comp.6 Comp.7 Comp.8 Comp.9
Age          0.132         0.356  0.748  0.382  0.227  0.284  0.127       
BMI          0.249  0.423  0.424 -0.363         0.224 -0.160  0.606       
Glucose      0.437 -0.152         0.183  0.251 -0.434 -0.674         0.202
Insulin      0.441 -0.374               -0.403  0.238  0.244  0.113  0.608
HOMA         0.494 -0.342               -0.203                      -0.761
Leptin       0.322         0.506 -0.359  0.253 -0.163  0.218 -0.609       
Adiponectin -0.144 -0.543 -0.127 -0.367  0.652  0.231         0.229       
Resistin     0.290  0.339 -0.470         0.243 -0.430  0.526  0.231       
MCP.1        0.289  0.361 -0.438         0.200  0.620 -0.217 -0.348       
```

上面的代码包含了两部分。第一部分是各成分的重要性，每一列代表一个成分，总共9个成分；总共有3行，第一行代表了偏差，第二行代表了每一个主成分的方差的各自贡献率，第三行代表了对主成分的方差贡献率的累加和，从左至右依次增加。通常情况下，可以筛选出累计方差贡献率大于85%的主成分来代替所有的成分，从而达到降维的目的。从这个数据出发，筛选出主成分1到主成分5即可。第二部分代表了载荷，即每个主成分因子所对应的具体的权重因子是多少。

Comp.1＝0.132 * Age＋0.249 * BMI＋0.437 * Glucose＋0.441 * Insulin＋0.494 * HOMA＋0.322 * Leptin－0.144 * Adiponectin＋0.29 * Resistin＋0.289 * MCP.1

Comp.2＝0.423 * BMI－0.152 * Glucose－0.374 * Insulin－0.342 * HOMA－0.543 * Adiponectin＋0.339 * Resistin＋0.361 * MCP.1

Comp.3＝0.356 * Age＋0.424 * BMI＋0.506 * Leptin－0.127 * Adiponectin－0.47 * Resistin－0.438 * MCP.1

Comp.4＝0.748 * Age－0.363 * BMI＋0.183 * Glucose－0.359 * Leptin－0.367 * Adiponectin

Comp.5＝0.382 * Age＋0.251 * Glucose－0.403 * Insulin－0.203 * HOMA＋0.253 * Leptin＋0.652 * Adiponectin＋0.243 * Resistin＋0.2 * MCP.1

由第一主成分可知，其主要由Glucose（葡萄糖）、Insulin（胰岛素）和HOMA（HOMA稳态模型）组成，而且它们的权重因子均为正值，说明随着这3个量的增加，患乳腺癌的风险也在增加，故可以把第一主成分称为系统稳态指数；第二主成分的主要影响因子为Adiponectin（脂肪细胞因子）和BMI，但是脂肪细胞因子的权重因子为负值，而BMI的权重因子是正值，代表了随着脂肪细胞因子的增加以及BMI的减少，即维持在一个标准的正常人的范围，患乳腺癌的风险下降，所以可以把第二主成分称为健康指数；第三主成分的主要影响因子为Leptin（瘦蛋白），它是一种激素，其权重因子为正值，代表了随着瘦蛋白的增加，患乳腺癌的风险增加，所以可以把第三主成分称为激素指数；第四主成分的主要影响因子为Age（年龄），其权重因子为正值，代表了随着年龄的增加，患乳腺癌的风险也在增加，所以可以把第四主成分称为年龄指数；第五主成分的主要影响因子为Adiponectin（脂肪细胞因子），其权重因子为正值，代表随着脂肪细胞因子的增加，患乳腺癌的风险上升。值得注意的是，第五主成分把BMI的权重因子抹掉了，这样便可以单独分析脂肪细胞因子对主成分的影响，所以把第五主成分称为脂肪细胞因子指数。

可以通过绘制碎石图来观察各自主成分的情况，如图 8-10 所示。

```
>screeplot(pca, type='l', main='主成分分析')
```

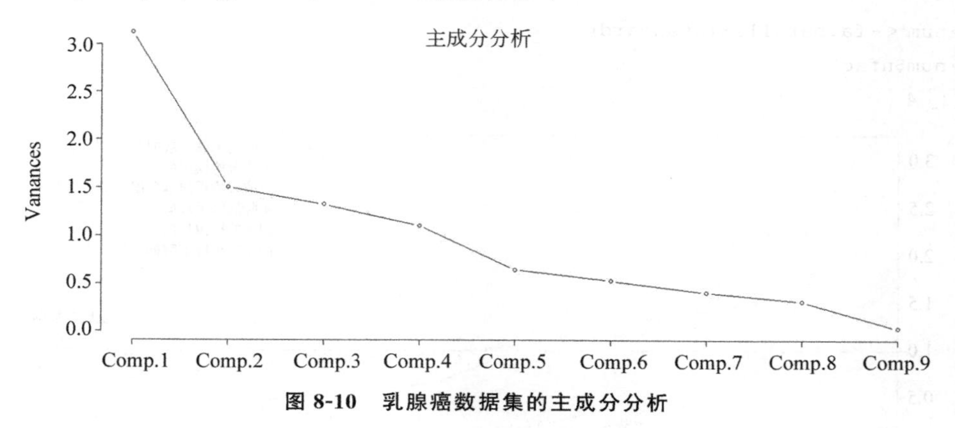

图 8-10 乳腺癌数据集的主成分分析

通过碎石图可以发现，在主成分 5(Comp.5)之后，方差的变化变得平缓许多，所以只需要筛选出主成分 1(Comp.5)至主成分 5 即可。

8.4.2 因子分析

因子分析是指从变量群中提取共性因子的统计技术。最早由英国心理学家 C.E.斯皮尔曼提出。他发现学生的各科成绩之间存在着一定的相关性，一科成绩好的学生，往往其他各科成绩也比较好，从而推想是否存在某些潜在的共性因子，或称某些一般智力条件影响着学生的学习成绩。因子分析可以在许多变量中找出隐藏的具有代表性的因子。将相同本质的变量归入一个因子，可以减少变量的数目，还可以检验变量间关系的假设。

可以通过 psych 安装包来进行因子分析，先进行数据的标准化，数据标准化主要功能就是消除变量间的量纲关系，从而使数据具有可比性。

```
>library(psych)
>standard <-scale(breast_train[-ncol(breast_train)], center=T, scale=T)
>head(standard)
         Age        BMI    Glucose    Insulin       HOMA     Leptin
1 -0.6345339 -0.7838481 -1.1904622 -0.7077075 -0.5914438 -0.8830119
2  1.5998765 -1.3531442 -0.2684043 -0.6670435 -0.5271049 -0.8811007
3  1.5360362 -0.8599019 -0.3103161 -0.5292048 -0.4457698 -0.4074353
4  0.6422721 -1.2159568 -0.8970802 -0.6559806 -0.5524045 -0.8269980
6 -0.5706936 -0.9146557 -0.2684043 -0.6559806 -0.5203377 -0.9858846
7  1.9829183 -0.9459538 -0.8970802 -0.5100689 -0.4777027 -0.9789948
   Adiponectin   Resistin       MCP.1
1  -0.05629792 -0.5755804 -0.36331877
2  -0.73011721 -0.9406625 -0.22076751
3   1.95101453 -0.4566070  0.01624134
4  -0.45569659 -0.1326544  1.04670608
6   0.57088275 -0.3599974 -0.05076096
7  -0.70479566 -0.1168600  1.95120530
```

接着，可以通过 fa.parallel()函数来确定应该取几个因子，而且还能够绘制出一幅平行分析的碎石图，如图 8-11 所示。

```
>num <-fa.parallel(standard)
>num$nfact
[1] 4
```

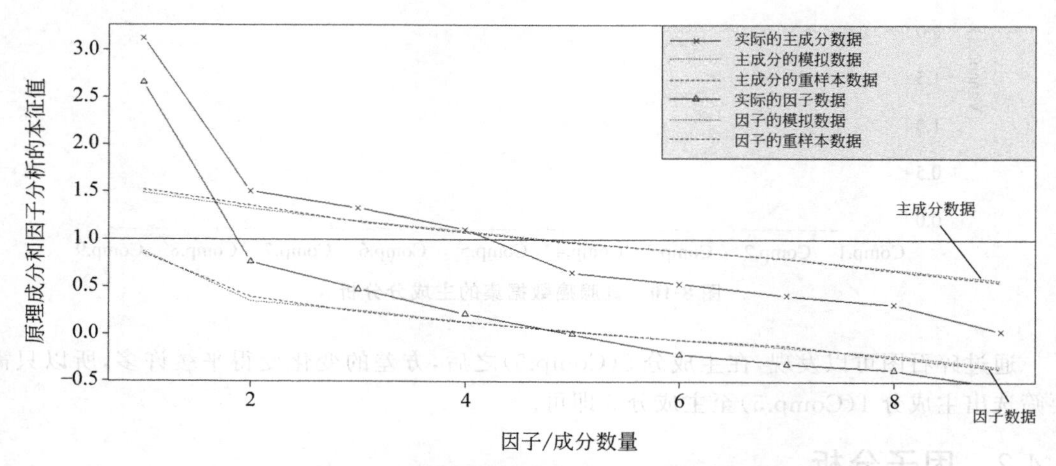

图 8-11 乳腺癌数据集平行分析的碎石图

重样本是为了数据均匀间隔，方便处理。至于图中的 y=1.0 的线代表了标尺，如果高于该条线的主成分或者是因子都建议成为保留的对象。通过图 8-11 可以发现，对于主成分的曲线而言，可以保留到第四个主成分；对于变化趋势而言，也可以保留到第四个因子。

通过采用极大似然估计和旋转因子的方法进行因子分析，判断其载荷的大小。使用因子旋转的原因是使得变换后的因子载荷平方间的方差最大，这样能够使得因子之间间隔更大，能够更好地解释数据。

```
>num.fa4=fa(standard,nfactors=4, fm='mle', rotate='varimax')
>round(num.fa4$loadings,2)

Loadings:
            ML1   ML2   ML4   ML3
Age                           0.36
BMI               0.98  0.18
Glucose     0.43        0.31  0.65
Insulin     0.98  0.11
HOMA        0.90        0.22  0.36
Leptin      0.27  0.56        0.27
Adiponectin      -0.27 -0.28
Resistin    0.12        0.69
MCP.1       0.15        0.75

                  ML1    ML2    ML4    ML3
SS loadings      2.072  1.382  1.300  0.766
Proportion Var   0.230  0.154  0.144  0.085
Cumulative Var   0.230  0.384  0.528  0.613
```

通过载荷的结果可以看出总共累计的方差只达到了 61.3%，对数据解析得不够好。但是仍然可以通过绘制图像来观察每个因子的成分，如图 8-12 所示。

```
>fa.diagram(num.fa4)
```

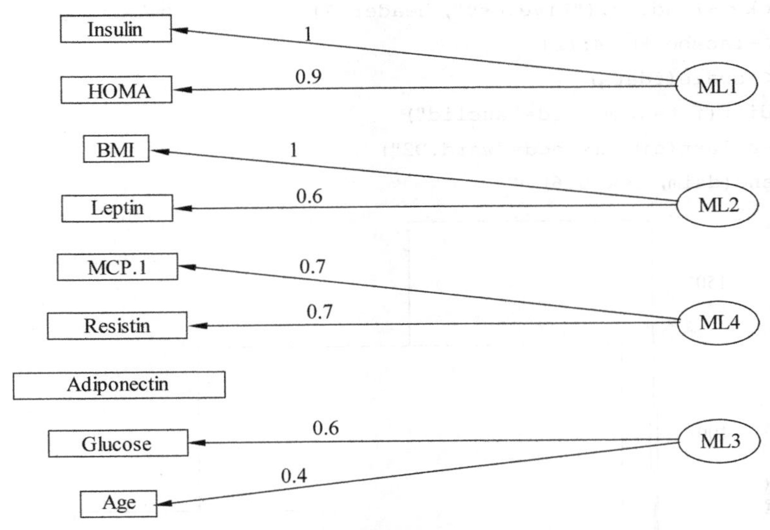

图 8-12　乳腺癌数据集的因子分析

可以发现因子 1(ML1)包含了 Insulin(胰岛素)和 HOMA(稳态模型评估法)，可以看作是健康指数；因子 2(ML2)包含了 BMI 和 Leptin(瘦蛋白)，而 BMI 占主导地位，所以可以把该因子看作是 BMI 指数；因子 4(ML4)包含了 MCP-1 和 Resistin(抵抗素)，可以看作是抗生素指数；因子 3(ML3)包含了 Glucose(葡萄糖)和 Age(年龄)，可以看作是代谢指数。而 Adiponectin(脂肪细胞因子)因为没有对应的因子，则被排除在外。

8.5　聚类分析

在划分数据的方法中，有一个很重要的板块叫作聚类。将物理或抽象对象的集合分成由类似的对象组成的多个类的过程被称为聚类。由聚类所生成的簇是一组数据对象的集合，这些对象与同一个簇中的对象彼此相似，与其他簇中的对象相异。“物以类聚，人以群分”，在自然科学和社会科学中，存在着大量的分类问题。聚类分析又称为群分析，它是研究(样品或指标)分类问题的一种统计分析方法。聚类分析起源于分类学，但是聚类不等于分类。聚类与分类的不同在于，聚类所要求划分的类是未知的。聚类分析内容非常丰富，有系统聚类法、有序样品聚类法、动态聚类法、模糊聚类法、图论聚类法、聚类预报法等。本节介绍层次聚类和划分聚类，对于聚类感兴趣的读者可以参考文献[9]。

8.5.1　层次聚类分析

层次聚类意味着对不同层次的数据集进行划分，从而形成树状的数据结构。层次聚类可以采用“至上而下”或者是“至下而上”的策略，大致流程是首先将每个对象归为一类，每类仅包含一个对象，计算类与类之间的距离。找到最近的两个类然后合并，接着计算新类与所有旧类之间的距离。重复之前的过程，直到最后合并成一个类为止。在此不再赘述，以例子来理解这种算法即可，效果图如图 8-13 所示。

```
>library(factoextra)
>facebook <-read.csv("Live.csv", header=T)
>fdata <-facebook[, 4:12]
>fstan <-scale(fdata)
>sim <-dist(fstan, method="euclid")
>dsim <-hclust(sim, method="ward.D2")
>fviz_dend(dsim, cex=0.6)
```

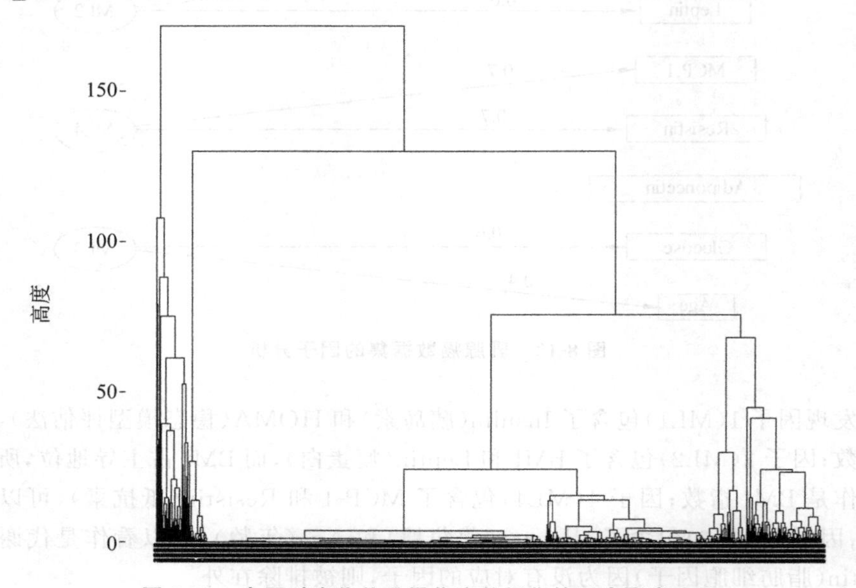

图 8-13 泰国时尚化妆品零售商数据集的层次聚类分析

这里使用一个新的数据集来进行处理，该数据集来自于 UCI 机器学习数据库，其网址为 http://archive.ics.uci.edu/ml/datasets/Facebook+Live+Sellers+in+Thailand。该数据集描述的是基于 Facebook 上 10 家泰国时尚化妆品零售商的页面，其数据集的各项属性如表 8-4 所示。通过层次聚类分析可以发现具有吸引客流量的因素有哪些，从而为商家提供有效的建议。

表 8-4 泰国时尚化妆品零售商数据集的各项属性

列　名	类　型	定　义
status_id	数值	状态 id
status_type	类别	状态类型
status_published	数值	发布状态
num_reactions	数值	反应数据

续表

列　名	类　型	定　义
num_comments	数值	评论数据
num_shares	数值	分享数据
num_likes	数值	喜爱数据
num_loves	数值	热爱数据
num_wows	数值	惊叹数据
num_hahas	数值	愉快数据
num_sads	数值	悲伤数据
num_angrys	数值	生气数据

对于聚类而言，安装包 factoextra 是一个不错的选择，包括了层次聚类和划分聚类所需的函数。为了判断层次聚类模型是否判断准确，选择把状态数据这一列略掉，而把其他列的数据作为自变量进行聚类判断。利用 dist()函数计算中心化后的每个数据到中心的几何距离，从而为层次聚类做好准备。利用 hclust()函数进行层次聚类，把之前计算出的几何距离最小的聚为一类，其中采用的算法为离差平方和法，即各项与平均项之差的平方的总和，在此不再赘述。通过 fviz_dend()函数把之前已经聚类过的数据绘制成图像。下一步是通过人为观察的方式决定分为几类，在这个例子中，作者更偏向于分为 3 类。效果图如图 8-14 所示。

```
>fviz_dend(dsim, k=3, cex=0.5,
          k_colors=c("#2E9FDF", "#00AFBB", "#E7B800"),
          color_labels_by_k=TRUE,
          rect=TRUE)
```

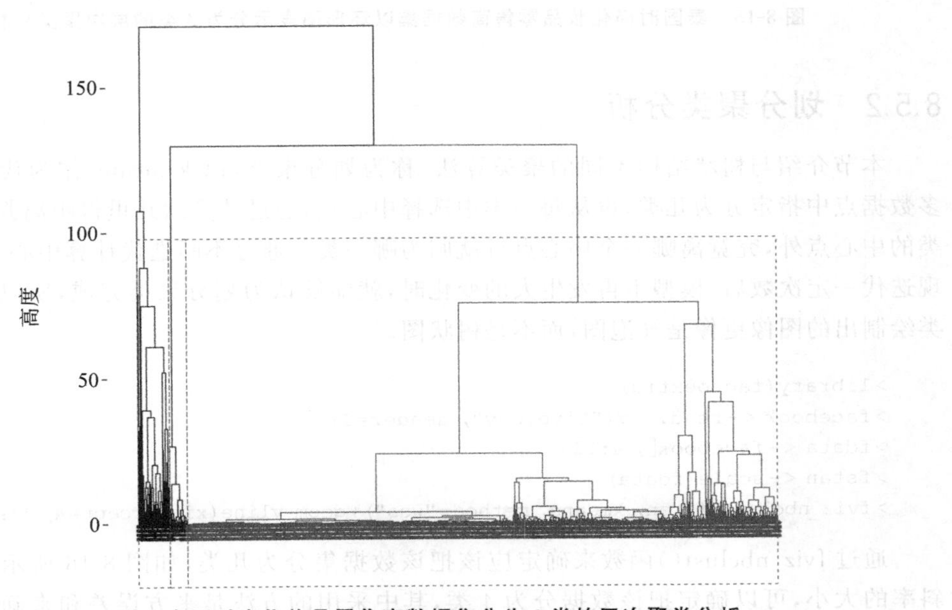

图 8-14　泰国时尚化妆品零售商数据集分为 3 类的层次聚类分析

在fviz_dend()函数里，因为做的是层次聚类，所以通过不同的颜色进行标记，其各个类别用一个矩形框框出，方便观察。但是因为数据量过大，导致数据标签不清晰，所以这也是使用聚类分析应当注意的问题之一。也可以用环形图来代替树状图，只需把fviz_dend()函数里的type赋值为circular即可，如图8-15所示。

```
>fviz_dend(dsim, cex=0.4, k=3,
           k_colors="jco", type="circular")
```

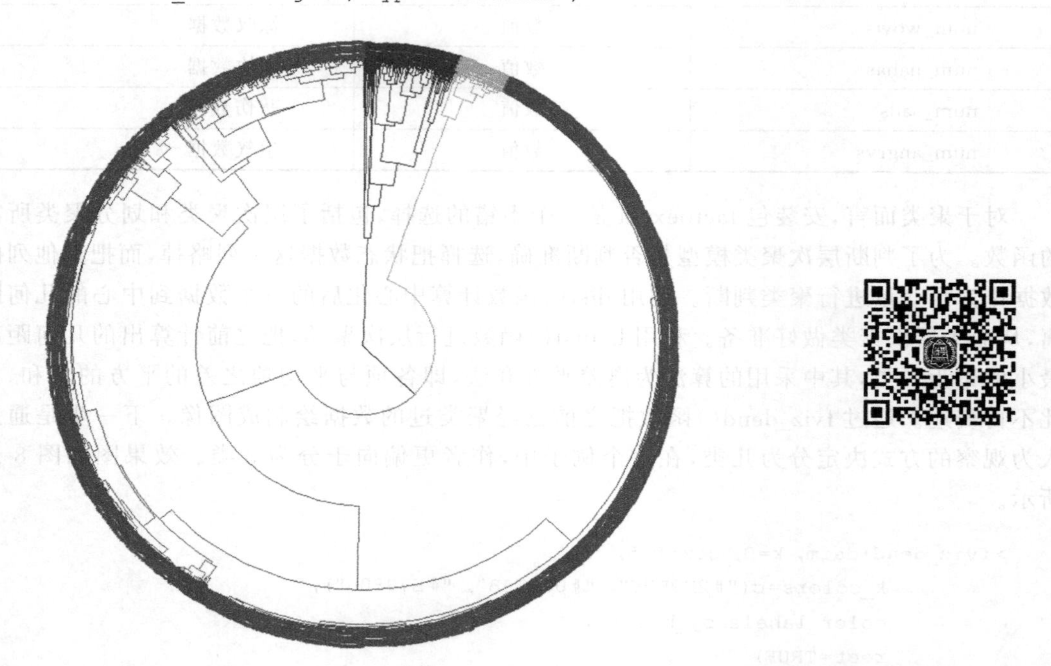

图8-15　泰国时尚化妆品零售商数据集以环形图表示分为3类的层次聚类分析

8.5.2　划分聚类分析

本节介绍与树状结构不同的聚类算法，称为划分聚类，以k-means作为代表。先从众多数据点中指定分为几类，再从每一类中选择中心点，通过计算欧几里得距离判断除了每个类的中心点外，究竟离哪一个中心点近就归为哪一类。通过不断迭代计算中心点位置，当发现迭代一定次数后，模型不再发生大的变化时，就能够认为划分聚类完成，所以最终划分聚类绘制出的图像更像是气泡图，而不是树状图。

```
>library(factoextra)
>facebook <-read.csv("Live.csv", header=T)
>fdata <-facebook[, 4:12]
>fstan <-scale(fdata)
>fviz_nbclust(fstan, kmeans, method="wss")+geom_vline(xintercept=4, linetype=2)
```

通过fviz_nbclust()函数来确定应该把该数据集分为几类，如图8-16所示。通过观察斜率的大小，可以确定把该数据分为4类，其中采用的方法是平方误差和来确定最佳聚类数目。

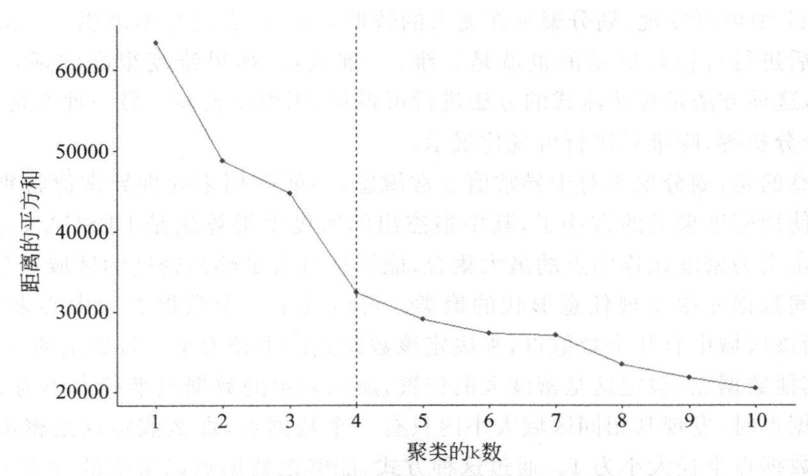

图 8-16　泰国时尚化妆品零售商数据集的划分聚类分析

使用 k-means 方法时，通常取的随机集合的个数为 20～25 次，在这里取 25 次。指定随机集合的个数，可以有效地遍历数据，防止过拟合的情况发生。如果不指定的话，nstart=1，如图 8-17 所示。

```
>set.seed(190630)
>kfstan <-kmeans(fstan, 4, nstart=25)
>com <-cbind(fdata, cluster=kfstan$cluster)
>fviz_cluster(kfstan, data=fstan,
          palette=c("#2E9FDF", "#00AFBB", "#E7B800", "#FC4E07"),
          ellipse.type="euclid",
          star.plot=TRUE,
          repel=TRUE,
          ggtheme=theme_minimal()
)
```

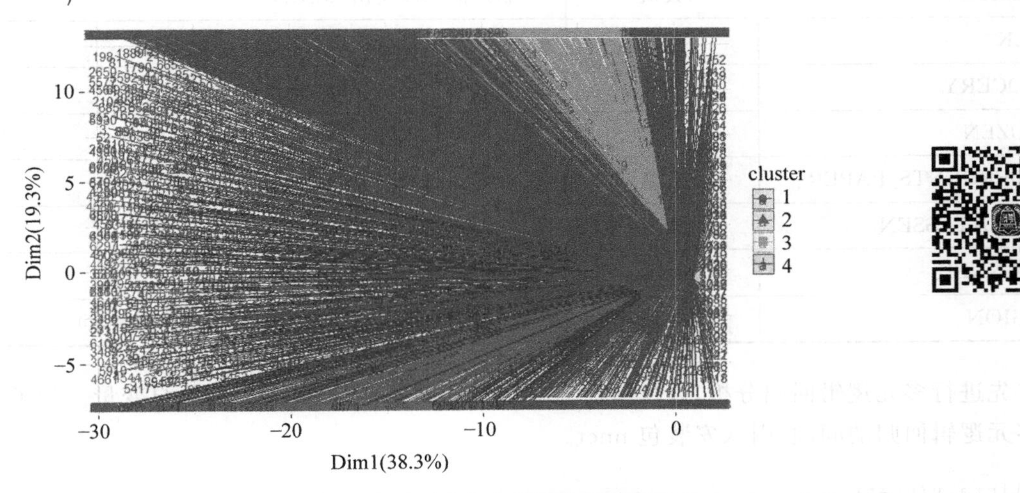

图 8-17　泰国时尚化妆品零售商数据集的 k-means 方法

从图 8-17 中可以发现，划分聚类在庞大的数据集前，拟合得并不理想。一般来说，能够对数据聚类后进行可视化展示的也就是二维、三维数据，如果维度很高的话，一种方法是 t-SNE 方法，这种方法是按照流式的方法进行可视化，用得比较多。另一种就是利用降维方法，如主成分分析等，降维后进行可视化展示。

需要注意的是，划分聚类对于异常值非常敏感，不能够用来处理异常值特别大的数据。这时就需要使用密度聚类的方法了，其中最杰出的密度聚类算法是 DBSCAN，高效而且方便。它将簇定义为密度相连的点的最大集合，能够把具有足够高密度的区域划分为簇，并可在噪声的空间数据库中发现任意形状的聚类。可以选定一个数据点为中心来划定一个区域，通过判断该区域中有几个数值点，来决定该数据点的半径大小。若划定的一个数据点周围有 10 个其他数据点，假定这是密度大的位置，所以划定的数据点半径大小为 5；而当划定另外一个数据点时，发现其相同区域大小内只有一个数据点，那么假定这是密度小的位置，所以划定的数据点半径大小为 1。通过这种方式，能够把数据点以密度的方式进行划分，尤其是对于异常值点，通过观察数据点半径大小，能够清晰地辨别出来，这是层次聚类和划分聚类所不具备的性能。受篇幅所限，本书不再介绍，感兴趣的读者可以查阅资料来掌握这种算法。

8.6　高级统计分析实例

本节处理多元逻辑回归和二元逻辑回归的数据，数据来源于 UCI 机器学习数据库，网址为 http://archive.ics.uci.edu/ml/datasets/Wholesale＋customers。该数据集描述的是不同渠道下和不同区域下，批发经销商所卖各种商品的年度开支数据集的各项属性如表 8-5 所示。

表 8-5　批发经销商所卖各种商品的年度开支数据集的各项属性

列　名	类　型	定　　义
FRESH	数值	新产品年度支出(M.U.)
MILK	数值	牛奶产品年度支出(M.U.)
GROCERY	数值	食品杂货年度支出(M.U.)
FROZEN	数值	冷冻产品年度支出(M.U.)
DETERGENTS_PAPER	数值	洗涤剂和纸制品年度支出(M.U.)
DELICATESSEN	数值	熟食产品年度支出(M.U.)
CHANNEL	类别	渠道(1＝饭店，2＝零售)
REGION	类别	区域(1＝里斯本，2＝波尔图，3＝其他区域)

首先进行多元逻辑回归分析，以“区域”为因变量，除“渠道”以外的数据为自变量。为了解决多元逻辑回归的问题，引入安装包 nnet。

```
>library(nnet)
>library(caret)
```

```
>cust <-read.csv("Wholesale customers data.csv", header=T)
```

设定一个随机种子数，以便复现结果，以及把数据集分为 85% 的训练集和 15% 的测试集。

```
>set.seed(190706)
>rcust_sampling_vector <-createDataPartition(rcust$Region, p=
+0.85, list=FALSE)
>rcust_train <-rcust[rcust_sampling_vector,]
>rcust_train_features <-rcust[, -1]
>rcust_train_labels <-rcust$Region[rcust_sampling_vector]
>rcust_test <-rcust[-rcust_sampling_vector,]
>rcust_test_labels <-rcust$Region[-rcust_sampling_vector]
```

通过使用 nnet 安装包的 multinom() 函数可以实现对多元逻辑回归的处理，类似于 glm() 函数，第一项代表了因变量和自变量，因变量在波浪号左边，自变量在波浪号右边。若要全选自变量，就使用一个点即可。第二项是数据集。第三项是迭代次数，对于小数据集而言，这一项可以省略，但若数据集大，可能模型不会收敛，此时就应当增加迭代次数。

```
>rcust_model <-multinom(Region ~., data=rcust_train, maxit=1000)
#weights:  24 (14 variable)
initial  value 411.979608
iter  10 value 312.673432
iter  20 value 286.992484
final  value 286.991544
converged
>summary(rcust_model)
Call:
multinom(formula=Region ~., data=rcust_train, maxit=1000)

Coefficients:
  (Intercept)       Fresh           Milk            Grocery         Frozen
  Detergents_Paper  Delicassen
2 -0.401970         -2.049680e-05   -5.683831e-05   5.612817e-05    6.581865e-05
  -2.797940e-05     -0.0001590142
3 1.287656          1.147885e-06    2.073088e-05    8.147036e-06    -1.459532e-05
  -3.678469e-05     0.0000511984

Std. Errors:
  (Intercept)       Fresh           Milk            Grocery         Frozen
  Detergents_Paper  Delicassen
2 3.035014e-08      1.883985e-05    5.616172e-05    6.459186e-05    3.977478e-05
  1.171568e-04      1.930396e-04
3 1.534167e-08      1.154092e-05    3.500901e-05    4.501595e-05    3.491902e-05
  8.724221e-05      9.479129e-05

Residual Deviance: 573.9831
AIC: 601.9831
```

可以采用predict()函数来进行数据集的模拟，其中采用的模型即刚建立的多元逻辑回归模型。而对于准确率的预测，可以采用mean()函数来进行处理。为了找到数据拟合不好的原因，采用table()函数来创建混淆矩阵进行观察。混淆矩阵指的是分别统计分类模型归错类和归对类的观测值个数，然后把结果存在表里展示出来。举个例子，在医学上，不可能每次医学仪器检测的都是正确的结果，有可能会把没有疾病的样本显现成有疾病的，也有可能没有检测出带有疾病的样本，把前一种情况称为假阳性，而后一种情况称为假阴性。当把所有情况统计在一张表里时，这张表就被称为混淆矩阵。

```
>rcust_predictions <-predict(rcust_model, rcust_train)
>mean(rcust_predictions==rcust_train$Region)
[1] 0.72
>table(predicted=rcust_predictions, actual=rcust_train$Region)
          actual
predicted  1   2   3
        1  0   0   0
        2  0   2   1
        3  66  38 268
>rcust_test_predictions <-predict(rcust_model, rcust_test)
>mean(rcust_test_predictions==rcust_test$Region)
[1] 0.7230769
>table(predicted=rcust_test_predictions, actual=rcust_test$Region)
          actual
predicted  1   2  3
        1  0   0  0
        2  0   0  0
        3  11  7  47
```

通过结果可以得知，该模型预测的准确率只有72%左右，无论对于训练集而言，还是对于测试集而言均是如此。值得注意的是，通过观察混淆矩阵，对于训练集而言，模型根本无法分辨出里斯本这个区域；对于测试集而言，模型根本无法分辨出里斯本和波尔图这两个区域。模型拟合得不好，也有可能是因为数据集不够大而造成的。

接下来回到二元逻辑回归的问题上，选定“渠道”为因变量，除“区域”以外的因素为自变量。用同样的方式划分数据集，85%的训练集和15%的测试集。对于二元逻辑回归，仍然可以使用multinom()函数进行处理。

```
>ncust <-cust[, -2]
>ncust_sampling_vector <-createDataPartition(ncust$Channel, p=
+0.85, list=FALSE)
>ncust_train <-ncust[ncust_sampling_vector,]
>ncust_train_features <-ncust[, -1]
>ncust_train_labels <-ncust$Channel[ncust_sampling_vector]
>ncust_test <-ncust[-ncust_sampling_vector,]
>ncust_test_labels <-ncust$Channel[-ncust_sampling_vector]
>
>ncust_model <-multinom(Channel ~., data=ncust_train, maxit=1000)
#weights:  8 (7 variable)
```

```
initial  value  259.237046
iter  10 value  85.084950
iter  20 value  84.076224
iter  20 value  84.076224
final   value   84.076201
converged
>summary(ncust_model)
Call:
multinom(formula=Channel ~., data=ncust_train, maxit=1000)

Coefficients:
                         Values          Std. Err.
(Intercept)        -3.791036e+00    1.202528e-08
Fresh              -1.232234e-06    1.839151e-05
Milk                3.572645e-05    6.624198e-05
Grocery             1.190074e-04    6.993099e-05
Frozen             -1.426144e-04    9.886894e-05
Detergents_Paper    8.714912e-04    1.527580e-04
Delicassen          1.012363e-04    1.250463e-04

Residual Deviance: 168.1524
AIC: 182.1524
```

可以采取同样的办法来观察准确率的大小和混淆矩阵。

```
>ncust_predictions <-predict(ncust_model, ncust_train)
>mean(ncust_predictions==ncust_train$Channel)
[1] 0.9090909
>table(predicted=ncust_predictions, actual=ncust_train$Channel)
        actual
predicted   1   2
        1 242  20
        2  14  98
>ncust_test_predictions <-predict(ncust_model, ncust_test)
>mean(ncust_test_predictions==ncust_test$Channel)
[1] 0.9090909
>table(predicted=ncust_test_predictions, actual=ncust_test$Channel)
        actual
predicted  1  2
        1  40  4
        2  2  20
```

从结果看出,此次拟合要好很多,无论是训练集还是测试集,都达到了 90.9%的准确率。而且从混淆矩阵来看,并没有发生辨别不出某一类的情况。接下来,进行优化工作,利用正则化的方法判断应该略掉哪一个因子,同时观察第 70 个模型所对应的权重因子大小。

```
>library(glmnet)
>ncust_train_mat <-model.matrix(Channel~., ncust_train)[,-1]
>lambdas <-10 ^ seq(8,-4,length=250)
```

```
>ncust_models_ridge=glmnet(ncust_train_mat,ncust_train$Channel,alpha=0,lambda
=lambdas)
>ncust_models_lasso=glmnet(ncust_train_mat,ncust_train$Channel,alpha=1,lambda
=lambdas)
>coef(ncust_models_ridge)[,70]
  (Intercept)        Fresh          Milk           Grocery         Frozen
  Detergents_Paper   Delicassen
  1.315503e+00       -5.689513e-11  3.016849e-10   2.958816e-10    -1.808809e-10
  6.050616e-10       4.776900e-10
>coef(ncust_models_lasso)[,70]
  (Intercept)        Fresh          Milk           Grocery         Frozen
  Detergents_Paper   Delicassen
  1.315508           0.000000       0.000000       0.000000        0.000000
  0.000000           0.000000
```

通过绘制岭回归和 lasso 的图像，便于观察系数的值是怎样随着 log(λ)改变的，如图 8-18 所示。

```
>layout(matrix(c(1,2), 1, 2))
>text <-c(expression(paste(lambda, "值的对数")))
>plot(ncust_models_ridge, xvar="lambda", main="岭回归\n", xlab=text, ylab="均方差")
>plot(ncust_models_lasso, xvar="lambda", main="lasso\n", xlab=text, ylab="均方差")
```

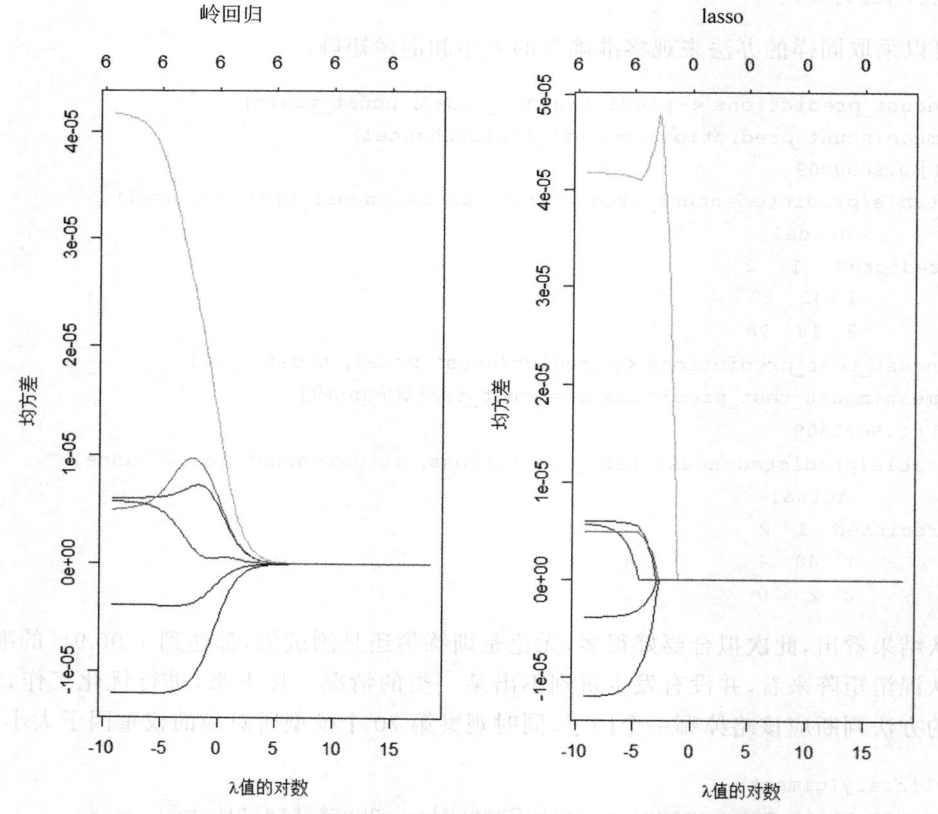

图 8-18 批发经销商所卖各种商品的年度开支数据集的正则化表示

为了寻找最佳的 λ 值，使用 cv.glmnet()函数绘制相应的图像，便于观察均方差是怎样随着 log(λ)改变的，如图 8-19 所示。

```
>ridge.cv <- cv.glmnet(ncust_train_mat, ncust_train$Channel, alpha=0, lambda=
lambdas)
>lambda_ridge <-ridge.cv$lambda.min
>lambda_ridge
[1] 0.1694009
>
>lasso.cv <- cv.glmnet(ncust_train_mat, ncust_train$Channel, alpha=1, lambda=
lambdas)
>lambda_lasso <-lasso.cv$lambda.min
>lambda_lasso
[1] 0.008466635
>
>layout(matrix(c(1,2), 1, 2))
>plot(ridge.cv, col=gray.colors(1), xlab=text, ylab="均方差")
>title("岭回归", line=+2)
>plot(lasso.cv, col=gray.colors(1), xlab=text, ylab="均方差")
>title("lasso", line=+2)
```

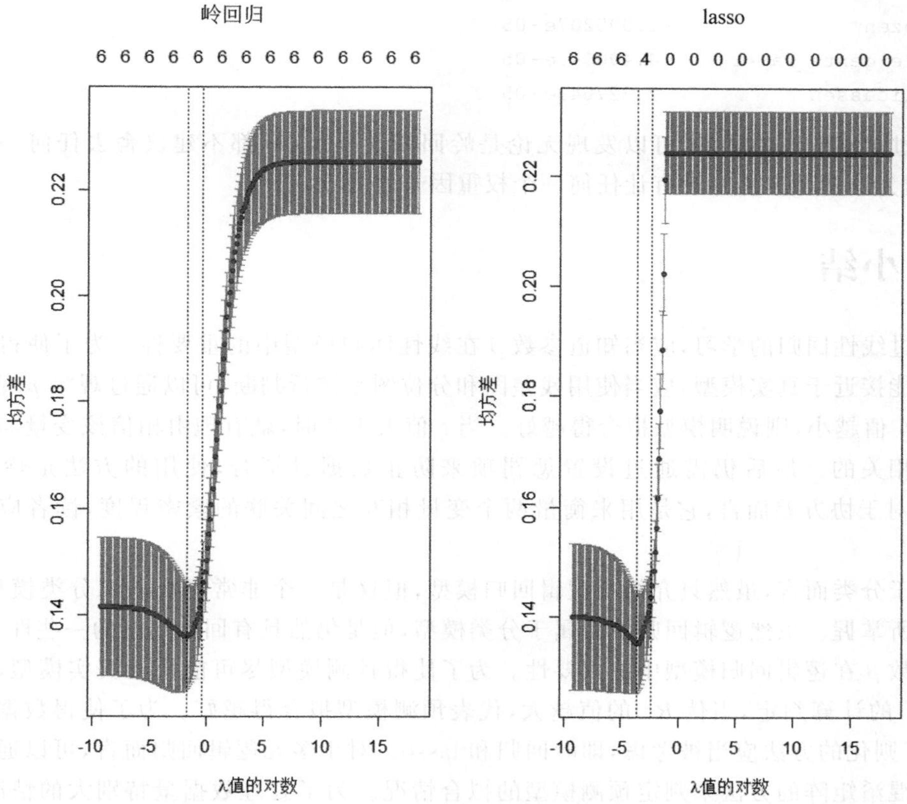

图 8-19　批发经销商所卖各种商品的年度开支数据集交叉验证后的正则化表示

图8-19中，灰色区域代表了均方差估计值上下的标准差的误差条，左边垂直的虚线代表最优λ值，而右边垂直的虚线代表对应了距离最优λ值的标准误的值。

通过使用predict()函数可以确定应当舍弃哪些权重因子。

```
>predict(ncust_models_ridge, type="coefficients", s=lambda_ridge)
7 x 1 sparse Matrix of class "dgCMatrix"
                             1
(Intercept)       1.173978e+00
Fresh            -3.237759e-06
Milk              7.317129e-06
Grocery           9.647766e-06
Frozen           -9.890491e-06
Detergents_Paper  2.430296e-05
Delicassen        1.793728e-05
>predict(ncust_models_lasso, type="coefficients", s=lambda_lasso)
7 x 1 sparse Matrix of class "dgCMatrix"
                             1
(Intercept)       1.168528e+00
Fresh            -3.069654e-06
Milk              4.609089e-06
Grocery           3.627363e-06
Frozen           -1.005207e-05
Detergents_Paper  4.490040e-05
Delicassen        2.327649e-05
```

通过观察上面的结果，可以发现无论是岭回归还是lasso都不建议舍去任何一个权重因子，因为这两种方法都没有让任何一个权重因子变为0。

8.7 小结

通过线性回归的学习，应当知道参数β在线性回归模型中的重要性。为了使得预测模型尽可能接近于真实模型，应当使用残差图和分位图来进行判断，可以通过观察p值和t值实现。p值越小，则说明模型拟合得越好。当t值大于3时，就有理由相信该变量与因变量之间是相关的。最后仍需通过设置惩罚项来防止数据过拟合，使用的方法是岭回归和lasso。对于协方差而言，它是用来衡量两个变量相互之间关联的紧密程度，读者应当有所了解。

对于分类而言，虽然只介绍了逻辑回归模型，但这是一个非常经典的二分类模型，读者应当有所掌握。虽然逻辑回归模型属于分类模型，但是仍然具有回归模型的一些性质，应当知道参数β在逻辑回归模型中的重要性。为了使得预测模型尽可能接近真实模型，可以通过伪R^2的计算判定，当伪R^2的值越大，代表预测模型拟合得越好。为了使得数据不被过拟合，正则化的方法应当被考虑，即岭回归和lasso。对于多元逻辑回归而言，可以通过看准确率和混淆矩阵的方法来判定预测模型的拟合情况。为了处理数据量特别大的情况，引入了主成分分析和因子分析的有关方法，从而使得数据降维，便于处理。

对于聚类而言，应当掌握划分聚类、层次聚类和密度聚类的方法。聚类的目的是处理无标签的数据，把类别尽可能辨别出来。当需要处理异常值的数据时，密度聚类应当被考虑。

习题

1. 非线性模型和线性模型，哪一个更基础？
2. 对于最小二乘回归而言，数据应当满足什么条件？
3. 线性回归中的残差具备什么样的性质？
4. 异常点和可疑点分别有什么判别标准？
5. 为什么要采用方差分析？
6. 简述方差分析和T检验的适用范围。
7. 相关性能否告知变量之间的因果关系？
8. 简述方差的意义。
9. 广义线性回归模型是对线性模型进行了怎样的推广？
10. 逻辑回归与线性回归有什么异同？
11. PCA作为线性降维方法，如何拓展到非线性降维方法中？
12. 简述因子分析的应用层面。
13. 密度聚类中的DBSCAN算法是如何实现的？
14. 层次聚类的思想是什么？
15. 划分聚类中k-means算法是如何实现的？
16. 当使用逻辑回归处理多标签分类问题时，可行性办法是什么？
17. PCA的目标是什么？
18. k-means算法的优点与缺点是什么？
19. k-means算法如何调优？
20. 当划分了训练集和测试集后，为什么还要把训练集进行划分，从而实现交叉验证？

第 9 章

思政案例

创建动态报告

为了方便对数据的分析结果进行展示，往往需要创建数据分析的报告，而动态报告是常用的形式。在R语言中，Knitr包和R Markdown包是数据分析创建动态报告最常使用的加载包，下面从模板、Markdown、LaTex等方面介绍如何使用R语言来创建报告。

9.1 用模板生成报告

使用模板(如R Markdown模板)创建生成的报告一般为包括报告文字、格式化语法和R代码3部分的文本文档。编辑次序为读取模板文件、运行R代码、应用格式化指令，最后生成报告。

报告文字为数据分析结果的解释性语句，如Here is a plot等。

格式化语法为以报告的格式化方式进行控制的标签，如在Markdown中各级标题由#控制，一级标题前加一个#号，二级标题前加两个#号等。

R代码为报告中用以对数据进行分析并生成可视化图像的R语句。R代码由'''{r,...}和'''包围，若想用某组数据生成一个图像，实现代码如下。

```
'''{r fig.width=5, fig.height=5}
with(women, plot(weight, height))
'''
```

如果安装了RStudio，在RStudio中，提供了专门的Markdown创建报告的模板，打开RStudio之后，选择File→New File→R Markdown命令会出现New R Markdown界面，输入文件名称，选择想要的报告格式(有HTML、PDF和Word等格式)，单击OK按钮即可打开如图9-1所示的R Markdown模板界面。

在模板中进行编辑时需要注意书写格式，下面介绍使用格式。

1. 文本处理

文本处理包括标题、文本样式两方面。

- 双虚线里的内容规定了报告的标题和输出格式。
- 单星号*代表斜体字体，双星号**代表加粗字体。
- #代表标题，一个#表示一级标题，两个##表示二级标题。

除此之外，还有一些特殊的处理，会在9.2节介绍。

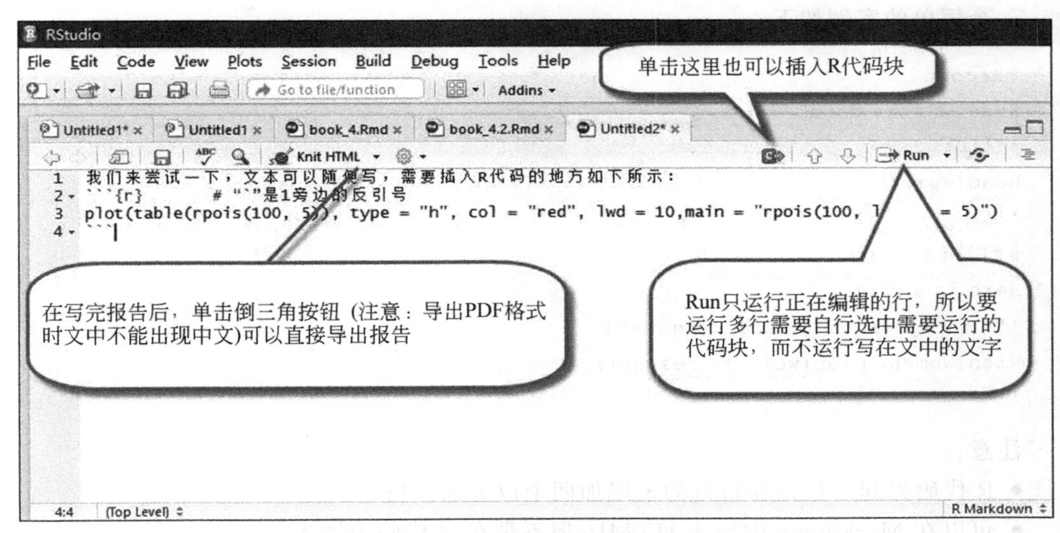

图 9-1　R Markdown 模板界面

2. 图片

如果想在报告中插入图片，则需在 Markdown 模板编辑器中输入`![]()`，此时，预览面板中会自动创建图片上传框，只需从计算机中将需要添加的图片(.png、.gif、.jpg) 拖动到上传框，或者单击图片上传框，使用标准的图片上传方式上传即可。

如果想通过网络链接插入网络上的图片，可以单击图片上传框左下角的“链接”图标，这时就会呈现图片 URL 的输入框。如果想给图片添加标题，只需将标题文本插入图片的方括号即可，如`![This is a title]()`。

3. 脚注

使用占位符号可以将脚注添加到文本中，如 [^1]。另外，可以使用“n”而不是数字的[^n]，所以可以不必担心使用哪个号码。在文章的结尾，可以定义匹配的注脚，URL 将变成链接，举例如下。

```
[^1]: This is my first footnote
[^n]: Visit http://ghost.org
[^n]: The final footnote
```

4. 写代码

R Markdown 中嵌入 R 代码也是极其方便的。RStudio 中嵌入代码块有如下 3 种方式。

(1) 使用快捷键 Ctrl+Alt+I。

(2) 直接在工具栏上单击 Insert 按钮。

(3) 手动输入'''{r}和'''。

如果添加的代码为内嵌代码，可以使用一对回勾号 'alert('Hello World')'。

一个简单的实例如下：

```
#Report
Here is some data.
'''{r}
Head(women)
'''
##Plots
Here is a plot.
'''{r fig.width=5, fig.height=5}
with(women, plot(weight, height))
'''
```

注意：

- R 代码另起一行是在每行的末尾加两个以上的空格。
- 可以在 Markdown 中插入 HTML，但不是在 R 代码中插入。

9.2　用 R 语言和 Markdown 创建动态报告

R Markdown 是通过将 R code 块嵌入 Markdown 文档中来创建动态报告的，这样创建的报告是独立的且可以重复操作的，除此之外，报告还可以被分享。具体做法：R Markdown 允许 R 用户在 Markdown 文档中插入 R code，然后通过 knitr 编译得到 html 文档。实现这一切的前提是安装了 R Markdown 等包。

- 安装 Markdown 包，如果使用了最新版的 RStudio，R Markdown 包是自动加载的，可以不用使用命令 install.packages("rmarkdown")安装 。
- 如果需要对数据框和矩阵进行格式化处理，或对 lm()、glm()、table()等函数的返回值进行格式化处理的话，建议安装 xtable 包：install.packages("xtable")。
- 如果想生成一个 PDF 格式的文档，则需要安装 LaTeX 编译器。这是因为 LaTeX 编译器可以更好地进行 PDF 文档排版。如果是 Windows 用户，建议安装 MiKTeX 包(http://miktex.org/)，而 Mac 用户推荐安装 MacTeX 包(http://tug.org/mactex/)，Linux 用户推荐安装 TeXLive 包(http://tug.org/texlive)。

另外，建议安装 Pandoc 包(http://johnmacfarlane.net/pandoc/index.html)，因为它支持文档格式之间的相互转换，并免费支持 Windows、Mac OS X 和 Linux 三种系统。

在安装好所需软件之后，为了保证用 Markdown 语法被 R 所输出的数据分析结果、解析语句、图像和表格在一个文档里，就需创建一个包含报告文字、Markdown 语法和 R 代码块 3 个内容的文本文档。

如果安装了最新的 RStudio，由于 RStudio 中已经包含了上述必须的包，所以可以直接跳过。在 RStudio 中提供了专门的 Markdown 创建报告的模板，打开 RStudio 之后，按照 9.1 节的操作即可创建一个动态报告 Markdown 模板。需要指出的是，除 9.1 节中所提到的 Markdown 语法之外，在 Markdown 模板中还有很多其他常用语法需要了解，如表 9-1 所示。

表 9-1 最常见的 Markdown 格式选项和键盘快捷键

输出效果	Markdown	快捷键	输出效果	Markdown	快捷键
Bold	**text**	Ctrl/⌘+B	List	* item	Ctrl+L
Emphasize	* text *	Ctrl/⌘+I	Blockquote	>quote	Ctrl+Q
Strike-through	～～text～～	Ctrl+Alt+U	H1	# Heading	
Link	[title](http://)	Ctrl/⌘+K	H2	## Heading	Ctrl/⌘+H
Inline Code	\`code\`	Ctrl/⌘+Shift+K	H3	### Heading	Ctrl/⌘+H(x2)
Image	`![alt](http://)`	Ctrl/⌘+Shift+I	H4	#### Heading	Ctrl/⌘+H(x3)
文字之间空一行或多行	把文字分割成段落		行尾空两格或多格	添加一个换行符	

例如：

1）R 代码计算

```
```{r}
library(DT)
datatable(iris) summary(iris)
```
```

2）矩阵

```
```{r,echo=FALSE} ##echo=FALSE 即隐藏 R CODE
#quick
A=matrix(c(1:20),nrow=4,ncol=5)
print(A)
```
```

3）散点图

```
```{r}
library(plotly)
plot_ly(data=iris, x=Sepal.Length, y=Petal.Length, mode="markers", color=
Species)
```
```

4）时间序列图

```
```{r}
p <-plot_ly(economics, x=date, y=uempmed, name="unemployment")
p %>%add_trace(y=fitted(loess(uempmed ~as.numeric(date))), x=date)
```
```

下面从 Markdown 动态报告的创建和编辑两部分来介绍其使用。

1. 创建 R Markdown 动态报告

用 R Markdown 创建动态报告，主要分为如下几步。

(1) 选择 File→New File→R Markdown 命令，如图 9-2 所示。

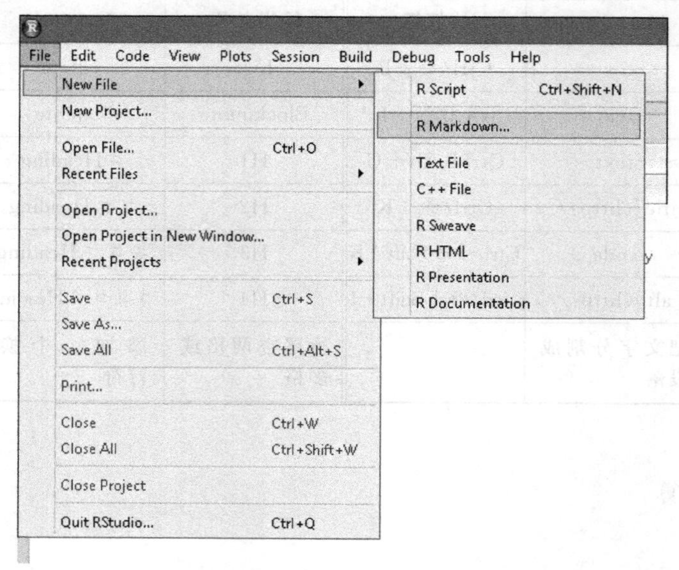

图 9-2　R Markdown 创建动态报告第一步

(2) 在如图 9-3 所示的对话框中选择左侧的 Document，并填写标题和作者，单击 OK 按钮。

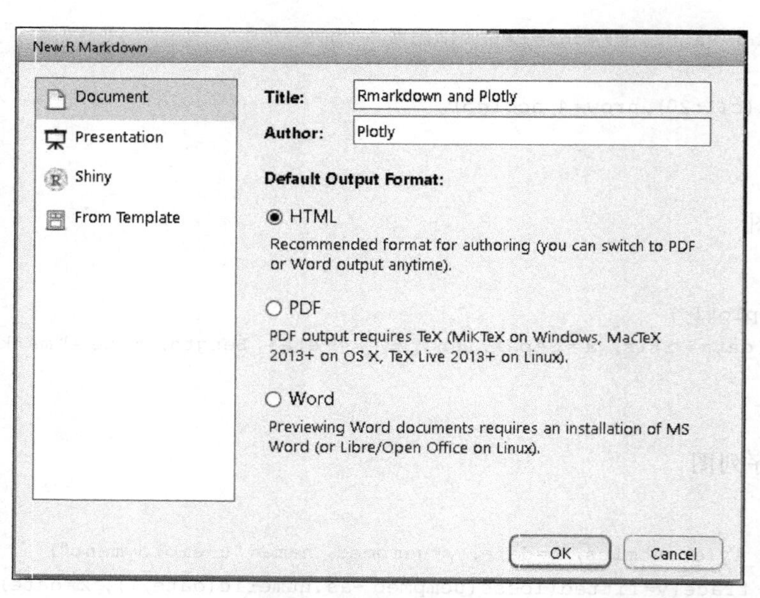

图 9-3　标题即格式界面

(3) 得到 R Markdown 文档，编辑界面如图 9-4 所示。

```
Untitled1*  Knit HTML
1 ---
2 title: "Rmarkdown and Plotly"
3 author: "Plotly"
4 date: "December 26, 2015"
5 output: html_document
6 ---
7
```

图 9-4 编辑界面

2. 编译 R Markdown 动态报告

在编辑 R Markdown 动态报告时，不同格式的编辑方法大致相同，下面以 HTML 格式为例。

1）编辑代码

单击 Knit HTML 按钮生成 HTML 文件，如果要在文档内嵌入 R 代码做计算，只需在代码块内编辑。

具体代码如下：

````
```{r Code Chunk, chunk options here...}
#R code here...
```
````

还可以通过 R 对象 opts_chunk 来设置全局选项：

```
opts_chunk$set(echo=FALSE, fig.height=4)
```

代码中的参数 echo 控制 R 代码块是否可见。设置为 FALSE 表示隐藏 R 代码，但代码块会被正常运行并在文档中输出运行结果。如果只是想显示代码块但不需要运行它，只需添加参数 eval 并设置 eval＝FALSE 即可。代码中的参数 fig.height 设置图像的高度。

几个常用概念的介绍如下。

代码段：是独立段落的 R 代码，每段代码必须有唯一的代码标签。

行内代码：嵌入报告文字中的小段 R 代码。

局部选项：在代码段上方的＜＜＞＞＝标记里设置。

全局选项：用 opts_chunk $ set() 设置，它对所有文档格式都通用（包括 Rnw、Rhtml、Rmd 等）。

2）message 参数

参数 message 用于设置是否输出参考信息，message＝TRUE 表示显示，message＝FALSE 表示不显示。

如：

````
```{r Code Chunk, message=FALSE}
#R code
#Messages from R-Console will not show up in final document
```
````

3）results参数

参数results是在代码块执行完后，控制结果的输出形式，包括文本、图表和图形的输出。它有如下4个取值。

markup——标记显示；asis——文本显示；hold——末尾显示；hide——隐藏。

如：

```
```{r Code Chunk, results='markup'}
#R code will be evaluated but not shown in the final HTML document
#Useful when only plots/charts/text output needs to be shown and not the
#code that generated it...
```
```

4）文本输出其他相关功能

代码高亮（highlight＝TRUE）：增强可读性，有无数的高亮主题可选，仅适用于LaTeX和HTML输出，MD文档在转为HTML文档之后可以用专门的JavaScript库去高亮代码。

代码重排（tidy＝TRUE）：将格式较乱的代码排整齐，此功能由formatR包支持。

执行或不执行代码（eval＝TRUE/FALSE）：不执行的代码段将被跳过，原样输出源代码。

显示/隐藏源代码（echo＝TRUE/FALSE）：甚至精确控制显示哪几段代码（echo取具体数值）。

显示/隐藏警告文本（warning＝TRUE/FALSE）、错误消息（error）和普通消息（message）。

显示/隐藏整个代码段的输出（include＝TRUE/FALSE），如只想运行代码，但不把结果写入输出中。

5）表格输出

R Markdown输出的表格实际是由纯文本构成的，鉴于R语言没有自带的表格生成函数，这就需要进行特殊的处理。视输出格式不同，需使用knitr::kable()函数或xtable包或ascii包来把R语言中的类型对象（特别是数据框）转化为相应格式的表格代码，此时还需要使用原样输出，如：

```
knitr::kable(head(mtcars[, 1:5]))
```

6）图像相关选项

fig.*：设置控制生成的文档中图表的显示情况。

fig.path：设置图形文件输出的路径。对大型报告而言，需要把各种文件进行归类管理，故可以用该选项将R语言的图形文件写入单独的文件夹中。

dev：设置使用何种图形设备保存图形，Markdown自带二十多种常见的图形设备，如PDF、PNG甚至tikz，具体取值可参照网站上的文档。

fig.width和fig.width：设置图形文件本身的宽、高尺寸（单位为英寸）。

out.width和out.height：设置图形在输出文档中的宽、高，相对sweave()函数而言，这是一个新选项。

fig.keep：设置保留图形的方式，也可以设置为不保留，可以只保留高层作图函数生成的图形，也可以保留低层作图函数产生的图形。

fig.show：设置图形显示的方式，可以跟在作图代码后面即刻显示，也可以等到代码块运行完毕再把代码中的所有图形一起显示，还可以将所有图形以动画形式显示。

以 plotly 包中的 diamonds 数据集为例，来演示如何对图像进行设置。

````
```{r Code Chunk, fig.width=2, fig.height=2}
library(plotly)
library(ggplot2)
set.seed(100)
df <-diamonds[sample(1:nrow(diamonds), size=2000), ]
plot_ly(df, x=x, y=price, mode="markers", color=cut, size=z) %>%
layout(title="Sample1"))
```
````

由 graphics 和 ggplot2 得到的图形对齐方式可以通过 fig.align='left'/'right'/'center'分别设置成左对齐/右对齐/居中。以下代码设置图形居中(默认是左对齐)。

````
```{r Code Chunk, fig.align='center'}
library(ggplot2)
df <-data.frame(gp=factor(rep(letters[1:3], each=10)),  y=rnorm(30))
ds <-plyr::ddply(df, "gp", plyr::summarise, mean=mean(y), sd=sd(y))
ggplot(df, aes(x=gp, y=y))+geom_point()+geom_point(data=ds, aes(y=mean),
colour='red', size=3)
```
````

如果图形是由 plot_ly()函数得到的，则需要使用标签。如下 R 代码得到的文档支持图形在右侧。

````
```{r Code Chunk1, eval=FALSE}
library(plotly)
library(ggplot2)
set.seed(100)
df <-diamonds[sample(1:nrow(diamonds), size=2000), ]
plot_ly(df, x=x, y=price, mode="markers", color=cut, size=z) %>%
layout(title="Sample2"))
````

最后可以使用 xtable()函数将分析结果进行格式化，然后使用 print()函数将文件输出。在此，print()函数中的 type 参数根据不同的输出对象要求取不同的值。以 9.1 节的 women 数据集为例，输出一个 HTML 格式的文件，只需参数 type="html"，即

`````
````{r echo=FALSE, result='hide'}
library(rmarkdown)
n<-nrow(women)
fits<-lm(weight ~height, data=women)
B<-coefficients(fits)
```
```{r echo=FALSE, result='asis'}
`````

```
library(xtable)
options(xtable.comment=FALSE)
print(xtable(fits), type="html")
```
```

如果希望输出文件为 PDF 格式，只需修改输出格式即可，即

```
print(xtable(fits), type="latex")
```

需要指出的是，鉴于 xtable()函数对 Word 格式失效，所以希望输出 Word 格式的文件时，可以使用 knitr 包的 kable()函数来取代 xtable()函数。例如，将上述分析结果输出为 Word 格式，处理如下：

````
```{r echo=FALSE, result='asis'}
library(knitr)
library(rmarkdown)
kable(sits$coefficients)
render("women.Rmd", "word-document")
```
````

如果想了解更多内容，请参阅如下资源：

(1) R Markdown 参考手册；

(2) Plotly 包；

(3) Knitr。

9.3 用 R 语言和 LaTex 创建动态报告

LaTex 是一个排版系统，在数学和其他科学领域有着广泛的应用，最初是由 Leslie Lamport 开发。LaTex 把 Tex 作为格式化引擎，Tex 是高德纳大师开发的。LaTex 和 Tex 的关系在"LaTex2e：An unofficial reference manual"中这样描述：

"LaTex is a macro package for the Tex engine."

而 R 语言是一种被广泛用于数据分析和数据挖掘中的编程语言，具有实用性强、兼容性强等特性，如 R 语言对 LaTex 的支持，通过一定的技术处理，R 语言就可以生成 LaTex 脚本，并把 R 语言的计算结果和可视化图形信息嵌入 LaTex 脚本中。

9.3.1 LaTex 的基本语法

首先介绍 LaTex 的基本语法。

1. 排版语法

```
\documentclass{article}
  \title{Hello World}
\begin{document}
  \maketitle
```
```

```
  \section{Hello China} China is in East Asia.
    \subsection{Hello Beijing} Beijing is the capital of China.
      \subsubsection{Hello Dongcheng District}
        \paragraph{Tian'anmen Square}is in the center of Beijing
          \subparagraph{Chairman Mao} is in the center of Tian'anmen Square
      \subsection{Hello Guangzhou}
        \paragraph{Sun Yat-sen University} is the best university in Guangzhou.
\end{document}
```

2. 字体调整

LaTex 设置字体大小命令由小到大依次为

```
\tiny
\scriptsize
\footnotesize
\small
\normalsize
\large
\Large
\LARGE
\huge
\Huge
```

例如：\large{这是大号字体}。

加粗：\textbf{文字}。

下画线：用\underline{This is an underline text}就可以。

斜体：用\emph{文字}。

跟\emph{}命令不同，\emph 是会让文字变得跟现在的文字不同。如正体变斜体，或者斜体变正体。

既想加粗又想变斜体：emph{\textbf{blablablabla}}。

3. 文字高亮显示

如果要让文字高亮显示则需要使用 soul 包，共有如下 5 个命令。

(1) \so{letterspacing}设置文字间隔；

(2) \caps{CAPITALS, Small Capitals}设置大写字母的大小；

(3) \ul{underlining}添加下画线；

(4) \st{overstriking}加粗；

(5) \hl{highlighting}文字高亮。

如果没有加 color 包，那么 hl 命令就跟下画线命令一样。通常，hl 预设为黄色的，可以用以下命令改变颜色：

```
\setulcolor{bule}设置下画线的颜色为蓝；
\setstcolor{yellow}设置 overstriking 颜色为黄；
```

```
\sethlcolor{green}设置高亮显示为绿
```

如:

```
\documentclass{article};
\usepackage{color, soul}%,用 color 和 soul 包;
\begin{document};
\setulcolor{red}设置下画线颜色;
\setstcolor{green}设置加粗字体的颜色;
\sethlcolor{bl}设置高亮字的颜色;
\so{letterspacing} \;
\caps{CAPITALS, Small Capitals}\;
\ul{underlining}\;
\st{overstriking} \;
\hl{highlighting};
\end{document}
```

9.3.2 R+LaTex 创建动态报告

下面介绍如何将 R+LaTex 应用在动态报告的创建工作中。

R 语言中的 knitr 包支持创建 HTML 格式的报告,并在 LaTex 文档中内嵌 R 代码。由于 knitr 包是 R Markdown 包的内嵌包,所以如果已安装了 R Markdown 包或使用 RStudio 进行编辑,就无须二次安装 knitr 包。否则,需要单独安装 knitr 包: install.packages("knitr"),此外,还需安装 LaTex 编译器,详见 9.2 节。

为使用 R 和 LaTex 创建动态报告,需要新建一个扩展名为.Rnw(Rtex)的文本文档。该文本应该包括报告文字、LaTex 代码和 R 代码三块内容,R 代码块以<<options>>=开始,以@结束,即

```
<<options>>=
R code
@
```

下面介绍常用的标识参数及其含义。

echo=FALSE: 不打印 R 语句本身。

results=tex: R 函数输出的是一段 LaTex 代码。

results=hide: 不输出 R 函数返回值。

fig=TRUE: R 函数输出一幅图片。

而行内 R 代码使用\Sexpr{R code}嵌入,嵌入代码在运行时,数字及字符串将被插入对应的文字之中。

给出一个含有嵌入 R 代码的 LaTex 模板文件 drugs.Rnw:

```
\documentclass[11pt]{article}
\title{Sample3 Report}
\author{Bob}
\usepackage{in}
```

```
\usepackage[top=1in, bottom=1in, left=1in, right=1in]{geometry}
\begin{document}
\maketitle
<<echo=FALSE, results='hide', message=FALSE>>=
library(multcomp)
library(xtable)
df<-cholesterol
@
\section{Results}
Cholesterol reduction was assessed in a study that randomized \Sexpr{nrow(df)}
patients to one of \Sexpr{length(unique(df$trt))} treatments. Summary statistics
are provided in Table \ref{table:descriptives}.
<<echo=FALSE, results='asis'>>=
descTable <-data.frame("Treatment"=sort(unigue(df$trt),
  "N"=as.vector(table(df$trt)),
    "Mean"=tapply(df$response, list(df$trt), mean, na.rm=TRUE),
    "SD"=tapply(df$response, list(df$trt), sd, na.rm=TRUE)
)
print(xtable(descTable, caption =" Descriptive statistics for each treatment
group",
label="table:descriptives")
Caption.placement="top", include.rownames=FALSE)
@
The analysis of variance is provided in Table \ref{table:anova}.
<<echo=FALSE, results='asis'>>=
Fit <-aov(response ~trt, data=df)
print (xtable(Fit, caption="Analysis of variance", label="table:anova"),
caption.placement="top")
@
\noindent and group differences are plotted in Figure \ref{table:anove}.
\begin{figure}[H] \label{figure:tukey}
\begin{center}
<<echo=FALSE, fig.width=5, fig.height=4>>=
par(mar=c(13,12,11,13))
boxplot(response ~trt, data=df, col="lightgrey", xlab="Treatment", ylab="
Response")
@
\caption{Distribution of response times by treatment.}
\end{center}
\end{figure}
\end{document}
```

在编译的时候，先调用 Knitr 处理，生成.TeX 文档，然后用 pdfLaTex/XeLaTex 编译成 PDF。具体过程为首先使用 knit()函数来处理文档。

```
library(knitr)
```

```
knit("drugs.Rnw")
```

其中,knit()函数会对R代码进行处理,并根据参数的选项,输出LaTex格式的文本文档。而且knit("drugs.Rnw")会自动接收文件drugs.Rnw作为函数输入,并输出文件drugs.tex。再由LaTex编译器处理文件drugs.tex,并创建一个PDF、PostScript或DVI文件。

除此之外,还可以使用knitr包中的knit2pdf()辅助函数来代替上述处理过程,即

```
library(knitr)
knit2pdf("drugs.Rnw")
```

该函数会生成drugs.tex文件,并把它转换成一个已经排版完成的PDF文档drugs.pdf。

鉴于RStudio的诸多优点(如方便的编译环境;R代码自动提示;样式比较漂亮等)。下面介绍如何使用RStudio实现上述功能。

(1) 在计算机上安装LaTex编辑器(如TeXLive),再安装knitr包:

```
install.packages('knitr')
```

(2) 安装并启动RStudio,选择Tools→Global setting: Sweave命令:

```
Wave Rnw files using"Knitr"
Typeset LaTex into PDF using"pdfLaTex"(中文选用"XeLaTex")
```

(3) 新建一个.Rnw文件,选择File→New File→R Sweave命令。

(4) 在随后出现的文档区编辑即可,如:

```
<<>>=
plot(rnorm(100),type='l')
@
```

保存文件为Sample4.Rnw(注意文件的扩展名必须为.Rnw),单击Compile PDF按钮,即可生成一个PDF文档。

需要指出的是,RStudio也有自己的不足,如没有LaTex的自动补全和提示功能等。

9.3.3 其他文档编辑方法

除了上述方法之外,还可以使用TeXStudio、Sublime Text 3和VS code来实现PDF格式文档的编辑。

1. TeXStudio

TeXStudio的优点:方便的编译环境;样式比较漂亮。在使用TeXStudio之前选择Options→Config→Build:user Commands命令,添加Knitr:Knitr的命令为

```
Rscript-e"library(knitr):knit('%.Rnw')"|xelatex-synctex=1-shell-escape-
interaction=nonstopmode%.tex| txs:///view-pdf
```

命令也可以是:

```
Rscript- e "library(knitr): knit('%.Rnw')" | txs:///xelatex | txs:///xelatex |
```

```
txs:///view-pdf
```

如果需要读取文件内容，用如下命令：

```
Rscript-e "library(knitr); knit('%.Rnw')"|xelatex %.tex |bibtex %|xelatex -
synctex=1 -shell-escape -interaction=nonstopmode %.tex | txs:///view-pdf
```

或者：

```
Rscript - e" library (knitr): knit ('%. Rnw ')" | txs:///xelatex | txs:///bibtex |
txs:///xelatex
| txs:///view-pdf
```

注意，这里的文件扩展名必须为.Rnw。

完成上述设置后，在编译时，总是先调用 pdflatex，然后才是 rscript。需要指出的是，如果用 knit2pdf 替换 knit，XeLaTex 编译时总提示：tlmgr search --file --global "/article.cls"，然后寻找文件或安装，这就会无形中导致运行的速度变慢。

TeXStudio 的配色，其配置文件为\config\teXStudio.ini，配色部分位于[formats]段（详见网址：https://tex.stackexchange.com/questions/108315/how-can-i-set-a-dark-theme-in-texstudio）。TeXStudio 中执行 Options→Load profile，找到保存的 custom-dark1.txsprofile，单击“确定”按钮。关闭并重启 TeXStudio，打开 custom-dark1.txsprofile，并找到[formats]段（在最后），会出现：

```
[formats]
version=1.0
```

将其他的配色设置复制粘贴到其后，并保存即可。

TeXStudio 也有自己的不足，但不能像 Rtudio 那样进行自动提示和补全。

2. Sublime Text 3

安装 Knitr 插件（以及 R-box，senttextplus，latexing/latextools），同样地，文件扩展名必须为.Rnw 或.Rmd。set syntax:latexing(knitr)或 latex 后，按 LaTex/R 文档处理，即可完成文件编辑。

3. VS code

LaTex Workshop 8.4.2 增加了.Rnw 格式的支持，按下 Ctrl＋Shift＋P 键，在 change language mode 中选择 R Sweave（也可以选择 R Markdown）。

在 settings.json 的对应位置添加如下设置：

```
"latex-workshop.latex.recipes":[
{
  "name": "Knitr",
  "tools":[
    "Rscript",
    "xelatex"
  ]
```

```
    },
    {
      "name": "Knitr (biblatex)",
      "tools":[
        "Rscript",
        "xelatex",
        "biblatex",
        "xelatex"
      ]
    }],
    "latex-workshop.latex.tools":[
    {
    "name": "Rscript",
    "command": "Rscript",
    "args":[
      "-e",
      "library(knitr); knit('%DOC%')",
    ],
    "env": {}
    }],
```

注意，%DOC%应该只是文件名，%DOCFILE%才是带扩展名的全名，但此处的调用中，%DOC%是全名。

虽然 Latex 的功能很强大，但鉴于其使用复杂，且不能二次编辑的缺点。下面介绍一些将 R 语言分析结果输出到一个可编辑的文档中的方法，如 Open Document(.odf)和 Microsoft Word(.docx)。

9.4 用 R 语言和 Open Document 创建动态报告

ODF(Open Document Format for Office Applications)是一种开源的、基于 XML 的文件格式，可以和许多软件套件兼容，如当前较流行的办公软件是 OpenOffice 和 LibreOffice。除此之外，ODF 适用于多种环境，如 Windows、Mac OS X 和 Linux。

odfWeave 包提供了可以嵌入 R 代码并输出在 Open Document 文档中的执行机制。首先，需要安装 OpenOffice (或 LibreOffice)及 odfWeave 包，随后创建一个.odt 格式的文档(salaryTemplate.odt)，该文档包含两部分内容：格式化的文本和 R 代码块。其中，文本由 OpenOffice(或 LibreOffice)的界面来格式化，而 R 代码块则按照如下方式进行分割：

```
《options》=
R statments
@
```

如果需要嵌入行内 R 代码(数字或字符串)结果，可以用 \Sexpr{R code} 来包含。而 R 代码块参数及其功能如表 9-2 所示。

表 9-2　R 代码块参数及其功能

参　数	功　　能
echo	是否(TRUE 或 FALSE)在输出文件中包含 R 代码
results	verbatim——原样输出分析结果，XML——输出为 XML 代码，hide——隐藏输出
fig	代码块是否(TRUE 或 FALSE)生成图像并输出

下面以 salaryTemplate.odt 为例，使用 odfWeave 包的 odfWeave()函数进行如下处理：

```
library(odfWeave)
infile<-"salaryTemplate.odt"
outfile<-"salaryReport.odf"
odfWeave(infile, outfile)
```

生成结果如图 9-5 所示。

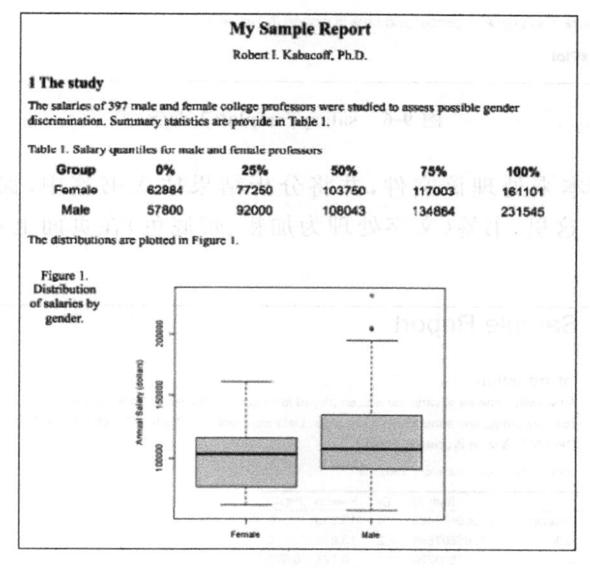
My Sample Report

Robert I. Kabacoff, Ph.D.

1 The study

The salaries of 397 male and female college professors were studied to assess possible gender discrimination. Summary statistics are provide in Table 1.

Table 1. Salary quantiles for male and female professors

Group	0%	25%	50%	75%	100%
Female	62884	77250	103750	117003	161101
Male	57800	92000	108043	134864	231545

The distributions are plotted in Figure 1.

Figure 1. Distribution of salaries by gender.

图 9-5　salaryTemplate.odt

odfWeave()函数通常会默认以较高的精度美化并控制分析结果的表格格式以渲染结果中的矩阵、数据框和向量，需要指出的是，odfWeave()函数生成的是 XML 代码，所以在代码块中需指定 result＝xml。

对生成的 ODF 格式的报告，还可以继续进行二次编辑，并可以重新选择保持格式(如 ODT、HTML、DOC 等)，更多内容可以查阅 odfWeave 手册。

9.5　用 R 语言和 Microsoft Word 创建动态报告

虽然用户对 Microsoft Word 的褒贬不一，但其仍是当前使用最为广泛的报告书写软件和书写标准。在 9.2 节中已经介绍了如何创建 Word 文档，下面介绍如何使用 R2wd 包来创建可以嵌入 R 代码的 Word 文档的动态报告。

首先需要安装 R2wd 包和 RDCOMClient 包(注意,RDCOMClient 包一定要从源代码安装,也可以到其他平台下载,如 Github):

```
install.packages("R2wd")
install.packages(RDCOMClient_0.93-0.tar.gz, repos=NULL, type="source")
```

然后,新建一个 Word 文档并命名(如 salaryTemplate2.docx),适当添加文档的文字描述和书签,如图 9-6 所示。

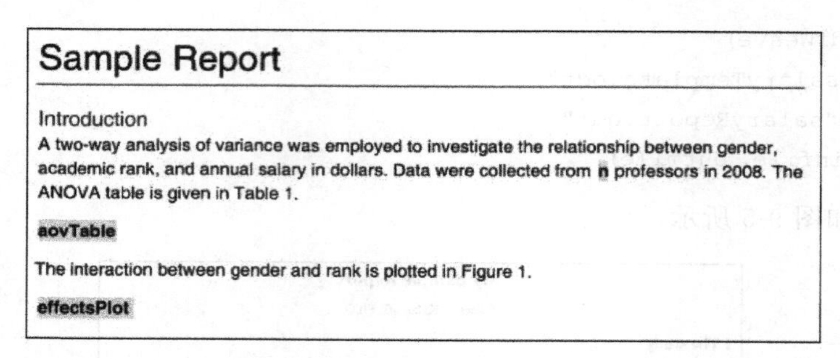

Sample Report

Introduction

A two-way analysis of variance was employed to investigate the relationship between gender, academic rank, and annual salary in dollars. Data were collected from n professors in 2008. The ANOVA table is given in Table 1.

aovTable

The interaction between gender and rank is plotted in Figure 1.

effectsPlot

图 9-6　salaryTemplate2.docx

利用 salary.R 脚本来处理该文件,并将分析结果插入书签中,保存为 salaryReport2.docx,如图 9-7 所示。这里,书签(文字处理为加粗、带底色)在页面上不可见,为方便阅读,对图片进行了标记。

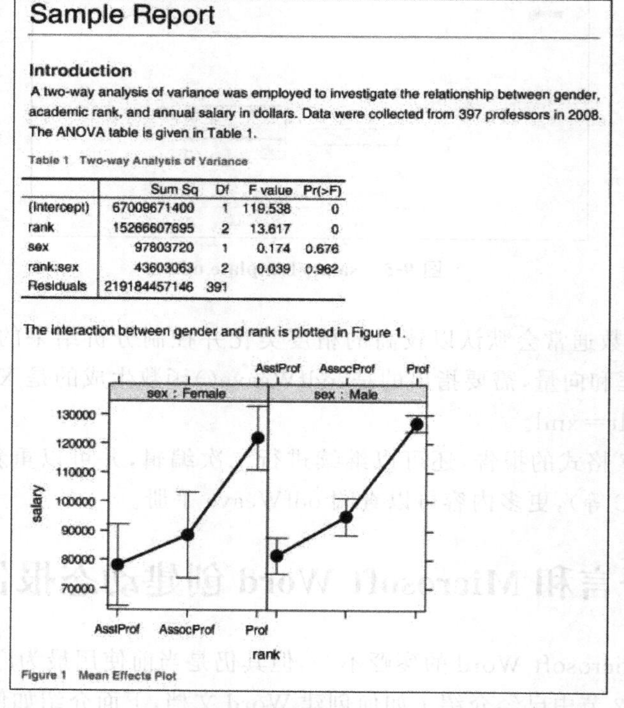

Sample Report

Introduction

A two-way analysis of variance was employed to investigate the relationship between gender, academic rank, and annual salary in dollars. Data were collected from 397 professors in 2008. The ANOVA table is given in Table 1.

Table 1　Two-way Analysis of Variance

	Sum Sq	Df	F value	Pr(>F)
(Intercept)	67009671400	1	119.538	0
rank	15266607695	2	13.617	0
sex	97803720	1	0.174	0.676
rank:sex	43603063	2	0.039	0.962
Residuals	219184457146	391		

The interaction between gender and rank is plotted in Figure 1.

Figure 1　Mean Effects Plot

图 9-7　DOCX 格式的最终报告(salaryReport2.docx)

上述结果的处理代码如下：

```
#加载包和数据，并进行方差分析 require(R2wd)require(car)
df <-Salaries
n <-nrow(df)
fit <-lm(salary ~rank * sex, data=df)
#aovTable 对象是一个包含双因子方差分析结果的数据框
aovTable <-Anova(fit, type=3)
#round()函数用来限制表格中小数点后显示位数
aovTable <-round(as.data.frame(aovTable), 3)
#3 用空白字符来替代 NA 值
aovTable[is.na(aovTable)] <-""
#打开文档
wdGet("salaryTemplate2.docx", method="RDCOMClient")
#移动到第一个书签并且插入文本
wdGoToBookmark("n")wdWrite(n)
#移动到第二个书签并且插入表格
wdGoToBookmark("aovTable")
wdTable(aovTable, caption="Two-way Analysis of Variance",caption.pos="above",
pointsize=12, autoformat=4)
#移动到第三个书签并且插入图片
wdGoToBookmark("effectsPlot")
myplot <-function(){require(effects)par(mar=c(2,2,2,2))plot(allEffects(fit),
main="")}wdPlot(plotfun=myplot, caption="Mean Effects Plot",
height=4, width=5, method="metafile")
#保存并且退出
wdSave("SalaryReport2.docx")
wdQuit()
```

上述代码中使用到的函数如表 9-3 所示。

表 9-3 常用的函数

函 数 名	功 能
wdGet()	返回一个指向 Word 文档的句柄。若该文档未运行，则自动打开一个空文档，并返回指向该文档的句柄
wdGoToBookmark()	移动光标至书签位置
wdWrite()	在光标位置书写文字
wdTable()	在光标位置插入一个(数据框或向量)Word 表格
wdPlot()	在光标位置创建一个图像
wdSave()	保存 Word 文档(需附上文件名)
wdQuit()	关闭 Word 文档，并移除句柄

9.6 创建动态报告实例

本节给出一个用R和Markdown创建动态报告的实例，重点了解如何实现变量的灵活性应用。

```
#安装所需的包和数据，并加载
install.packages("rmarkdown")
install.packages("xtable")
library("rmarkdown")
library("xtable")
#创建 women.Rmd 文件,有嵌入 R 代码的 Markdown 模板(见图 9-8)
#基于 women.Rmd 创建 HTML 页面,在当前工作目录下
```

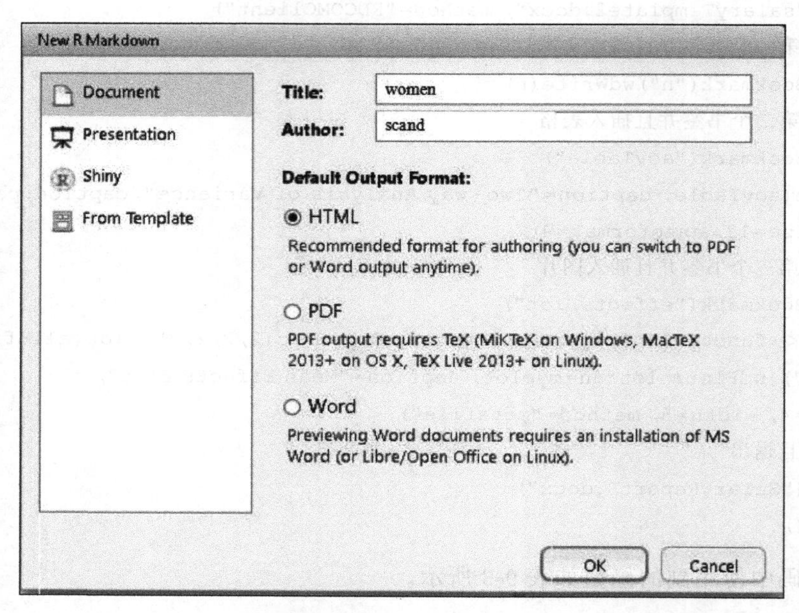

图 9-8 创建 women.Rmd 文档

```
#注意：文件对象 women.Rmd 必须加引号,否则提示文件对象无法找到
render("women.Rmd","html_document")
#生成 PDF 文件
render("womenlatex.Rmd","pdf_document")
#生成 DOC 文件
render("womenword.Rmd","word_document")
#用 R 和 LaTex 创建动态报告
library(knitr)
#输出 drugs.tex
knit("drugs.Rnw")
```

```
#一步转换成 drugs.pdf
knit2pdf("drugs.Rnw")
```

9.7　小结

本章介绍了如何把 R 语言的分析结果合并到动态报告中，从而生成一个既有数据分析结果又有报告文字的动态报告。需要指出的是，虽然本章的各个模板都是格式固定的，但数据是可以更新的，所以报告是动态的。

习题

1. 按照要求完成如下各题。

2020 年贵州省发展报告

全省地区生产总值达到 1.78 万亿元，经济总量在全国位次上升 5 位，人均水平上升 4 位；高速公路通车里程 7607 千米，高铁通车里程 1527 千米，民航旅客年吞吐量突破 3000 万人次；数字经济增速连续五年全国第一；森林覆盖率达 60%，县城以上城市空气质量优良天数比率保持在 95%以上，主要河流出境断面水质优良率保持在 100%……

请使用 R Markdown 编辑一段动态报告，文档内容如上，具体要求如下。

(1) 标题加粗，文本内容使用斜体字；

(2) 要求在动态报告中插入一张图片；

(3) 将上述内容的主要数据用柱状图展现，并添加注释；

(4) 输出格式为 HTML。

2. 按照要求完成如下各题。

贵州省森林绿化面积主要指标分析

近几年，随着“绿水青山就是金山银山”这一绿色发展理念的不断深入，贵州省加大森林绿化的保护和退耕还林的力度，近几年森林绿化面积不断扩大，详情如表 9-4 所示。

表 9-4　2015—2019 年贵州省森林绿化情况

指　　标	2015 年	2016 年	2017 年	2018 年	2019 年
森林面积/万公顷	880.67	916.00	974.20	1004.16	1056.13
森林覆盖率/%	50.0	52.0	55.3	57.0	60.0
森林蓄积量/亿立方米	4.13	4.25	4.49	4.68	5.79
完成造林面积/万公顷	28.00	35.20	66.67	34.67	34.70
封山育林面积/万公顷	2.30	8.98	8.87	8.43	10.16
森林火灾/起	153	37	18	29	10
森林病虫鼠害面积/万公顷	20.03	20.33	19.90	20.50	18.64

续表

指　　标	2015 年	2016 年	2017 年	2018 年	2019 年
森林病虫鼠害防治面积/万公顷	18.69	15.74	18.26	19.57	17.50
森林病虫鼠害防治率/%	93.3	77.4	91.8	95.5	93.9

请使用 R Markdown 生成上述内容，具体要求如下。

(1) 以森林面积为指标在报告中添加一幅条形图，并添加标准；

(2) 以森林病虫鼠害面积和森林火灾为指标生成一个列联表，并添加表名；

(3) 将报告的输出格式设置为 PDF。

3. 请使用 R 和 LaTex 完成第 2 题所述的文档，要求如下：

(1) 动态报告标题字体为\scriptsize，并加粗；

(2) 正文部分使用斜体字；

(3) 请将“绿水青山就是金山银山”以高亮字体呈现；

(4) 请将“绿水青山就是金山银山”使用绿色呈现；

(5) 请添加一个表格数据的描述性统计分析；

(6) 请在表格最后添加一列，给出各行的均值；

(7) 请给出阻碍森林面积增加的主要影响因素的小提琴图，并给出图名；

(8) 请在小提琴图后适当给出毁坏森林的主要因素的防治措施。

第10章 R语言与Hadoop

思政案例

随着数据量的日益增长，用户可以存储大量的数据在低成本的Hadoop平台上。R语言具有强大的数据分析和可视化功能，然而R语言的一个主要缺点就是它的可扩展性较弱，R语言的核心技术引擎只能处理非常有限的数据量。鉴于大数据Hadoop平台的可扩展性，本章主要介绍如何利用RHadoop软件包通过Hadoop平台进行R语言的数据分析操作。

10.1 RHadoop包

Revolution Analytics开发的RHadoop是将R软件与大数据Hadoop平台集成在一起的最常用的开源解决方案。RHadoop使用户可以直接从HBase数据库和HDFS文件系统中读取数据，并利用Hadoop强大的计算和处理能力分析数据。本节主要介绍RHadoop的基本概述，以及RHadoop环境的搭建与配置。

10.1.1 RHadoop简介

RHadoop是Revolution Analytics的工程项目，它是5个R软件包的集合(包括rhdfs、rhbase、rmr、plyrmr、ravro)，它允许用户使用Hadoop管理和分析数据。这些软件包已经在Cloudera和Hortonworks Hadoop发行版的最新版本中进行了测试，并且与开源Hadoop和mapR的发行版具有广泛的兼容性。RHadoop的系统架构图如图10-1所示。

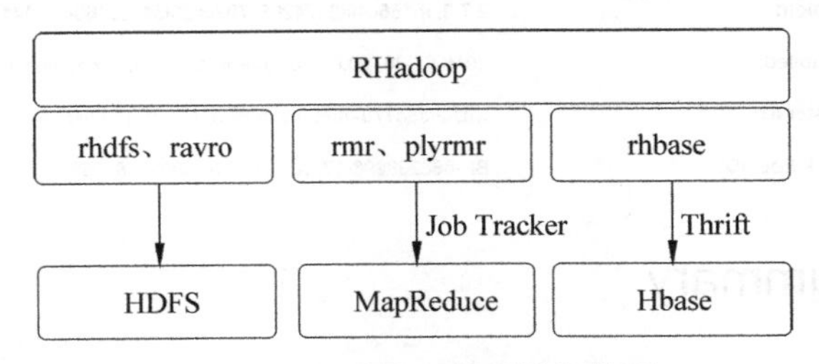

图10-1 RHadoop的系统架构图

rhdfs是一个R软件包，提供R软件与Hadoop分布式文件系统的基本连接。数据分析人员可以使用rhdfs软件包调用HDFS API接口，来对HDFS中的数据文件进行浏览、读取、编写和修改。rhdfs软件包仅安装在运行R客户端的节点上。

rhbase是一个R接口，用于R程序员操作Hadoop的HBase数据源。rhbase软件包使用Thrift服务器为R中的HBase提供数据库管理功能。rhbase包设计有多个初始化、读/写表等基本表操作的方法。rhbase软件包仅安装运行在R客户端的节点上。

rmr是一个R软件包,它允许开发人员在R客户端上调用Hadoop集群上的Hadoop MapReduce功能。rmr包减少了R程序员的工作,程序员只需要将应用程序逻辑划分到map和reduce中。提交任务后,rmr将调用Hadoop流式MapReduce API接口,填写相关的任务参数,例如输入目录、输出目录、映射器、reducer等,以在Hadoop集群上执行R MapReduce任务。rmr软件包应安装在集群中的每个节点上。

plyrmr软件包使R用户可以对存储在Hadoop上大数据集执行常见的数据操作任务,类似在plyr和reshape2等流行的软件包中进行操作。像rmr包一样,plyrmr依靠Hadoop MapReduce来执行任务,但是它提供了熟悉的plyr式界面,同时抽象了许多MapReduce的详细信息。需要在集群中的每个节点上安装plyrmr软件包。

ravro软件包增加了从本地和HDFS文件系统读取和写入avro文件的功能,并为rmr2添加avro输入格式,仅在将运行R客户端的节点上安装此软件包。

10.1.2 R语言与Hadoop的安装

要使用R软件和Hadoop集成开发环境,需要在服务器上同时安装R软件和Hadoop平台。本书所使用的Linux版本为CentOS 8.2,Java版本为java 1.8.0,Hadoop版本为Hadoop 2.7.2,R版本为R 4.0.2。Hadoop平台的搭建本书不再一一阐述,读者可以参考相关文献,安装成功以后,读者可以通过浏览器访问Hadoop界面,如图10-2所示。下面主要介绍在Linux上安装R软件和RStudio。

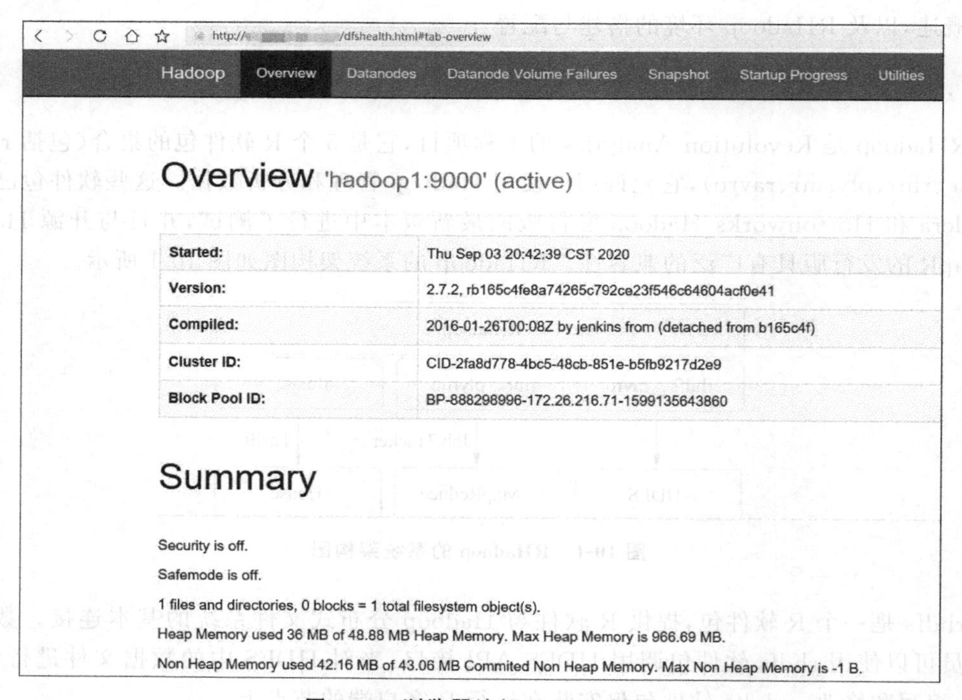

图10-2 浏览器访问Hadoop界面

为了能够安装RHadoop环境,需要在Hadoop集群上安装R软件。在Linux终端依次输入如下命令,可以自动完成R软件的安装,若执行过程中提示需要所需的安装依赖包,则按照提示依次安装依赖软件。

```
sudo dnf install epel-release
sudo dnf config-manager --set-enabled PowerTools
sudo yum install R
```

安装完成以后，在 Linux 终端输入命令 R，出现 R 语言的启动界面，则表示安装成功，如图 10-3 所示。输入命令 q()可以退出 R 环境。

```
[root@hadoop1 ~]# R

R version 4.0.2 (2020-06-22) -- "Taking Off Again"
Copyright (C) 2020 The R Foundation for Statistical Computing
Platform: x86_64-redhat-linux-gnu (64-bit)

R is free software and comes with ABSOLUTELY NO WARRANTY.
You are welcome to redistribute it under certain conditions.
Type 'license()' or 'licence()' for distribution details.

  Natural language support but running in an English locale

R is a collaborative project with many contributors.
Type 'contributors()' for more information and
'citation()' on how to cite R or R packages in publications.

Type 'demo()' for some demos, 'help()' for on-line help, or
'help.start()' for an HTML browser interface to help.
Type 'q()' to quit R.

>
```

图 10-3　R 软件正常启动界面

为了更加方便地使用 RHadoop，本节使用 R 语言的集成开发环境 RStudio。待安装完 R 语言以后，可以使用如下命令安装 RStudio。

```
wget https://download2.rstudio.org/server/centos8/x86_64/rstudio-server-rhel
-1.3.1073-x86_64.rpm
sudo yum install rstudio-server-rhel-1.3.1073-x86_64.rpm
```

RStudio 安装完成以后，可以通过浏览器访问地址 http://IP:8787/，进入 RStudio 远程登录用户界面，如图 10-4 所示。

RStudio Sign In
http://4.........:8787/auth-sign-in
Sign in to RStudio
Username:
Password:
You will automatically be signed out after 60 minutes of inactivity.
Stay signed in when browser closes
Sign In

图 10-4　RStudio 远程登录界面

可以使用 Linux 账户和密码登录 RStudio，登录认证以后，可以进入 RStudio 使用界面，如图 10-5 所示。注意：不能使用 Linux 的 root 账户登录 RStudio，需要读者在 Linux 客户端通过使用 adduser 命令添加新用户。

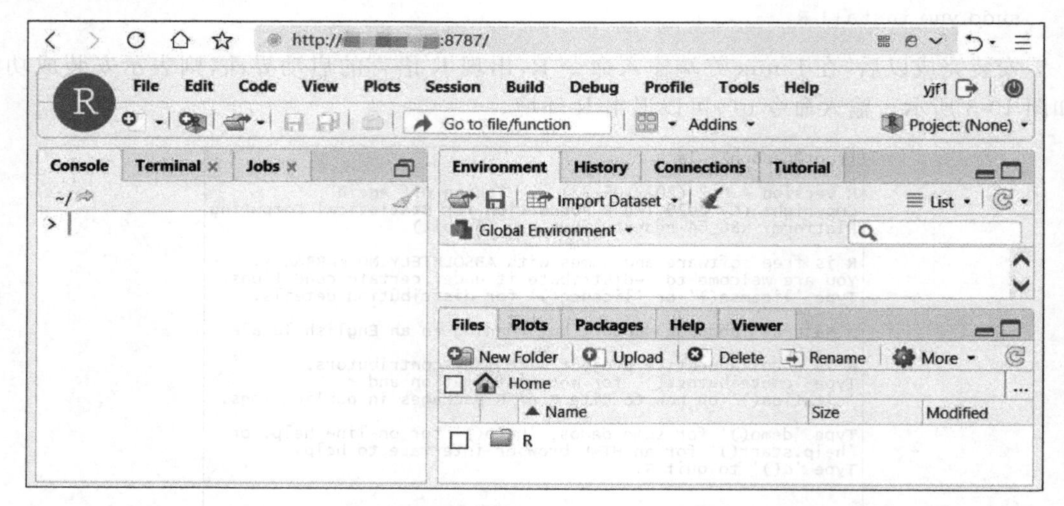

图 10-5　RStudio 远程用户使用界面

经过以上步骤可以完成在 Linux 下安装 R 软件和 RStudio，用户可以通过远程使用 R 软件。

10.1.3　RHadoop 的安装

本节介绍如何安装 RHadoop，具体步骤如下。

1. 安装 R 依赖包

为了将 R 软件与 Hadoop 进行连接，RHadoop 需要安装如下的 R 软件依赖包：rJava、RJSONIO、itertools、digest、Rcpp、httr、functional、devtools、plyr、reshape2。在 R 控制台中输入如下 R 命令，可以进行安装。

```
install.packages(c('rJava', 'RJSONIO', 'itertools', 'digest', 'Rcpp', 'httr',
'functional', 'reshape2', 'plyr'))
```

2. 下载 RHadoop 软件包

RHadoop 软件包不能在 R 官网的 CRAN 中找到，读者需要从 GitHub 网址 https://github.com/RevolutionAnalytics/RHadoop/wiki/Downloads 下载 RHadoop 包，主要包括 ravro、plyrmr、rmr2、rhdfs、rhbase 等 5 个 R 软件包，如图 10-6 所示。

并将软件上传到 R 安装目录下，如图 10-7 所示。

图 10-6　RHadoop 软件包下载

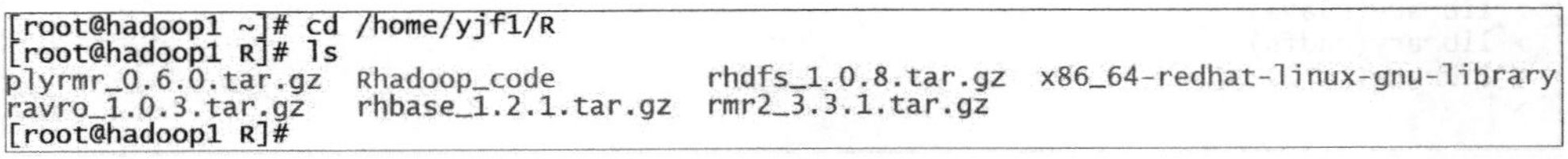

```
[root@hadoop1 ~]# cd /home/yjf1/R
[root@hadoop1 R]# ls
plyrmr_0.6.0.tar.gz  Rhadoop_code          rhdfs_1.0.8.tar.gz  x86_64-redhat-linux-gnu-library
ravro_1.0.3.tar.gz   rhbase_1.2.1.tar.gz   rmr2_3.3.1.tar.gz
[root@hadoop1 R]#
```

图 10-7　RHadoop 软件包目录

3. 安装 rhdfs 和 rmr2 包

RHadoop 软件包可以手动安装，也可以通过 Shell 脚本安装。使用如下命令进行安装：

```
export HADOOP_HOME=/opt/hadoop/hadoop-2.7.2
export HADOOP_CMD=/opt/hadoop/hadoop-2.7.2/bin/hadoop
export HADOOP_STREAMING=/opt/hadoop/hadoop-2.7.2/share/hadoop/tools/lib/
hadoop-streaming-2.7.2.jar
R CMD INSTALL~/R/rhdfs_1.0.8.tar.gz
R CMD INSTALL~/R/rmr2_3.3.1.tar.gz
```

4. 测试 RHadoop

在 RStudio 客户端中输入如下命令，测试 RHadoop 是否安装成功，如图 10-8 所示。

```
Sys.setenv(HADOOP_HOME="/opt/hadoop/hadoop-2.7.2")
Sys.setenv(HADOOP_CMD="/opt/hadoop/hadoop-2.7.2/bin/hadoop")
Sys.setenv(HADOOP_STREAMING="/opt/hadoop/hadoop-2.7.2/share/hadoop/tools/lib/
hadoop-streaming-2.7.2.jar")
library(rJava)
library(rhdfs)
library(rmr2)
```

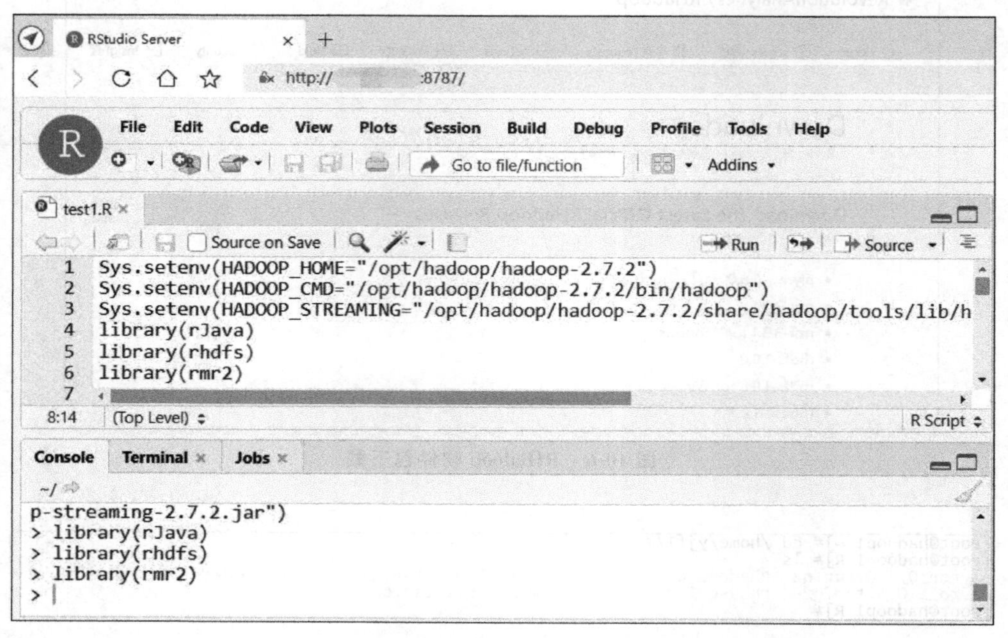

图 10-8 加载 RHadoop 软件包

10.2 RHadoop 的基本使用

本节介绍 RHadoop 的基本使用，主要是 rmr2 和 rhdfs 软件包的使用，包括 rhdfs 的文件操作、文件读写操作、文件夹操作，以及 rmr2 包的基本使用。

10.2.1 rhdfs 包的使用

1. 启动 rhdfs 包

输入如下 R 代码，可以启动 rhdfs，并进行初始化，如图 10-9 所示。

```
#设置环境变量
Sys.setenv(HADOOP_CMD="/opt/hadoop/hadoop-2.7.2/bin/hadoop")
library(rJava)          #加载 rJava 包
library(rhdfs)          #加载 rhdfs 包
hdfs.init()             #初始化
```

2. rhdfs 文件操作函数

rhdfs 包中基本文件操作函数如表 10-1 所示，R 用户可以通过使用如下的 R 函数对 HDFS 的文件和文件夹进行操作。

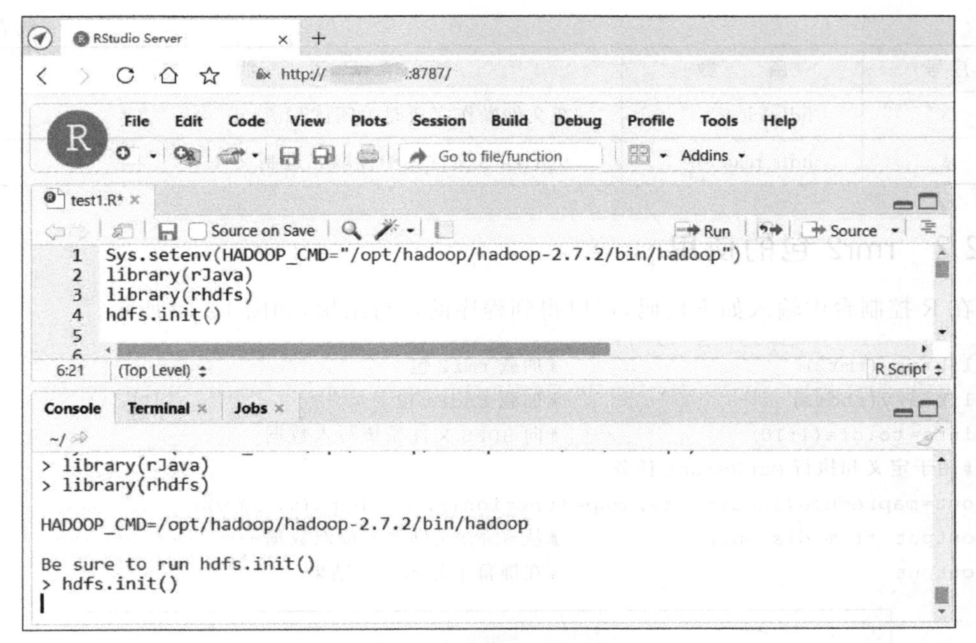

图 10-9　启动 rhdfs 界面

表 10-1　rhdfs 包中基本文件操作函数

序号	函　　数	说　　明
1	hdfs.put	从本地文件系统复制文件到 HDFS 文件系统
2	hdfs.copy	从 HDFS 文件系统复制文件到本地文件系统
3	hdfs.move	把文件从 HDFS 文件夹移动到另一个文件夹
4	hdfs.rename	HDFS 文件的重命名
5	hdfs.delete	删除 HDFS 文件
6	hdfs.rm	删除 HDFS 文件或者文件夹
7	hdfs.chmod	改变 HDFS 文件的权限
8	hdfs. mkdir	在 HDFS 上创建文件夹

3. rhdfs 文件读写函数

rhdfs 包中基本文件读写函数如表 10-2 所示，R 用户可以通过使用如下的 R 函数对 HDFS 的文件进行读写操作。

表 10-2　rhdfs 包中基本文件读写函数

序号	函　　数	说　　明
1	hdfs.file	初始化 HDFS 文件
2	hdfs.write	通过 Hadoop Streaming 写入存储于 HDFS 中的文件

续表

序号	函　　数	说　　明
3	hdfs.close	在文件操作完成时关闭读写流
4	hdfs.read	从 HDFS 文件夹中读取二进制文件

10.2.2 rmr2 包的使用

在 R 控制台中输入如下代码，可以得到程序的运行结果，如图 10-10 所示。

```
library(rmr2)                          #加载 rmr2 包
library(rhdfs)                         #加载 rhdfs 包
ints=to.dfs(1:10)                      #向 HDFS 文件系统写入数据
#用于定义和执行 MapReduce 任务
out=mapreduce(input=ints, map=function(k, v) cbind(v, 3*v))
output=from.dfs(out)                   #从 HDFS 文件系统读取数据
output                                 #在屏幕上显示运行结果
```

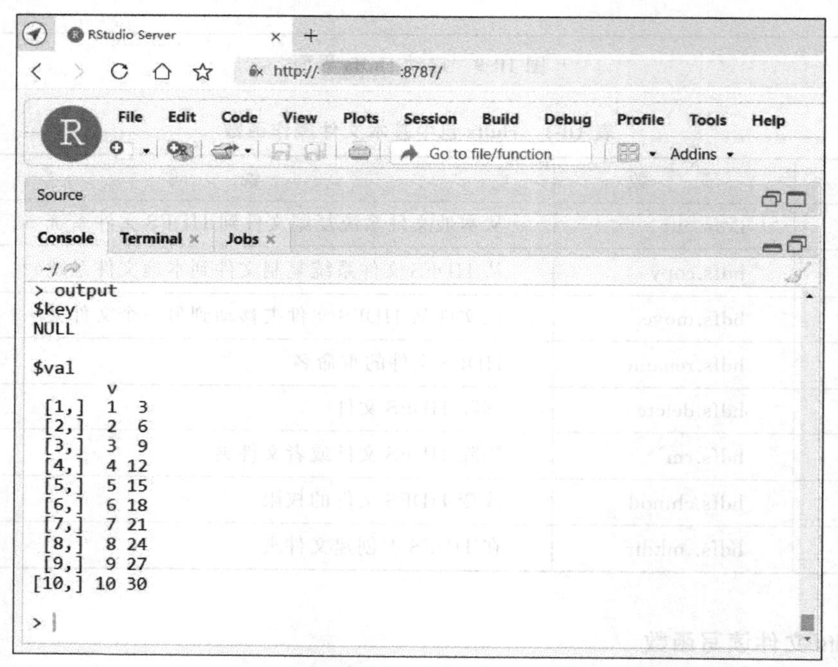

图 10-10　rmr2 实例运行结果界面

10.3 实例分析

安装好 RHadoop 环境以后，用户可以利用平台进行 R 语言编程操作，利用 rmr2 包和 rhdfs 包执行 MapReduce 任务。本节以单词统计 MapReduce 程序为背景，介绍如何编写和运行 RHadoop MapReduce 任务。运行如下的程序以后，可以得到程序的运行结果，如

图 10-11 所示。

```
#设置环境变量
Sys.setenv(HADOOP_HOME="/opt/hadoop/hadoop-2.7.2")
Sys.setenv(HADOOP_CMD="/opt/hadoop/hadoop-2.7.2/bin/hadoop")
Sys.setenv(HADOOP_STREAMING="/opt/hadoop/hadoop-2.7.2/share/hadoop/tools/lib/
hadoop-streaming-2.7.2.jar")
library(rJava)              #加载 rJava 包
library(rhdfs)              #加载 rhdfs 包
library(rmr2)               #加载 rmr2 包
hdfs.init()                 #初始化
#需要统计的文本数据
mydata=c("Pear", "Peach", "Orange", "Peach", "Apple", "Grape", "Apple", "Orange",
"Apple", "Orange", "Peach", "Grape", "Apple", "Peach", "Pear", "Apple", "Pear")
#将 mydata 文本数据存储到 HDFS 中
dfsdata=to.dfs(mydata)
#执行 mapreduce 程序
output=from.dfs(mapreduce(input=dfsdata,
                    map=function(k,v) keyval(v, 1),
                    reduce=function(k, vv) keyval(k, length(vv))))
#输出执行结果
output
data.frame(output)
```

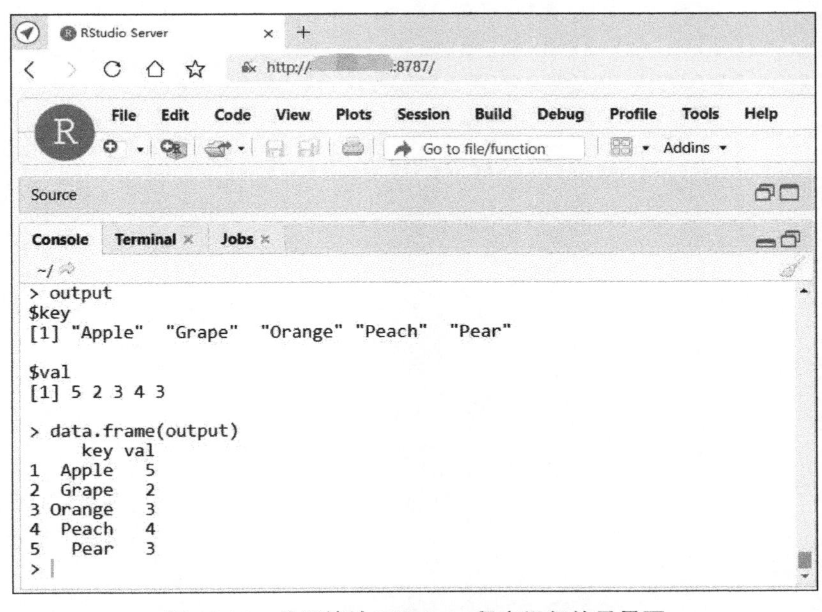

图 10-11　单词统计 RHadoop 程序运行结果界面

10.4　小结

借助R语言的数据分析能力和Hadoop平台的存储计算能力，RHadoop软件包是一种理想的开源大数据分析解决方案。本章主要介绍了RHadoop的基本简介、Linux系统下安装R和RStudio、RHadoop的安装与基本使用，最后通过单词统计程序说明RHadoop程序的执行。

习题

1. 在大数据时代，为什么要在Hadoop上使用R软件？
2. 如何将R软件和Hadoop集成在一起？
3. RHadoop主要有哪些包？这些包的作用是什么？
4. rhdfs包的基本文件操作函数有哪些？函数的作用是什么？
5. rhdfs包的基本文件读写函数有哪些？函数的作用是什么？
6. 如何在Linux操作系统下安装R软件？
7. 如何在Hadoop集群上安装RHadoop？
8. 给定一个文本数据，使用RHadoop编写MapReduce程序，实现对该文本数据的单词统计，在屏幕上显示输出结果，并从HDFS上读取结果数据。

第 11 章

R语言图形用户界面

思政案例

简单的 R 语言编辑器不能满足数据分析师对复杂项目的研发需求,本章介绍常见的 R 语言图形用户界面、R 语言集成开发环境 RStudio、交互式 Web 应用 Shiny 包以及可视化仪表板 Flex Dashboard 包等内容。

11.1 R 语言图形用户界面简介

从 R 语言官网 www.r-project.org 下载的 RGui 只是包含简单的命令行和脚本编辑器,用户在做一些简单的练习时用自带的 RGui 比较方便,但是处理一些比较复杂的问题时, RGui 显得不够灵活。目前,已经有不少 R 语言的图形界面,包括跟 R 语言集成开发环境(例如 RStudio)、特定软件包或函数的 GUI(例如 BiplotGUI),以及用户可以通过菜单和对话框完成数据分析的完整 GUI(例如 R Commander)。表 11-1 显示了常用的 R 语言图形用户界面开发环境和编辑器。

表 11-1 常见的 R 语言图形用户界面

序号	名　称	下载链接和安装方式
1	StatET	http://www.walware.de/goto/statet https://www.eclipse.org/
2	Rattle	https://rattle.togaware.com/ install.packages("rattle") library(rattle) rattle()
3	R Commander	https://socialsciences.mcmaster.ca/jfox/Misc/Rcmdr/ install.packages("Rcmdr") library(Rcmdr)
4	ESS	http://ess.r-project.org/
5	JGR	http://www.rforge.net/JGR/
6	Tinn-R	https://tinn-r.org/en
7	RStudio	https://rstudio.com/
8	RKward	https://rkward.kde.org/
9	R AnalyticFlow	http://r.analyticflow.com/en/

StatET是用于R软件的基于Eclipse的IDE(集成开发环境)。它提供了一组用于R编码和包构建的成熟工具。这包括完全集成的R控制台、对象浏览器和R语言帮助系统。StatET作为Eclipse IDE的插件提供,用户可以将其与在Eclipse平台上运行的各种工具结合起来。像R软件和Eclipse一样,StatET是开源软件,可以在许多操作系统上运行。

Rattle是使用R软件进行数据挖掘的流行GUI。它提供数据的统计和可视摘要,对数据进行转换,以便可以对其进行建模,从数据构建无监督和有监督的机器学习模型,以图形方式呈现模型的性能,以及对新数据集进行评分以部署到生产中。一个关键功能是,通过图形用户界面进行的所有交互都被捕获为R脚本,可以独立于Rattle界面在R软件中轻松执行。

R Commander是免费的开源R统计软件的图形用户界面(GUI)。R Commander被实现为R包的Rcmdr包,可以在CRAN上免费获得(R包存档)。

ESS (Emacs Speaks Statistics)是GNU Emacs的附加软件包。它旨在支持脚本的编辑以及各种统计分析程序(例如R、S-Plus、SAS、Stata等)的交互。ESS可以进行文本统计分析,ESS适用于各种统计语言/程序或不同操作系统的高级用户或专业人员。

RForge致力于为R包开发人员提供协作的环境,目标是提供类似SourceForge的服务(如SVN信息库、文档存放、下载、邮件列表、Bugzilla、Wiki等),但没有烦人的外观,具有R包开发特定的附加功能。JGR(Jaguar)是R软件的通用统一图形用户界面,它是R软件的Java Gui的缩写。

Tinn-R是Windows操作系统的通用编辑器/文字处理器ASCII/UNICODE,与R软件很好地集成在一起,具有图形用户界面和集成开发环境的特性。它是根据通用公共许可证GPL注册的项目,即开源软件。

RStudio是一种最常见的R集成开发环境,将在11.2节进行详细介绍。

RKWard是R软件的易于使用和扩展的IDE/GUI。它旨在将R语言的功能与易于使用的商业统计工具结合在一起。RKWard的功能包括类似于电子表格的数据编辑器、语法高亮,代码折叠和代码完成、数据导入(例如SPSS、Stata和CSV)、剧情预览和可浏览的历史记录、R包管理、工作区浏览器、各种统计和图表的GUI对话框。RKWard的功能可以通过插件扩展,并且都是免费软件。

RAnalyticFlow是使用R环境进行统计计算的数据分析软件。除了直观的用户界面,它还为R专家提供了高级功能。这些功能可以在具有不同熟练程度的用户之间共享数据分析过程。R AnalyticFlow可以在Windows、Mac和Linux上运行,并且免费使用。

11.2 集成开发环境RStudio

RStudio是R语言的集成开发环境,是商业软件产品的模块化平台,它将许多功能强大的编程工具集成到一个直观、易于学习的界面中。RStudio的任务是为数据科学、科学研究和技术交流创建免费的开源软件。

11.2.1 RStudio简介

RStudio包括控制台,突出显示语法的编辑器(支持直接执行代码)以及用于绘图、历史记录、调试和工作区管理的工具。RStudio提供开源和商业版本,并且可以在台式机

(Windows、Mac 和 Linux 系统)上运行,也可以在连接到 RStudio Server 或 RStudio Server Pro 的浏览器(Debian/Ubuntu、Red Hat/CentOS 和 SUSE Linux)中运行,如表 11-2 所示。

表 11-2　RStudio 各版本基本功能

<table>
<tr><th>版　本</th><th>基本功能</th><th>附加功能</th></tr>
<tr><td>RStudio 开源桌面版</td><td rowspan="2">本地访问 RStudio;
语法突出显示,代码完成和智能缩进;
直接从源代码编辑器执行 R 代码;
快速跳转到功能定义;
使用项目轻松管理多个工作目录;
集成的 R 帮助和文档;
交互式调试器可快速诊断和修复错误;
广泛的软件包开发工具</td><td>—</td></tr>
<tr><td>RStudio 商业桌面版</td><td>不能使用 AGPL 软件的组织的商业许可证;
获得优先支持;
RStudio 专业版驱动程序;
远程直接连接到 RStudio Server Pro 实例</td></tr>
<tr><td>RStudio 开源服务器版</td><td rowspan="2">通过 Web 浏览器从任何地方访问 RStudio IDE;
将计算移近数据;
集中扩展计算和 RAM;
强大的编码工具;
轻松发布应用程序和报告</td><td>—</td></tr>
<tr><td>RStudio 商业服务器版</td><td>管理工具;
增强的安全性和身份验证;
指标与监控;
先进的资源管理;
使用 RStudio、Python 和 Jupyter</td></tr>
</table>

RStudio 团队不仅发布了 R 语言集成开发环境,还研发了将 Shiny Web 应用程序在线部署工具。通过 RStudio,用户可以以最适合自己的方式将 Shiny Web 应用程序和交互式文档放在网上。对于 Shiny 应用程序,可以考虑使用 Shiny Server。如果用户希望 RStudio 团队托管 Shiny 应用程序,那么可以考虑使用 Shinyapps.io。RStudio Connect 是一个新的发布平台,可用于团队在 R 软件中创建的所有工作。在网络上共享 Shiny 应用程序,R Markdown 报告、仪表板、图表、API 等。使用 RStudio IDE 中的按钮发布,可以将数据的报表展示的更加灵活。

受 R 软件及其社区的启发,RStudio 团队为许多 R 包和项目贡献代码。R 软件用户正在从事科学、教育和工业领域中一些最具创新性和重要的工作。以下是 RStudio 团队发布的部分 R 包。

tidyverse 包:tidyverse 是为数据科学设计的 R 软件包,所有软件包都共享基本原理和通用 API。

ggplot 2 包:ggplot 2 是 R 软件的增强型数据可视化软件包,轻松创建令人满意的多层图形。

dplyr 包:dplyr 是 plyr 的迭代产品,仅关注数据流,dplyr 更快并且具有更一致的 API。

tidyr 包:使用 tidyr 可以轻松清晰数据,清晰后的数据更加适合数据可视化和建模。

purrr 包:purrr 通过提供一套完整且一致的工具来处理函数和向量,增强了 R 语言的功能编程(FP)。

stringr 包:简单且易于使用的包装器集。

shiny 包:shiny 使用 R 语言来构建交互式 Web 应用程序变得异常容易。

R Markdown 包:R Markdown 允许将 R 代码插入 Markdown 文档中。然后,R 语言生成具有多种格式的最终文档,该文档将 R 代码替换为其结果。

flexdashboard 包：使用 flexdashboard 将相关数据可视化结果发布为仪表板。

11.2.2 RStudio 的安装

从 RStudio 的官方网站(https://rstudio.com/products/rstudio/download/)下载免费开源单机版 RStudio，下面以 Windows 系统为例演示安装步骤，如图 11-1 所示。

图 11-1 Windows 版 RStudio 安装指南

按照以上步骤安装成功以后，打开 RStudio 后的界面如图 11-2 所示。

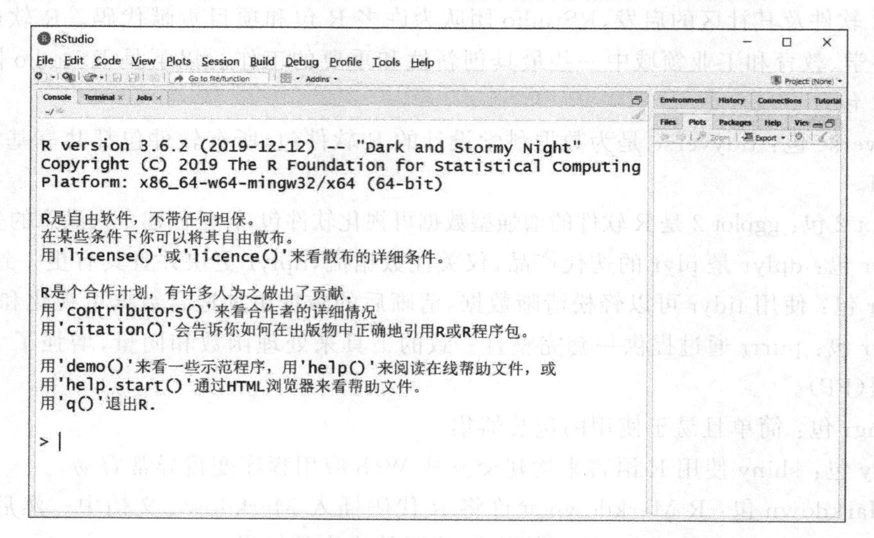

图 11-2 RStudio 图形界面

11.2.3　RStudio 的基本使用

安装好 RStudio 以后，可以选择 File→New File→R Script 命令，新建一个 R 脚本文件，可以在脚本文件中输入 R 代码，如图 11-3 所示。

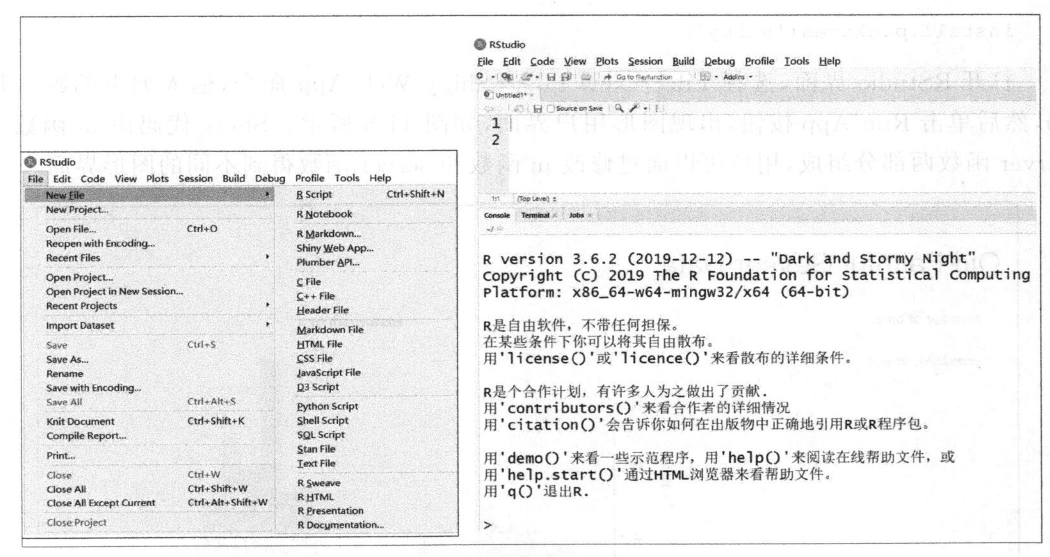

图 11-3　新建 R 脚本文件

在脚本区域，输入测试代码 print("Hello RStudio")，单击 Run 按钮，得到程序的运行结果，如图 11-4 所示。

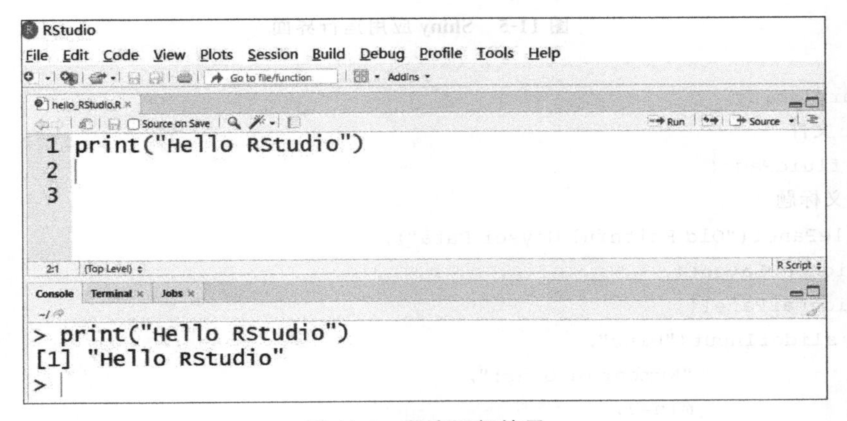

图 11-4　程序运行结果

11.3　交互式 Web 应用 Shiny 包

Shiny 是一个 R 软件包，可以轻松从 R 直接构建交互式 Web 应用。用户可以在网页上部署独立应用，也可以将其嵌入 R Markdown 文档中或构建仪表板。用户还可以使用 CSS

主题、htmlwidget 和 JavaScript 操作扩展 Shiny 应用程序。

11.3.1 Shiny 包的安装

在使用和运行 Shiny 程序之前，需要使用如下代码安装 Shiny 包：

```
install.packages('shiny')
```

打开 RStudio 界面，选择 File→New File→Shiny Web App 命令，输入如下的默认代码，然后单击 Run App 按钮，出现图形用户界面，如图 11-5 所示。Shiny 代码由 ui 函数和 server 函数两部分组成，用户可以通过修改 ui 函数和 server 函数得到不同的图形界面。

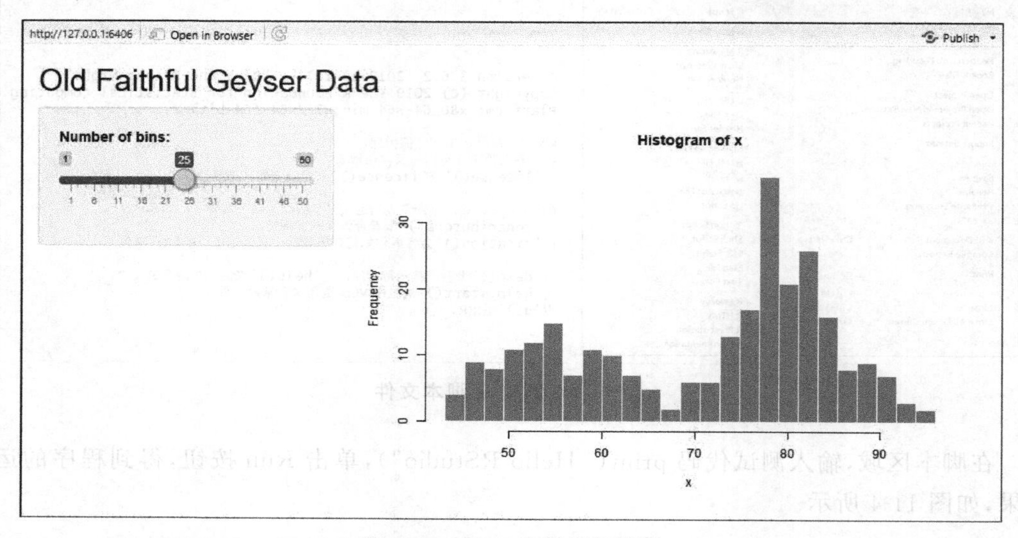

图 11-5 Shiny 应用运行界面

```
library(shiny)
#UI.r 文件
ui <-fluidPage(
  #定义标题
  titlePanel("Old Faithful Geyser Data"),
    sidebarLayout(
    sidebarPanel(
      sliderInput("bins",
                  "Number of bins:",
                  min=1,
                  max=50,
                  value=30)
    ),
    #展示分布图
    mainPanel(
      plotOutput("distPlot")
    )
  )
```

```
)

#server.r 文件
server <-function(input, output) {
    output$distPlot <-renderPlot({
    x    <-faithful[, 2]
    bins <-seq(min(x), max(x), length.out=input$bins+1)
    hist(x, breaks=bins, col='darkgray', border='white')
  })
}
#运行程序
   shinyApp(ui=ui, server=server)
```

单击界面中的 Open in Browser 按钮，可以在浏览器中打开，如图 11-6 所示。

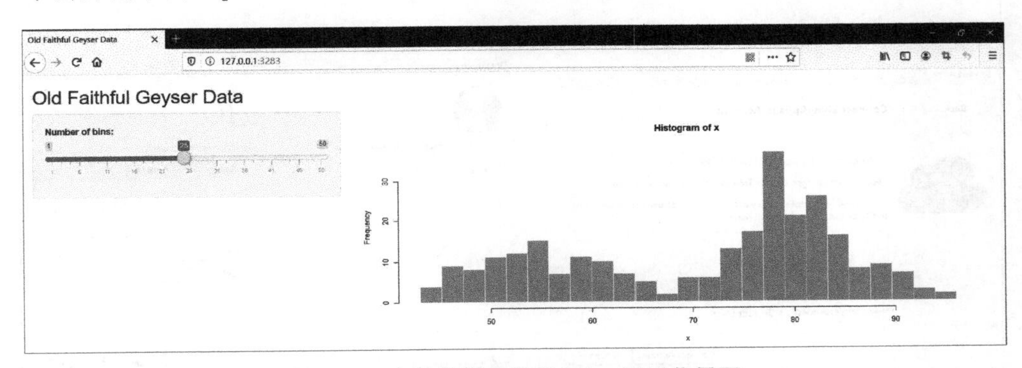

图 11-6　在浏览器中打开 Shiny 图形化界面

11.3.2　交互式 Shiny Web 应用的部署

Shiny Web 应用可以通过 Shiny Server、RStudio Connect 和 shinyapps.io 三种方式进行线上发布，本节主要介绍使用 shinyapps.io 方式发布 Shiny Web 应用。在发布到 shinyapps.io 之前，用户需要进入官网(https://www.shinyapps.io/)进行注册，注册完成以后，复制 Tokens 代码，如图 11-7 所示。

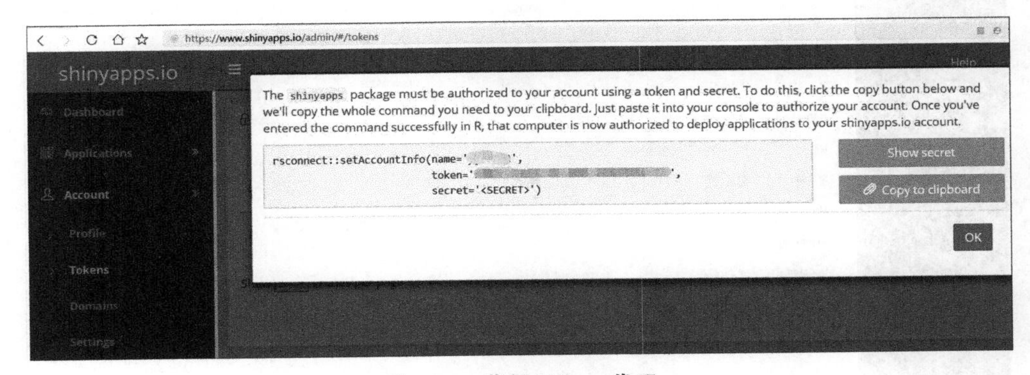

图 11-7　获得 Tokens 代码

单击可视化界面中的 Publish 按钮，可以发布应用，如图 11-8 所示。选择 ShinyApps.io，粘贴已经复制的 Tokens 代码，然后单击 Connect Account 按钮，最后单击 Publish 按钮进行发布。

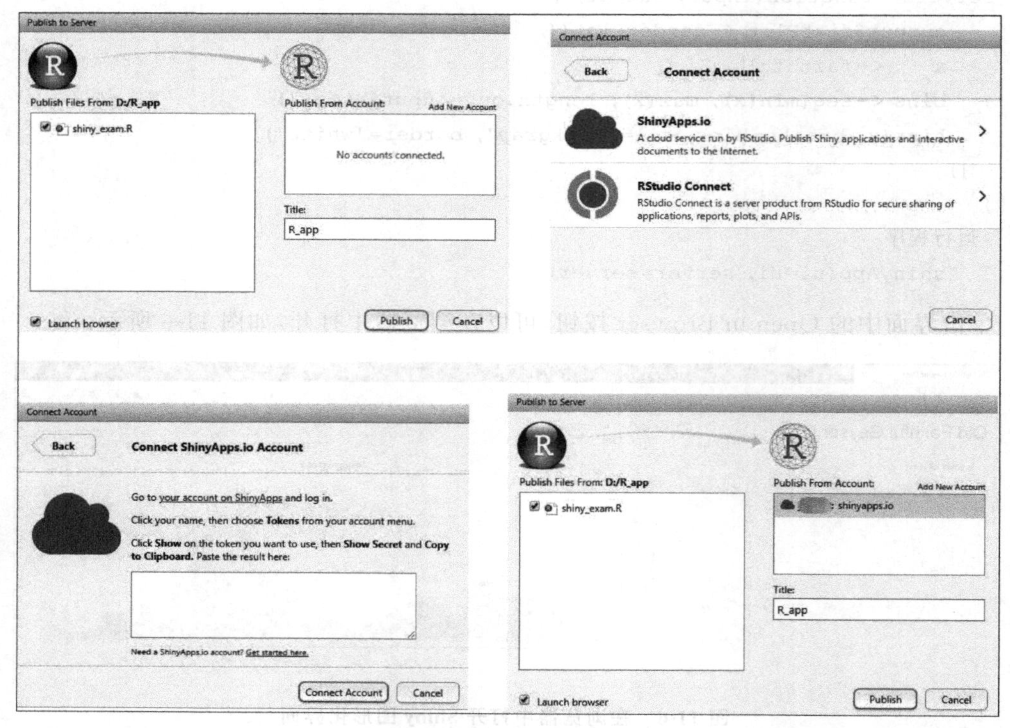

图 11-8 Shiny 应用发布流程

Shiny 应用发布完成以后，在 RStudio 官网账户中可以找到用户发布的应用，如图 11-9 所示。

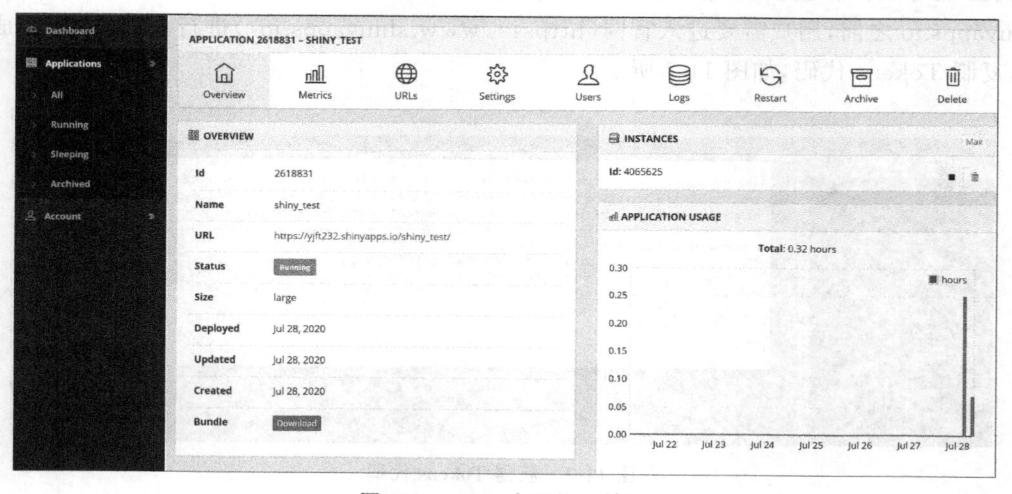

图 11-9 Web 应用使用情况

用户单击图中的网址，可以在浏览器中随时查看 Web 应用，如图 11-10 所示。

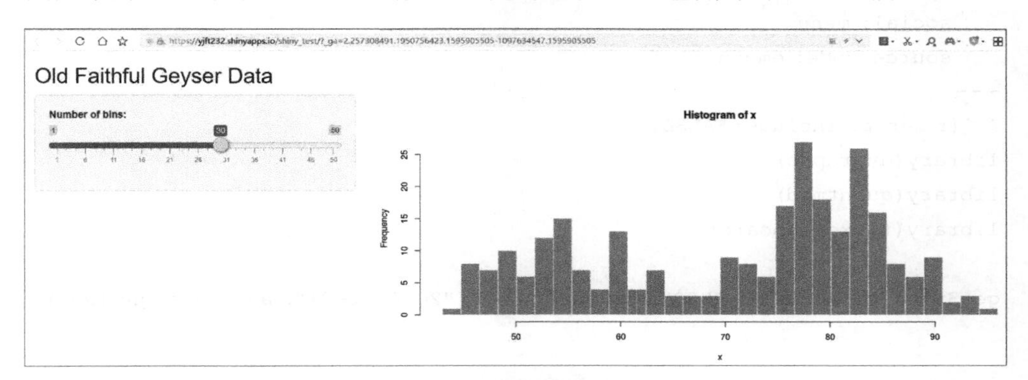

图 11-10　浏览器中查看 Web 应用

11.4　可视化仪表板 Flex Dashboard 包

本节介绍如何使用 Flex Dashboard 包进行可视化仪表板的制作与发布，本节使用的实例和数据来自 RStudio 的官网。在使用 Flex Dashboard 功能包的之前，需要使用如下代码安装 Flex Dashboard 包：

```
install.packages("flexdashboard")
```

打开 RStudio 界面，选择 File→New File→R Markdown→From Template→Flex Dashboard，单击“确定”按钮，出现 Flex Dashboard 编程界面，如图 11-11 所示。

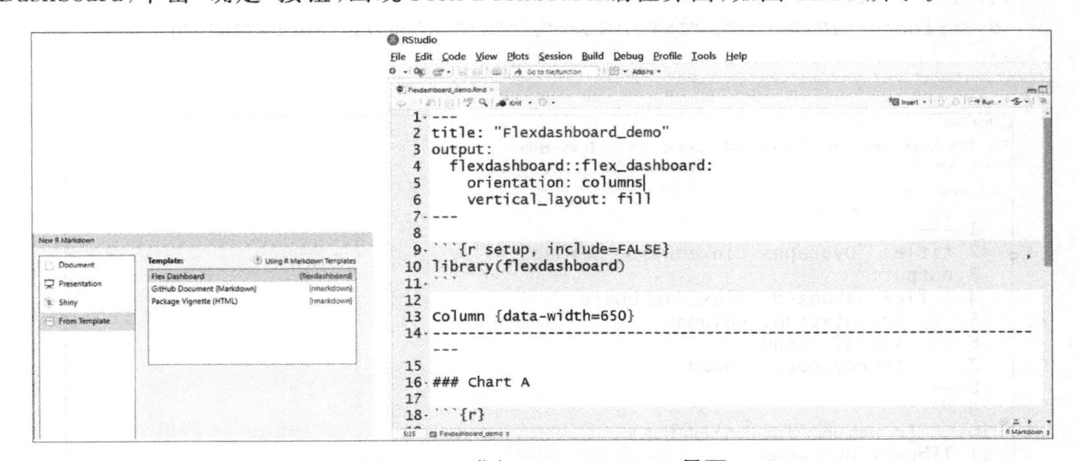

图 11-11　进入 Flex Dashboard 界面

输入如下的代码，然后单击界面中的 Run 按钮，对程序进行运行，如图 11-12 所示。

```
---
title: "Dygraphs Linked Time Series"
output:
  flexdashboard::flex_dashboard:
```

```
    orientation: columns
    social: menu
    source_code: embed
---
```{r setup, include=FALSE}
library(dygraphs)
library(quantmod)
library(flexdashboard)

getSymbols(c("MSFT", "HPQ", "INTC"), from="2014-01-01", auto.assign=TRUE)
```

###Microsoft
```{r}
dygraph(MSFT[,2:4], group="stocks") %>%
  dySeries(c("MSFT.Low", "MSFT.Close", "MSFT.High"), label="MSFT")
```
###HP
```{r}
dygraph(HPQ[,2:4], group="stocks") %>%
  dySeries(c("HPQ.Low", "HPQ.Close", "HPQ.High"), label="HPQ")
```
###Intel
```{r}
dygraph(INTC[,2:4], group="stocks") %>%
  dySeries(c("INTC.Low", "INTC.Close", "INTC.High"), label="INTC")
```
```

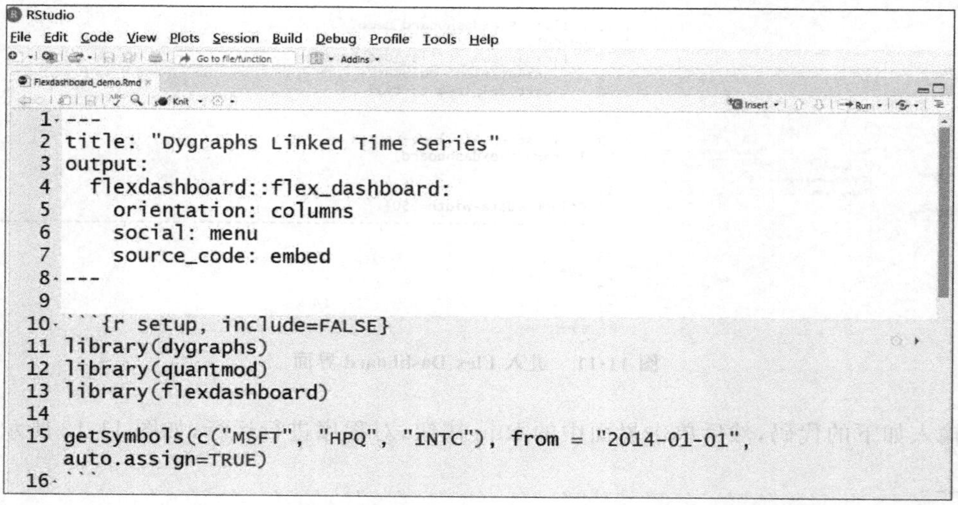

图 11-12　Flex Dashboard 运行界面

待程序运行以后，单击 Knit 按钮对大屏进行渲染，渲染结果界面如图 11-13 所示。单击 Open in Browser 按钮在浏览器中打开可视化仪表板，即在本地查看该可视化应用。

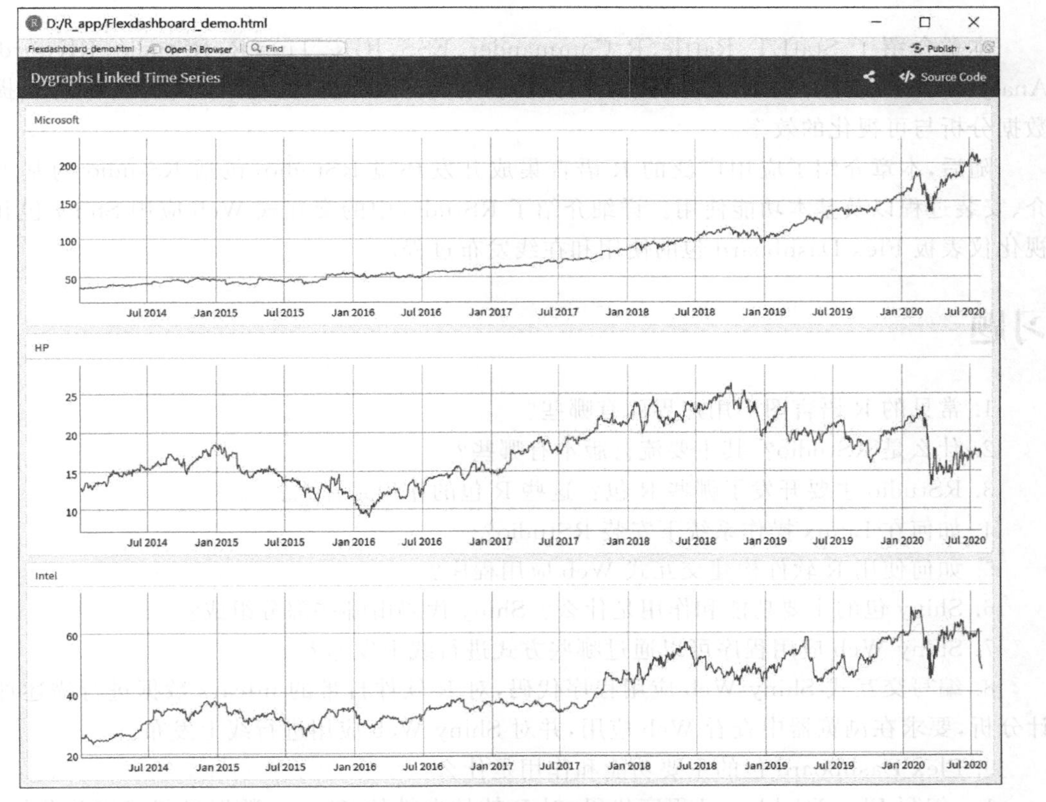

图 11-13 Flex Dashboard 仪表板渲染结果界面

渲染之后，选择 Publish document→Rpubs→Publish 命令发布可视化仪表板，如图 11-14 所示。在发布过程中，需要登录 Rpubs 账号，若没有账号，用户需要先注册登录。

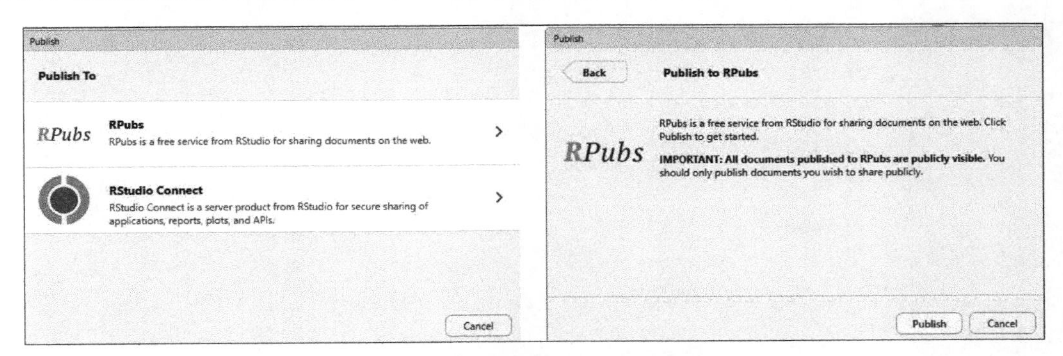

图 11-14 发布 Flex Dashboard 仪表板界面

Flex Dashboard 可视化仪表板发布以后，可以看到在线发布后的可视化仪表板界面，用户单击 Rpubs 对应的网址便可以查看发布的仪表板。

11.5 小结

本章介绍了 StatET、Rattle、R Commander、ESS、JGR、Tinn-R、RStudio、RKward、R AnalyticFlow 等常见的 R 语言图形用户界面和集成开发环境，这些图形用户界面可以提高数据分析与可视化的效率。

随后，本章介绍了应用广泛的 R 语言集成开发环境 RStudio，包括 RStudio 的基本简介、安装过程以及基本功能使用。详细介绍了 RStudio 中的交互式 Web 应用 Shiny 包和可视化仪表板 Flex Dashboard 包的使用和在线发布过程。

习题

1. 常见的 R 语言图形用户界面有哪些？
2. 什么是 RStudio？其主要流行版本有哪些？
3. RStudio 主要开发了哪些 R 包？这些 R 包的作用是什么？
4. 如何在 Linux 操作系统下安装 RStudio？
5. 如何使用 R 软件构建交互式 Web 应用程序？
6. Shiny 包的主要功能和作用是什么？Shiny 代码由哪些部分组成？
7. Shiny Web 应用程序可以通过哪些方式进行线上发布？
8. 编写交互式 Shiny Web 应用程序代码，对 R 软件自带的 mtcars 数据进行描述性统计分析，要求在浏览器中查看 Web 应用，并对 Shiny Web 应用进行线上发布。
9. Flex Dashboard 包的主要功能和作用是什么？
10. 编写 Flex Dashboard 程序代码，对 R 软件自带的 Titanic 数据进行可视化分析，要求对可视化大屏进行渲染，在浏览器中打开可视化仪表板，并对可视化仪表板进行线上发布。

第 12 章 综合实例分析

本章使用R软件自带的数据集mtcars，利用常见的R软件包，对数据进行描述性统计分析，主要包括可视化展示数据的最小值、最大值、中位数、众数、四分位数、平均值等基本统计量，以及可视化展示直方图、散点图、箱线图、条形图等基本统计图形。在描述性统计分析的基础上，继续对数据进行高级统计分析，主要包括相关分析、回归分析、聚类分析等可视化界面展示。

12.1 实例背景

本节使用R软件自带的数据集mtcars，用户可以直接在R命令行输入mtcars就可以看到数据，该数据摘自1974年《美国汽车趋势》杂志，涉及32辆汽车(1973-74年型号)的设计和性能11方面的数据，即包含11个变量和32个观测值，如表12-1所示。

表 12-1　R软件自带的mtcars数据

car model	mpg	cyl	disp	hp	drat	wt	qsec	vs	am	gear	carb
Mazda RX4	21	6	160	110	3.9	2.62	16.46	0	1	4	4
Mazda RX4 Wag	21	6	160	110	3.9	2.875	17.02	0	1	4	4
Datsun 710	22.8	4	108	93	3.85	2.32	18.61	1	1	4	1
Hornet 4 Drive	21.4	6	258	110	3.08	3.215	19.44	1	0	3	1
Hornet Sportabout	18.7	8	360	175	3.15	3.44	17.02	0	0	3	2
Valiant	18.1	6	225	105	2.76	3.46	20.22	1	0	3	1
Duster 360	14.3	8	360	245	3.21	3.57	15.84	0	0	3	4
Merc 240D	24.4	4	146.7	62	3.69	3.19	20	1	0	4	2
Merc 230	22.8	4	140.8	95	3.92	3.15	22.9	1	0	4	2
Merc 280	19.2	6	167.6	123	3.92	3.44	18.3	1	0	4	4
Merc 280C	17.8	6	167.6	123	3.92	3.44	18.9	1	0	4	4
Merc 450SE	16.4	8	275.8	180	3.07	4.07	17.4	0	0	3	3
Merc 450SL	17.3	8	275.8	180	3.07	3.73	17.6	0	0	3	3
Merc 450SLC	15.2	8	275.8	180	3.07	3.78	18	0	0	3	3
Cadillac Fleetwood	10.4	8	472	205	2.93	5.25	17.98	0	0	3	4

续表

car model	mpg	cyl	disp	hp	drat	wt	qsec	vs	am	gear	carb
Lincoln Continental	10.4	8	460	215	3	5.424	17.82	0	0	3	4
Chrysler Imperial	14.7	8	440	230	3.23	5.345	17.42	0	0	3	4
Fiat 128	32.4	4	78.7	66	4.08	2.2	19.47	1	1	4	1
Honda Civic	30.4	4	75.7	52	4.93	1.615	18.52	1	1	4	2
Toyota Corolla	33.9	4	71.1	65	4.22	1.835	19.9	1	1	4	1
Toyota Corona	21.5	4	120.1	97	3.7	2.465	20.01	1	0	3	1
Dodge Challenger	15.5	8	318	150	2.76	3.52	16.87	0	0	3	2
AMC Javelin	15.2	8	304	150	3.15	3.435	17.3	0	0	3	2
Camaro Z28	13.3	8	350	245	3.73	3.84	15.41	0	0	3	4
Pontiac Firebird	19.2	8	400	175	3.08	3.845	17.05	0	0	3	2
Fiat X1-9	27.3	4	79	66	4.08	1.935	18.9	1	1	4	1
Porsche 914-2	26	4	120.3	91	4.43	2.14	16.7	0	1	5	2
Lotus Europa	30.4	4	95.1	113	3.77	1.513	16.9	1	1	5	2
FordPantera L	15.8	8	351	264	4.22	3.17	14.5	0	1	5	4
Ferrari Dino	19.7	6	145	175	3.62	2.77	15.5	0	1	5	6
Maserati Bora	15	8	301	335	3.54	3.57	14.6	0	1	5	8
Volvo 142E	21.4	4	121	109	4.11	2.78	18.6	1	1	4	2

每个变量的意义和数据类型如表 12-2 所示。本节利用 R 的相关软件包，对 mtcars 数据进行分析与可视化展示，旨在挖掘汽车数据的内在关系和潜在规律，并进行直观展示。

表 12-2　mtcars 变量说明和数据类型

变量	说　明	数据类型
mpg	油耗(英里/加仑)	实型
cyl	汽缸数	因子型
disp	排量(立方英寸)	实型
hp	总马力	整型
drat	后轴比率	实型
wt	重量(1000 磅)	实型
qsec	1/4 英里时间	实型
vs	引擎(0=V 形,1=直形)	因子型
am	传输(0=自动,1=手动)	因子型
gear	传输(0=自动,1=手动)	因子型
carb	碳水化合物化油器数量	因子型

12.2 描述性统计分析

描述性统计分析是利用简单图表来概括、表述事物整体状况以及事物间关联、类属关系的统计方法。可以通过计算最小值、最大值、中位数、众数、四分位数、平均值、方差等基本统计量,来表示一组数据的集中和离散程度。利用直方图、散点图、箱线图、条形图等基本统计图,可以初步了解数据的分布形状与特征。

本节利用 Shiny 包展示了 mtcars 数据的最小值、最大值、中位数、众数、四分位数、平均值等基本统计量,画出了 mtcars 数据的直方图、散点图、箱线图、条形图,其 Shiny 代码如下所示,代码包含 ui.r 文件和 server.r 文件。

```
#ui.r 文件
library(shiny)
library(ggplot2)
library(dplyr)
attach(mtcars)
md <-mtcars
md$cyl <-as.factor(md$cyl)
md$vs <-as.factor(md$vs)
md$am <-as.factor(md$am)
md$gear <-as.factor(md$gear)
md$carb <-as.factor(md$carb)
shinyUI(fluidPage(
  titlePanel(title="描述性统计分析"),
  sidebarLayout(
    sidebarPanel(
      conditionalPanel(
        'input.tab==="Data"',
      sliderInput("n", "样本观测数量", min=1, max=32, value=18)),
      conditionalPanel(
        'input.tab==="Summary"', "选择变量",
      selectInput("feature"  ,"", names(mtcars)
                  )),
      conditionalPanel(
        'input.tab==="Scatterplot"', "请选择横坐标和纵坐标:",
      selectInput("xvar", "X:", names(mtcars),selected="mpg"
                  ),
      selectInput("yvar", "Y:", names(mtcars),selected="wt"
                  )),
      conditionalPanel(
        'input.tab==="Boxplot"', "请选择横坐标和纵坐标:",
        selectInput(inputId="x", label="X:",
                    choices=c("am", "vs", "carb", "gear", "cyl"),
                    selected="am"),
        selectInput(inputId="y", label="Y:",
                    choices=c("mpg", "wt", "hp", "disp", "drat", "qsec"),
```

```
                        selected="mpg")
            ),
          conditionalPanel(
            'input.tab==="Barplot"',  "请选择变量:",
            selectInput(inputId="x_bar", label="X:",
                        choices=c("cyl", "gear", "vs", "am", "carb"),
                        selected="cyl")),
          conditionalPanel(
            'input.tab==="Histplot"', "请选择变量:",
            selectInput(inputId="x_hist", label="X:",
                        choices=c("mpg", "wt", "hp", "disp", "drat", "qsec"),
                        selected="mpg"))
          ),
        mainPanel(
          tabsetPanel(
            id='tab',
            tabPanel("Data", verbatimTextOutput("obs")),
            tabPanel("Summary",
                    h5("描述性统计量:"),
                    verbatimTextOutput("summ")),
                  tabPanel("Scatterplot", plotOutput("plot")),
            tabPanel("Boxplot",plotOutput("boxplot")),
            tabPanel("Barplot",plotOutput("barplot")),
            tabPanel("Histplot",plotOutput("hist"))
          )
          )
      )
      ))

#server.r文件
library(shiny)
library(ggplot2)
library(dplyr)
attach(mtcars)
md <-mtcars
md$cyl <-as.factor(md$cyl)
md$vs <-as.factor(md$vs)
md$am <-as.factor(md$am)
md$gear <-as.factor(md$gear)
md$carb <-as.factor(md$carb)
mtcars <-transform(mtcars, cyl=factor(cyl), vs=factor(vs), am=factor(am), gear
=factor(gear), carb=factor(carb))
varType <-function(x){
  ifelse (class(x)=="factor", "categorical","quantitative")
}
shinyServer(
  function(input, output){
output$obs <-renderPrint({
```

```
                head(mtcars, input$n)
                })
    output$type <-renderText({
                  varType(mtcars[ ,input$feature])
                  })
    #output$levels <-renderText({levels(mtcars[ ,input$feature])})
    output$summ <-renderPrint({
                  summary(mtcars[ ,input$feature])
                  })
    output$plot <-renderPlot({
                  plot(x=mtcars[ ,input$xvar], y=mtcars[ ,input$yvar],
                  xlab=input$xvar, ylab=input$yvar)
                  })
    output$boxplot <-renderPlot({
      ggplot(md, aes_string(x=input$x, y=input$y))+geom_boxplot(color="red", fill
    ="blue")
                  })
    output$barplot<-renderPlot({
      ggplot(md, aes_string(x=input$x_bar))+geom_bar(color="red", fill="yellow")
                  })
    output$hist<-renderPlot({
      ggplot(md, aes_string(x=input$x_hist))+geom_histogram(color="red", fill=
      "green", bins=8)
                  })
})
```

运行上面的 Shiny 代码以后，可以得到描述性统计分析的可视化界面。通过选择样本观测数量，可以展示已经选择的样本数据，如图 12-1 所示。

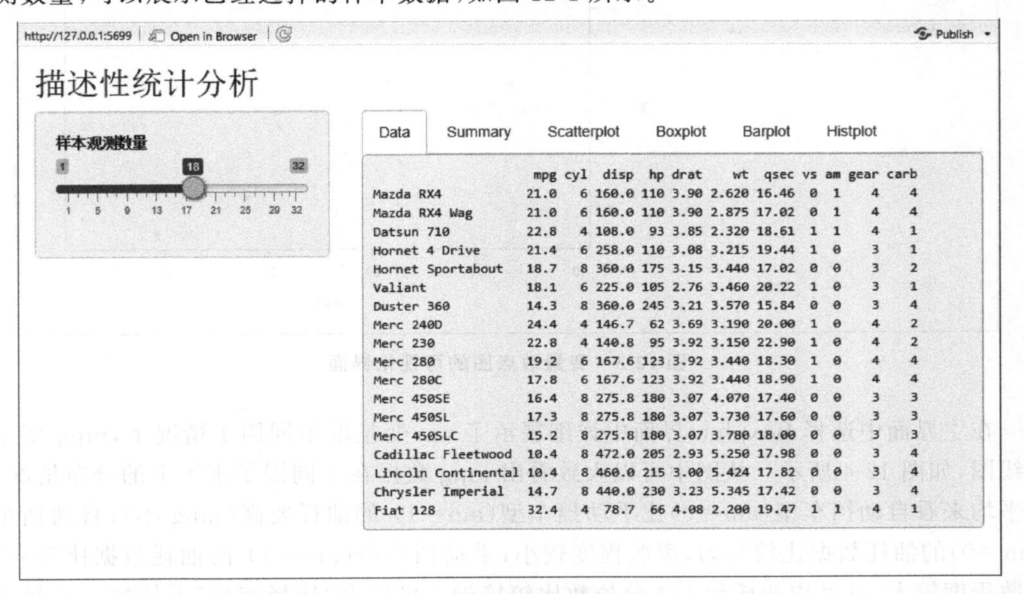

	mpg	cyl	disp	hp	drat	wt	qsec	vs	am	gear	carb
Mazda RX4	21.0	6	160.0	110	3.90	2.620	16.46	0	1	4	4
Mazda RX4 Wag	21.0	6	160.0	110	3.90	2.875	17.02	0	1	4	4
Datsun 710	22.8	4	108.0	93	3.85	2.320	18.61	1	1	4	1
Hornet 4 Drive	21.4	6	258.0	110	3.08	3.215	19.44	1	0	3	1
Hornet Sportabout	18.7	8	360.0	175	3.15	3.440	17.02	0	0	3	2
Valiant	18.1	6	225.0	105	2.76	3.460	20.22	1	0	3	1
Duster 360	14.3	8	360.0	245	3.21	3.570	15.84	0	0	3	4
Merc 240D	24.4	4	146.7	62	3.69	3.190	20.00	1	0	4	2
Merc 230	22.8	4	140.8	95	3.92	3.150	22.90	1	0	4	2
Merc 280	19.2	6	167.6	123	3.92	3.440	18.30	1	0	4	4
Merc 280C	17.8	6	167.6	123	3.92	3.440	18.90	1	0	4	4
Merc 450SE	16.4	8	275.8	180	3.07	4.070	17.40	0	0	3	3
Merc 450SL	17.3	8	275.8	180	3.07	3.730	17.60	0	0	3	3
Merc 450SLC	15.2	8	275.8	180	3.07	3.780	18.00	0	0	3	3
Cadillac Fleetwood	10.4	8	472.0	205	2.93	5.250	17.98	0	0	3	4
Lincoln Continental	10.4	8	460.0	215	3.00	5.424	17.82	0	0	3	4
Chrysler Imperial	14.7	8	440.0	230	3.23	5.345	17.42	0	0	3	4
Fiat 128	32.4	4	78.7	66	4.08	2.200	19.47	1	1	4	1

图 12-1 样本观测值可视化界面

在主界面中选择Summary,界面中详细展示了mpg变量的最小值、1/4分位数、中位数、均值、3/4分位数、最大值等描述性统计计量,可以大致了解mpg数据的平均和离散程度,如图12-2所示。还可以在"选择变量"下拉框中选择其他变量,查看相应的基本描述性统计计量。

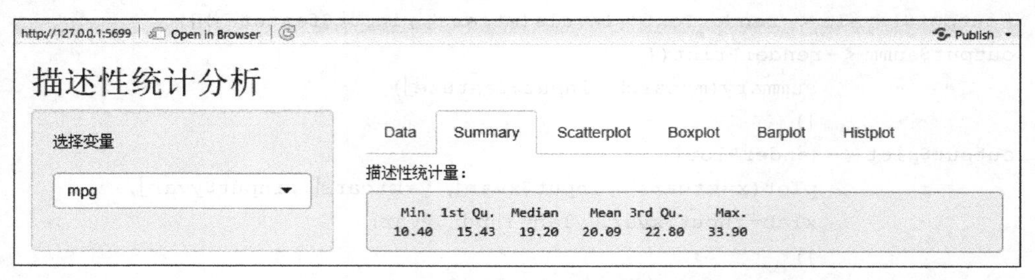

图 12-2 描述性统计计量可视化界面

在主界面中选择Scatterplot,界面中详细展示了mpg变量和wt变量的散点图,如图12-3所示。从图中可以大致看出两个变量之间的关系,即车重越大(变量wt越大),油耗越高(变量mpg越小)。还可以在"选择变量"下拉框中选择其他变量,查看两个变量对应的散点图,初步分析两个变量之间的关系。

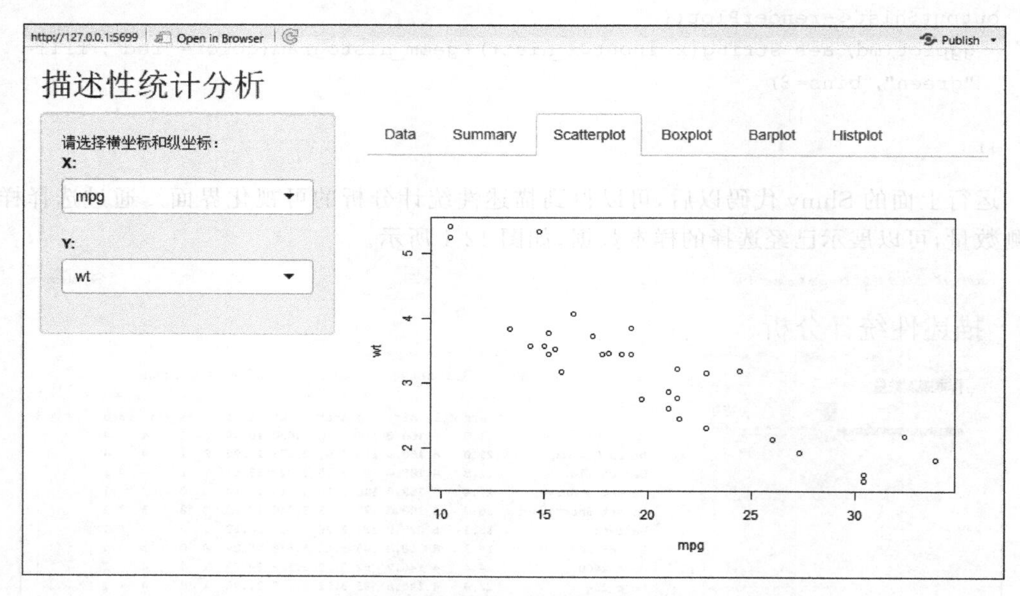

图 12-3 变量散点图的可视化界面

在主界面中选择Boxplot,界面中详细展示了am变量取不同因子情况下,mpg变量的箱线图,如图12-4所示。从图中可以大致看出mpg数据在不同因子水平上的分布情况,即从平均来看自动挡车型(am=0)比手动挡车型(am=1)的油耗要高(mpg小);自动挡车型(am=0)的油耗数据比较均匀,离散程度较小;手动挡车型(am=1)的油耗数据比较分散,离散程度较大,且平均油耗和1/4分位数比较接近。可以在"选择变量"下拉框中选择其他变量,查看不同的变量在不同因子水平上的箱线图,对比分析数据潜在的规律。

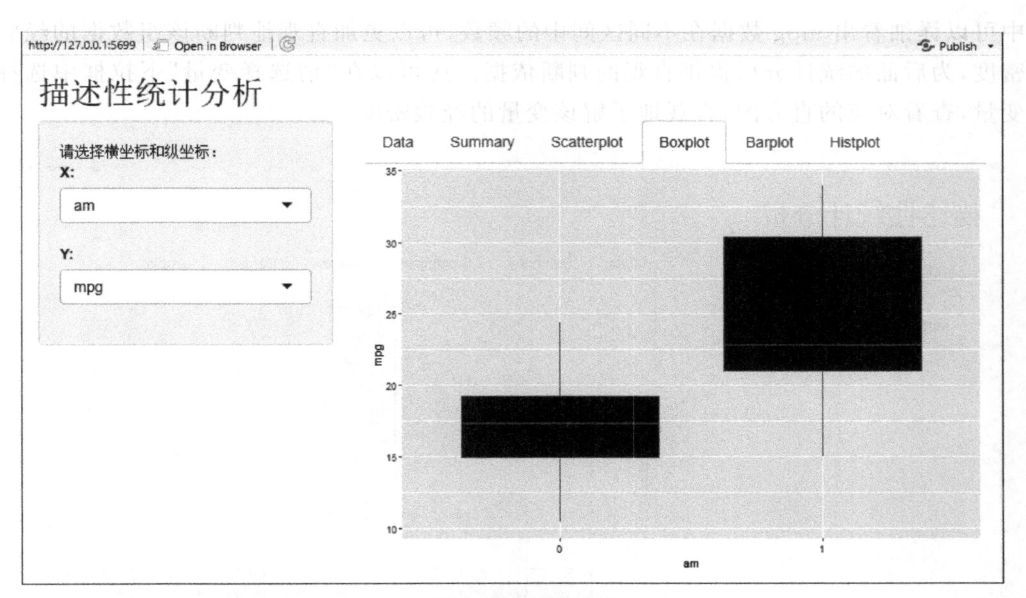

图 12-4　变量箱线图的可视化界面

在主界面中选择 Barplot，界面中详细展示了 cyl 变量的条形图，如图 12-5 所示。从图中可以大致看出 cyl 数据在不同因子水平上的频数分布情况，从频数来看，气缸数为 8(cyl=8)的样本较多，气缸数为 6(cyl=6)的样本数次之，气缸数为 6(cyl=6)的样本最少。可以在"请选择变量"下拉框中选择其他变量，查看不同的变量在不同因子水平上的频数分布情况。

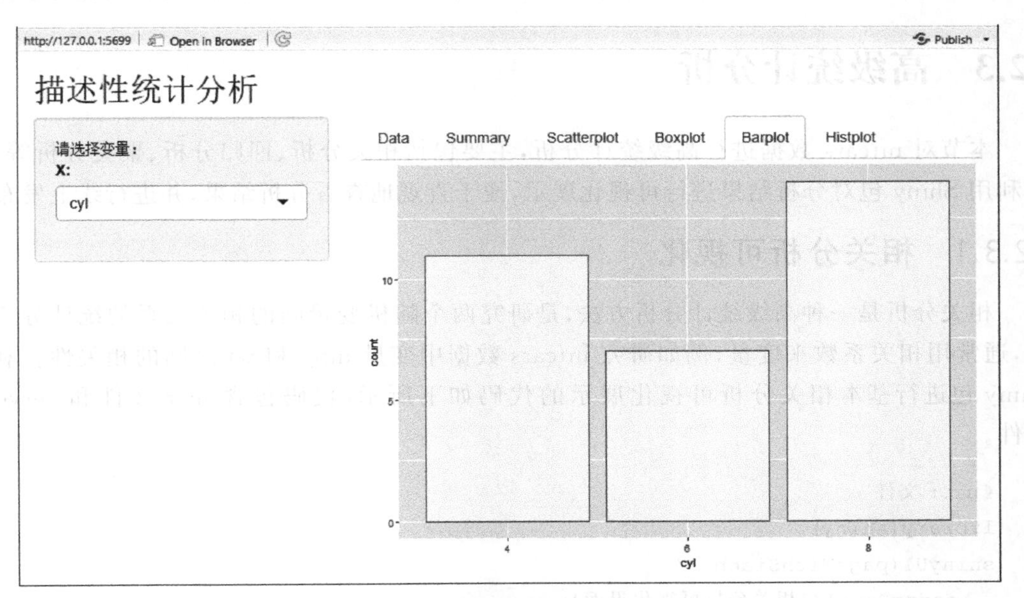

图 12-5　变量条形图的可视化界面

在主界面中选择 Histplot，界面中详细展示了 mpg 变量的直方图，如图 12-6 所示。从图中可以详细看出 mpg 数据在不同区间中的频数，可以更加直观地判断该组数据的经验分布密度，为后面的统计分析提供直观的判断依据。还可以在“请选择变量”下拉框中选择其他变量，查看对应的直方图，直观地了解该变量的经验密度。

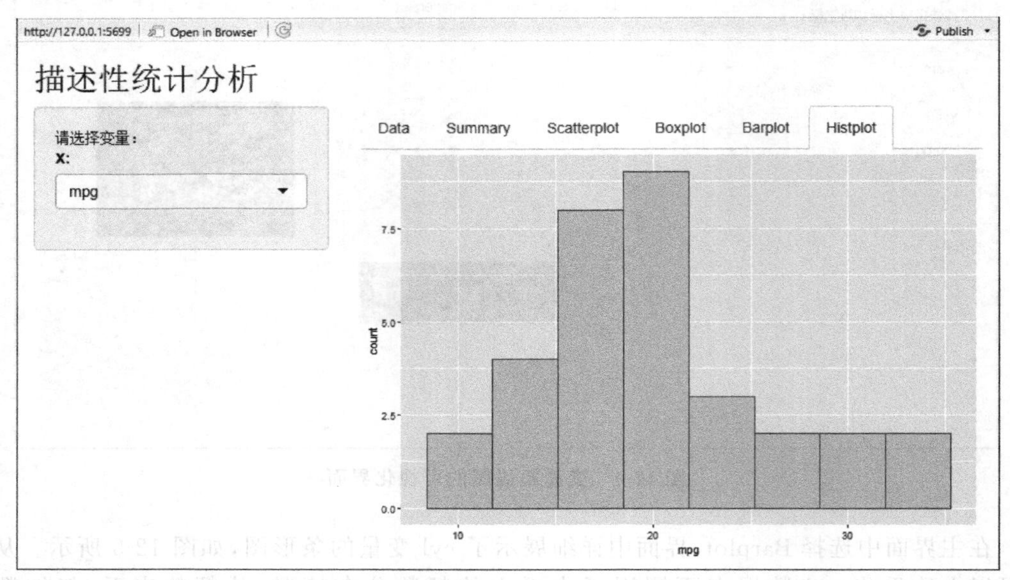

图 12-6　变量直方图的可视化界面

通过对 mtcars 数据的描述性统计分析，可以大致了解数据的集中和分散程度、变量之间的相关趋势、变量的经验统计分布等基本统计特性，为下一步的高级统计分析做好准备。

12.3　高级统计分析

本节对 mtcars 数据进行高级统计分析，主要包括相关分析、回归分析、聚类分析等，然后利用 Shiny 包对分析结果进行可视化展示，便于直观地查看分析结果，并进行线上发布。

12.3.1　相关分析可视化

相关分析是一种高级统计分析方法，是研究两个随机变量间的相关关系的统计分析方法，通常用相关系数来度量，例如研究 mtcars 数据中变量 mpg 和 wt 之间的相关性。利用 Shiny 包进行基本相关分析可视化展示的代码如下所示，代码包含 ui.r 文件和 server.r 文件。

```
#ui.r文件
library(shiny)
shinyUI(pageWithSidebar(
  headerPanel('相关分析可视化界面'),
  sidebarPanel(
    p("请选择变量:"),
    selectInput('var1', '变量', names(mtcars)),
```

```
    selectInput('var2', '变量', names(mtcars))
  ),
  mainPanel(
    plotOutput('plot1')
  )
))

#server.r 文件
library(shiny)
shinyServer(function(input, output, session) {
  selectedData <- reactive({
    mtcars[, c(input$var1, input$var2)]
  })
  output$plot1 <- renderPlot({
    chart.Correlation(selectedData())
  })
})
```

通过运行上面的代码，可以得到 mpg 和 wt 两个变量的相关分析可视化界面，如图 12-7 所示。图中展示了 mpg 和 wt 的经验概率密度的大致曲线、mpg 和 wt 两个变量的拟合图，以及两个变量的相关系数($r=-0.87$)。相关系数越接近 1 或者 -1，说明变量间的相关性越强。因此，mpg 和 wt 两个变量具有较强的负相关性，这也可以从回归分析的拟合图来进行判断。可以在“请选择变量”下拉框中选择其他变量，分析其他变量之间的相关性。

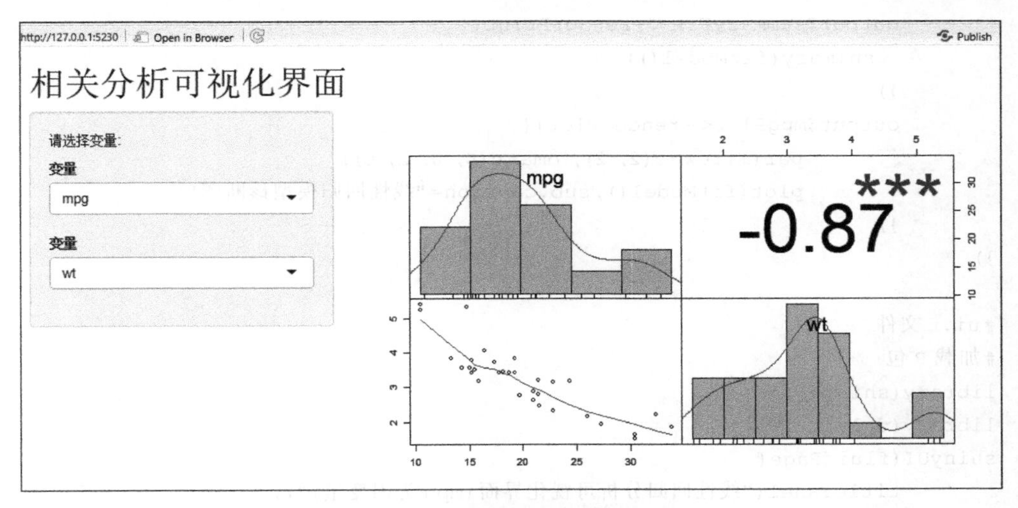

图 12-7　相关分析的可视化界面

12.3.2　回归分析可视化

回归分析是一种高级统计分析方法，是利用回归函数来研究两种或两种以上变量间相互依赖的一种方法，本节主要介绍线性回归分析方法的可视化展示。利用 Shiny 包进行线性回归分析可视化展示的代码如下所示，代码包含 ui.r 文件和 server.r 文件。

```
#server.r 文件
#加载 R 包
library(shiny)
mpgData <-mtcars
mpgData$am <-factor(mpgData$am, labels=c("Automatic", "Manual"))
mpgData$cyl<-as.factor(mpgData$cyl)
mpgData$gear<-as.factor(mpgData$gear)
mpgData$carb<-as.factor(mpgData$carb)
mpgData$vs<-as.factor(mpgData$vs)
shinyServer(function(input, output) {
        checkedVal <-reactive({
                perm.vector <-as.vector(input$checkGroup)
                predForm<-ifelse(length(perm.vector)>0,
                      predictors<-paste(perm.vector,collapse="+"),
                      "1")
                lmForm<-paste("mpg~",predForm,sep="")
        })
        fitModel<-reactive({
                fitFormula<-as.formula(checkedVal())
                lm(fitFormula,data=mpgData)
        })
        output$caption <-renderText({
                checkedVal()
        })
        output$summaryFit <-renderPrint({
          summary(fitModel())
        })
        output$mpgPlot<-renderPlot({
                par(mfrow=c(2, 2), oma=c(0, 0, 2, 0))
                plot(fitModel(),sub.caption="线性回归模型诊断图")
        })
})

#ui.r 文件
#加载 R 包
library(shiny)
library(dplyr)
shinyUI(fluidPage(
        titlePanel("线性回归分析可视化界面(mpg 为因变量)"),
        sidebarLayout(
                sidebarPanel(
                        checkboxGroupInput("checkGroup",
                                           label=h3("请选择自变量:"),
                                           choices=names(select(mtcars,-mpg)),
                                           selected="wt"
                                          ),width=3
                ),
```

```
            mainPanel(
                    h4(textOutput("caption")),
                    verbatimTextOutput("summaryFit"),
                    plotOutput("mpgPlot")
            )
        )
))
```

运行以上代码以后，得到线性回归分析的可视化界面，如图 12-8 所示。图中展示了以 mpg 为因变量的线性回归分析结果，用户可以从变量选择复选框中选择 1 个或者多个自变量来进行线性回归分析。本节以 mpg 为因变量，wt 为自变量为例，进行线性回归分析。从图中可以看出，p 值非常小，表示回归系数非常显著；$R^2=0.7528$ 和调整的 $R^2=0.7446$，均大于 0.5，表示两个变量具有较强的相关性，这与 12.3.1 节相关分析的结果一致；模型拟合值与残差的散点图基本上随机分布在经过零的直线上、下；残差的 QQ 图基本在一条直线上，说明残差是服从正态分布的。这说明建立的线性回归模型是比较合理的，其回归方程如下所示，在给定一个 wt 的值以后，可以利用回归方程对 mpg 进行预测。

$$mpg = -5.3445 * wt + 37.2851$$

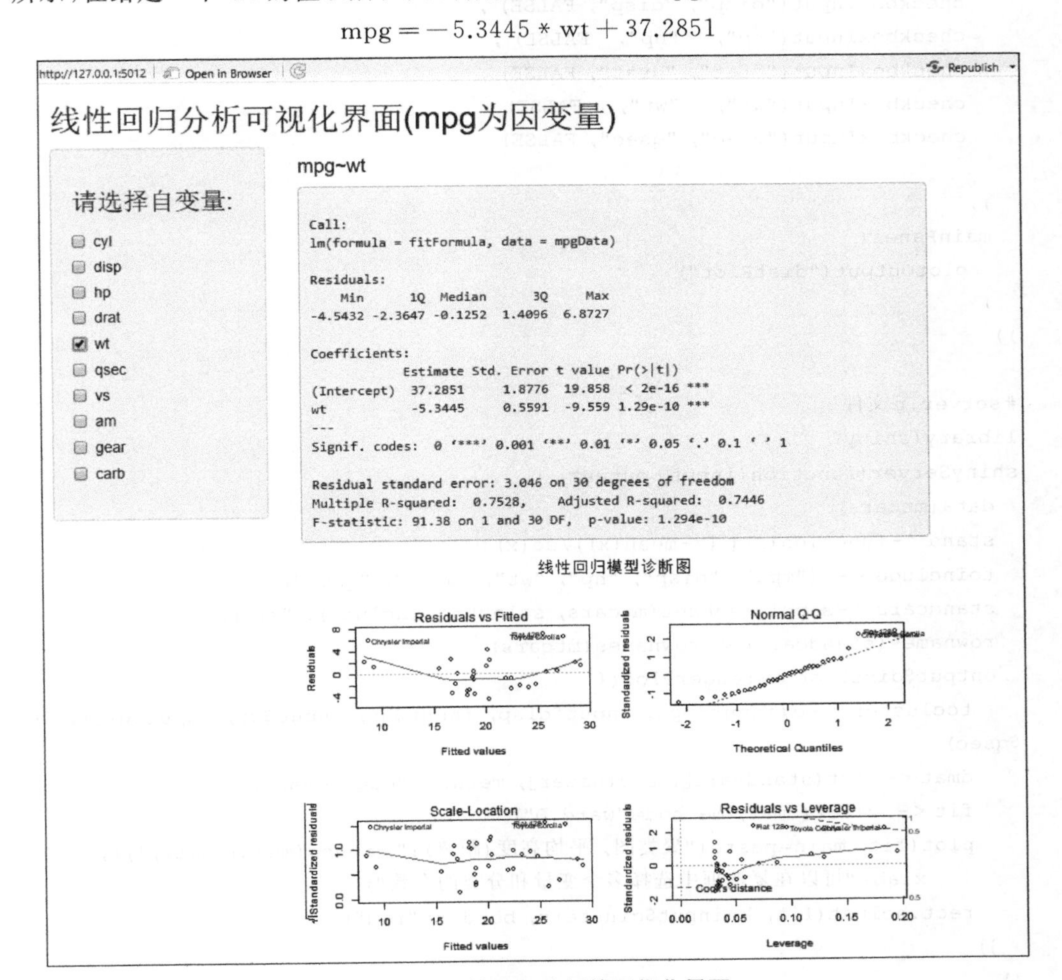

图 12-8　线性回归分析的可视化界面

12.3.3 聚类分析可视化

聚类分析是一种重要的高级统计分析方法，是将数据分类到不同类的统计方法。同一个类中的数据有很大的相似性，而不同类间的数据有很大的相异性。利用 Shiny 包进行简单聚类分析可视化展示的代码如下所示，代码包含 ui.r 文件和 server.r 文件。

```
#ui.r 文件
library(shiny)
shinyUI(pageWithSidebar(
  headerPanel("聚类分析可视化界面"),
  sidebarPanel(
    sliderInput("clusters", "请选择分类的个数:",
                min=2,        #最小分类数
                max=10,       #最大分类数
                value=4),     #默认分类数
    checkboxInput("mpg",  "mpg",  TRUE) ,
    checkboxInput("disp", "disp", FALSE) ,
    checkboxInput("hp",   "hp",   FALSE) ,
    checkboxInput("drat", "drat", FALSE) ,
    checkboxInput("wt",   "wt",   FALSE) ,
    checkboxInput("qsec", "qsec", FALSE)

  ),
  mainPanel(
    plotOutput("distPlot")
  )
))

#server.r 文件
library(shiny)
shinyServer(function(input, output) {
  data(mtcars)
  stand <-function(x){ (x-mean(x))/sd(x) }
  toinclude <-c("mpg", "disp", "hp", "wt", "drat", "qsec")
  standcars <-sapply(subset(mtcars, select=toinclude), "stand")
  rownames(standcars) <-rownames(mtcars)
  output$distPlot <-renderPlot({
    tocluster <-c(input$mpg, input$disp, input$hp, input$wt, input$drat, input
$qsec)
    dmat <-dist(standcars[, tocluster], method="euclidean")
    fit <-hclust(dmat, method="ward.D")
    plot(fit, main=paste("聚类图, 平均高度(距离):", round(mean(dmat),1)),
         xlab="可以在复选框中选择多个变量和分类的个数")
    rect.hclust(fit, k=input$clusters, border="red")
  })
})
```

运行以上代码之后,得到聚类分析的可视化界面,如图 12-9 所示。图中展示了变量选择复选框(默认为 mpg 变量,用户可以选择多个变量)、分类的个数(默认为 4 个类)以及聚类图。从聚类图可以看出,使用 Ward 聚类方法将 mpg 变量分成了 4 类,每一个类别的具体样本数据见图中的方框中。

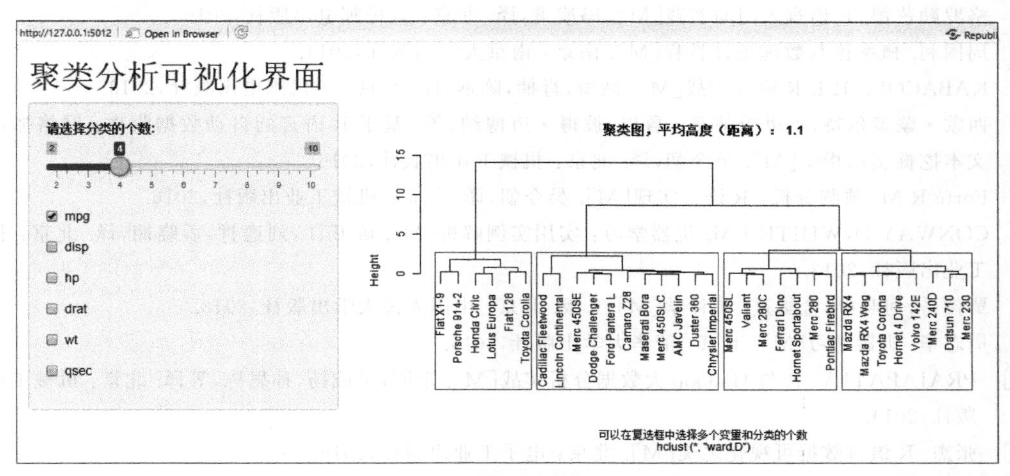

图 12-9 聚类分析的可视化界面

12.4 小结

本章利用 R 软件自带的 mtcars 数据,介绍了使用 Shiny 包可视化展示各个变量的最小值、最大值、中位数、众数、四分位数、平均值等基本统计量,以及变量的直方图、散点图、箱线图、条形图等描述性统计分析图。

随后,本章介绍了高级统计分析的可视化界面,包括相关分析、回归分析、聚类分析等可视化展示。这些可视化界面可以进行在线发布,让用户随时随地查看可视化分析结果。

参考文献

[1] KABACOFF R I. R语言实战[M]. 王小宁,刘撷芯,黄俊文,译. 2版. 北京：人民邮电出版社,2016.

[2] 格罗勒芒德. R语言入门与实践[M]. 冯凌秉,译. 北京：人民邮电出版社,2016.

[3] 周国利. 概率论与数理统计教程[M]. 南京：南京大学出版社,2014.

[4] KABACOFF R I. R语言实战[M]. 高涛,肖楠,陈钢,译. 北京：人民邮电出版社,2013.

[5] 西蒙·蒙策尔特,克里斯蒂安·鲁巴,彼得·迈博纳,等. 基于R语言的自动数据收集：网络抓取和文本挖掘实用指南[M]. 吴今朝,译. 北京：机械工业出版社,2016.

[6] Forte R M. 预测分析：R语言实现[M]. 吴今朝,译. 北京：机械工业出版社,2016.

[7] CONWAY D,WHITE J M. 机器学习：实用实例解析[M]. 陈开江,刘逸哲,孟晓楠,译. 北京：机械工业出版社,2013.

[8] 贾俊平,何晓群,金勇进. 统计学[M]. 7版. 北京：中国人民大学出版社,2018.

[9] 周志华. 机器学习[M]. 北京：清华大学出版社,2016.

[10] PRAJAPATI V. R与Hadoop大数据分析实战[M]. 李明,王威扬,孙思栋,等译. 北京：机械工业出版社,2014.

[11] 张杰. R语言数据可视化之美[M]. 北京：电子工业出版社,2019.

[12] 汪海波. R语言统计分析与应用[M]. 北京：人民邮电出版社,2018.

[13] 程乾,刘永,高博. R语言数据分析与可视化从入门到精通[M]. 北京：北京大学出版社,2020.

[14] Lander J P. R语言实用数据分析和可视化技术[M]. 曾益强,译. 北京：机械工业出版社,2019.

[15] Sarkar Deepayan. Lattice：Multivariate Data Visualization with R[M]. New York：Springer,2008.